제 4 판

ELECTRONIC DEVICE
전자회로

조도현 저

B.C.Info

CONTENTS

CHAPTER 9 트랜지스터의 소신호 증폭기 모델링 · 236

Chapter 1 전자회로 기초 지식

이 장에서는 전자회로를 학습하기에 앞서 관련된 기본적인 전기전자의 기본개념을 살펴본다.

1.1 원자의 구조

원자는 물질을 이루는 가장 작은 알갱이로 핵과 전자로 구성되어 있으며, 핵은 양의 전하(positive charge)를 가지며, 전자는 핵 주위를 돌고 있는 음의 전하(negative charge)이다. 전하는 전기적인 기본량 또는 전기량(quantity of electricity)을 의미한다. 원자는 전기적으로 중성이지만, 전자의 수가 달라지면서 전기를 띤다.

그림 1.1은 탄소 원자의 구조를 보어모델로 나타낸 것이다. 탄소는 6개의 전자가 원자핵을 중심으로 서로 다른 궤도로 돌고 있다.

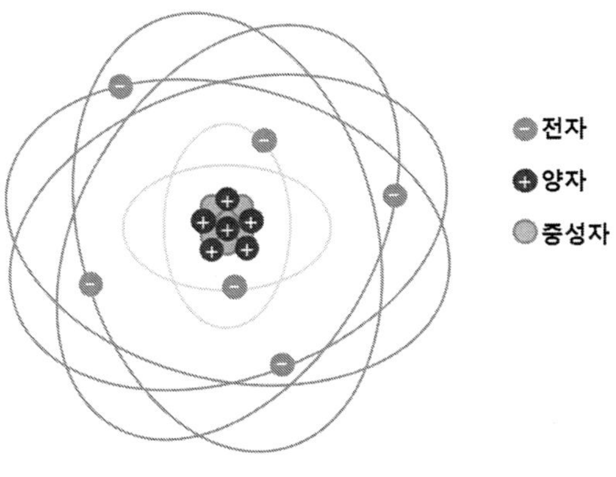

그림 1.1 원자의 구조

▶ 전하 : 전기적인 기본량, 전기량(quantity of electricity)

▶ 원자 : 물질을 이루는 가장 작은 알갱이, 핵과 전자로 구성
- 핵 : 양의 전하(positive charge)
- 전자 : 핵 주위를 돌고 있는 음의 전하(negative charge)
- 전기적 중성, 전자의 수가 달라지면 전기를 가짐

1.2 전기란?

우리가 전기라 부르는 것은 전류(current)와 전압(voltage)의 2가지 성질 성질을 가지고 있으며, 이 두 가지 성질은 동저의 양면처럼 서로 분리해서 생각할 수 없다.

전기는 전류와 전압이 만들어 내는 에너지인 전력으로 존재하기 때문이다. 즉, 전압이 아무리 높아도 전류가 영에 가깝다면 정전기처럼 큰 영향력을 미칠 수 없으나, 전압이 1.5[V]와 같이 작은 값이라도 전류가 수십[A]의 값을 갖는다면 모터 등을 강력하게 구동할 수 있는 힘을 발휘하게 된다. 그러므로 전자회로에서는 전압, 전류와 전력에 대하여 동시에 관심을 가져야 한다.

$$\text{전력(power)} = \text{전류} \times \text{전압}$$

(1) 전류(current) : 전자의 흐름

전류는 전하가 일정한 방향으로 이동하는 것을 나타내며, 전압 또는 전위차는 단위 정전하가 회로의 두 점 사이를 이동할 때 에너지를 얻거나 잃는 에너지를 의미한다. 전자의 이동을 일으키는 힘을 나타낸다.

▶ 전자(electron)와 정공(hole)의 개념

물질을 전자를 중심으로 한 전기적인 관점으로 생각하면, 물질의 원자에서 핵과 전자가 평형을 이루면 전기적으로 안정한 상태로 생각할 수 있으며 다음 그림 1.2와 같이 표현할 수 있다.

여기에서 물질의 원자에서 전자는 정공(hole)이라는 공간에 결합되어 있는 것으로 생각한다. 즉, 전자가 물질의 핵에서 떨어져 나오면 전공이 생성된다고 생각할 수 있다.

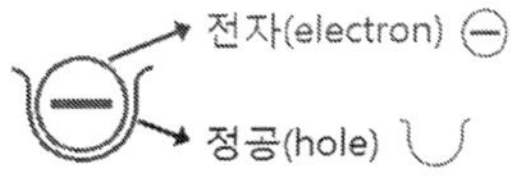

그림 1.2 전자와 전공의 관계

이러한 개념을 이용하면 전자가 정공과 결합되어 있으면 전기적으로 안정한 상태이고, 전자가 정공에서 빠져나가서 전공이 많은 상태가 되면 플러스 전기를 띄게 되고, 반대의 상황이 되면 마이너스 전기를 띄게 된다.

▶ 전류와 방향

전류는 전하가 일정한 방향으로 이동하여 발생한다. 그림 1.3과 같이 전자가 일정한 방향으로 이동한다면, 이동하는 전자의 수에 비례하여 전류의 세기가 결정되며, 전류의 방향은 전자이동의 방향과 반대방향으로 흐르게 된다.

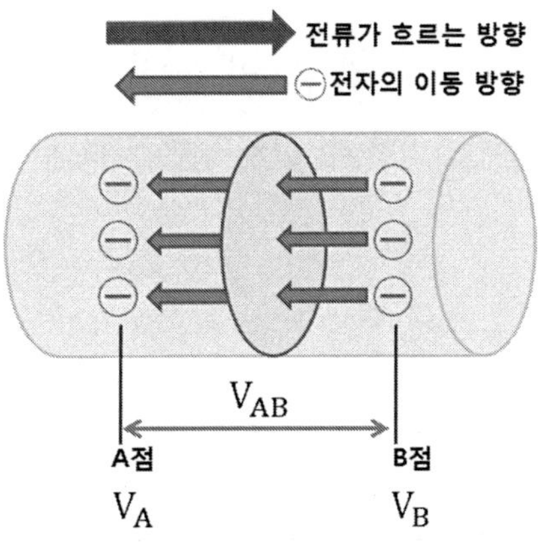

그림 1.3 전자의 이동에 의한 전류와 전압

(2) 전압(voltage), 전위차

전자가 이동하게 되는 원인은 전위차 때문인데, 전위차란 전기적 위치에너지의 차이로 단위 정전하가 회로의 두 점 사이를 이동할 때 에너지를 얻거나 잃는 것을 의미한다.

즉, 그림 1.3에서 A점과 B점에서의 전기적 위치 에너지는 각각 V_A와 V_B로 나타내며, B점에서 A점으로 전자가 이동하는 원인은 $V_A > V_B$일 때, A과 B점 사이에는 V_{AB}라는 전위차가 발생하기 때문이다.

$$V_{AB} = V_A - V_B \tag{1.1}$$

(3) 옴(Ohm)의 법칙 : 전압과 전류의 관계

오옴의 법칙(Omh's Low)에 따라 그림 1.4에서 A점에서 B점으로 저항 R을 통해 전류 I가 흐른다면, A과 B점 사이에는 V_{AB}라는 전위차가 발생하게 된다. 여기서, V_{AB}의 표현은 점 B에서 점 A를 측정한 전압을 의미한다.

$$V = R \times I \tag{1.2}$$

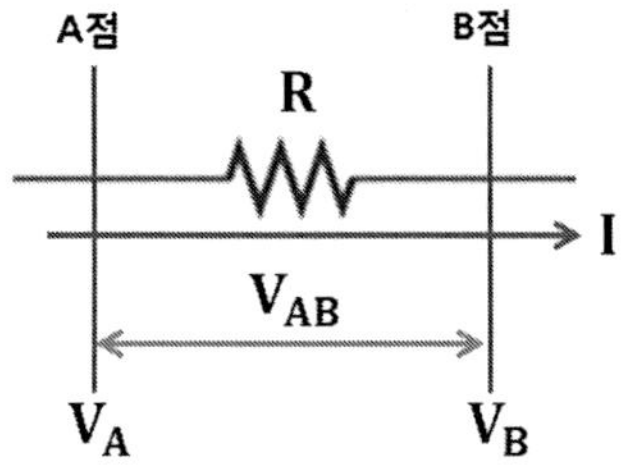

그림 1.4 전위차, 전압과 전류

▶ 전력(power)은 전기적인 에너지, 일할 수 있는 힘

전력(power)은 전기적인 에너지로 일할 수 있는 힘을 나타내며, 전류와 전압의 곱으로 나타낸다.

$$\text{전력}(P) = \text{전류}(I) \times \text{전압}(V)$$
$$P = I \times V \tag{1.3}$$

회로에서 전압과 전류의 정확히 표현하기 위한 정의를 나타내기 위하여 그림 1.5을 통해 알아보자.

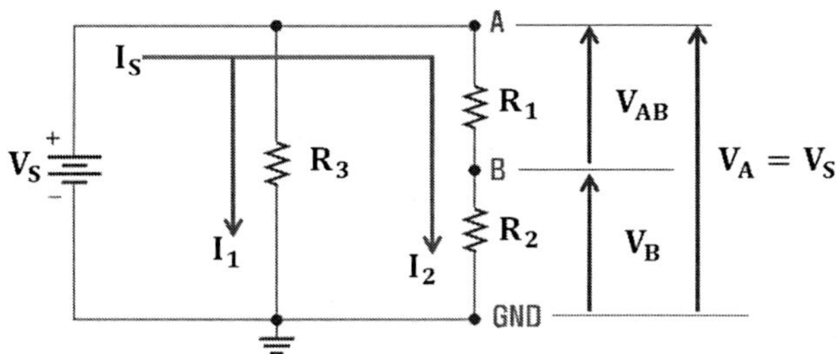

그림 1.5 회로에서 전압과 전류 표현

그림 1.5에서 앞에 설명한 것처럼 V_{AB}는 B점에서 A점까지의 전압을 나타내며, 전압 V_A와 전압 V_B의 전위차를 나타낸다. 전압 V_A와 전압 V_B는 각각 접지(GND)에서부터 A점과 B점까지를 측정한 전압값이다.

	의 미	관계식
V_S	전원전압	
V_{AB}	B에서 A까지의 전압	$V_{AB} = R_1 \times I_2$
V_B	GND에서 B까지의 전압	$V_B = R_2 \times I_2$
V_A	GND에서 A까지의 전압	$V_A = R_3 \times I_1$ $= (R_1 + R_2) \times I_2$ $= V_S$
I_1	저항 R_3에 흐르는 전류	$I_1 = \frac{V_S}{R_3}$
I_2	저항 R_1과 R_2에 흐르는 전류	$I_2 = \frac{V_S}{R_1 + R_2}$
I_S	$I_S = \frac{V_S}{(R_1 + R_2)//R_3}$	$I_S = I_1 + I_2$

표 1.1 그림 1.5의 전기 회로적 의미

1.3 직류와 교류

(1) 직류(dc: direct current)

직류(dc: direct current)는 그림 1.6과 같이 시간이 변화해도 전압과 전류가 일정한 크기를 가지고 전기적인 극성이 바뀌지 않는다.

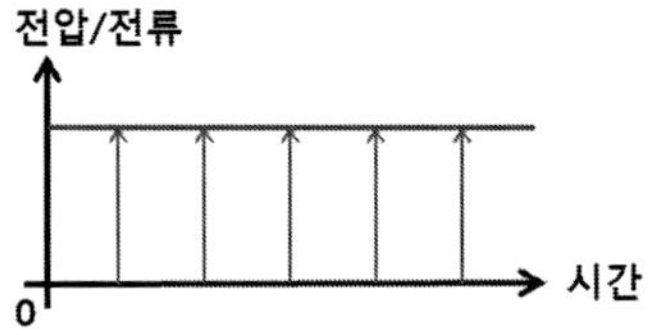

그림 1.6 직류 전압과 전류

예를 들면 휴대용 전자기기나 자동차에 일반적으로 사용되는 다음과 같은 직류전지와 같다.

그림 1.7 직류 전지

직류전지는 개념적으로 다음 그림과 같이 전자와 정공이 나뉘어 담겨져 있는 그릇과 같다.

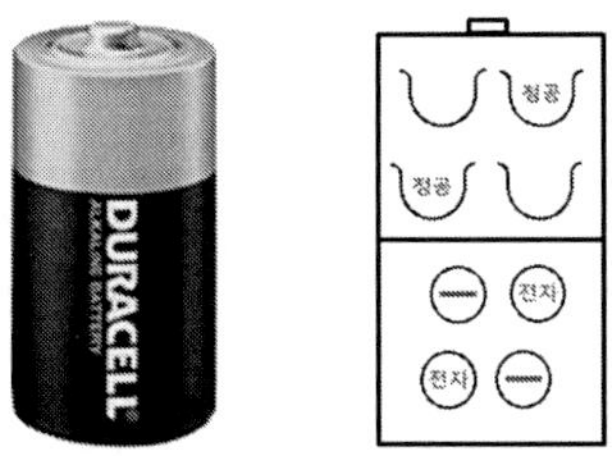

그림 1.8 직류 전지의 개념

직류 건전지에 다음과 같이 전구를 연결하고 전자의 이동을 살펴보자.

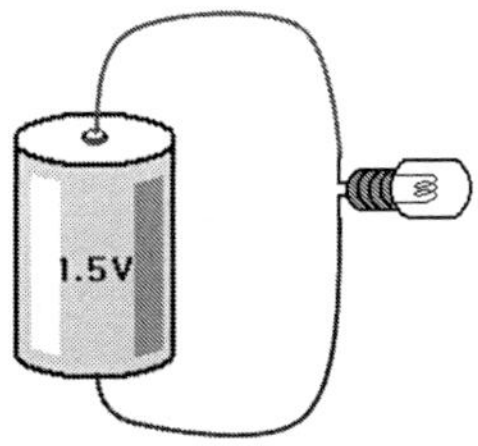

그림 1.9 직류전지에 전구 연결

직류전지에 전구가 연결되면 전자가 이동하기 시작한다. 그림 1.8과 같이 직류전지에 나뉘어 저장되어 있던 전자는 전구를 지나 정공이 모여 있는 곳으로 그림 1.10과 같이 이동하여 정공과 결합하게 된다. 이 과정에서 전자는 전구를 통과하며 전구의 필라멘트와 충동하며 빛을 발생시키게 된다.

직류전지에서 전자가 정공과 결합하는 과정을 방전이라 하고, 결합되어 있는 전자와 정공을 다시 각기 다른 장소에 나누어 담는 과정을 충전이라고 생각할 수 있다.

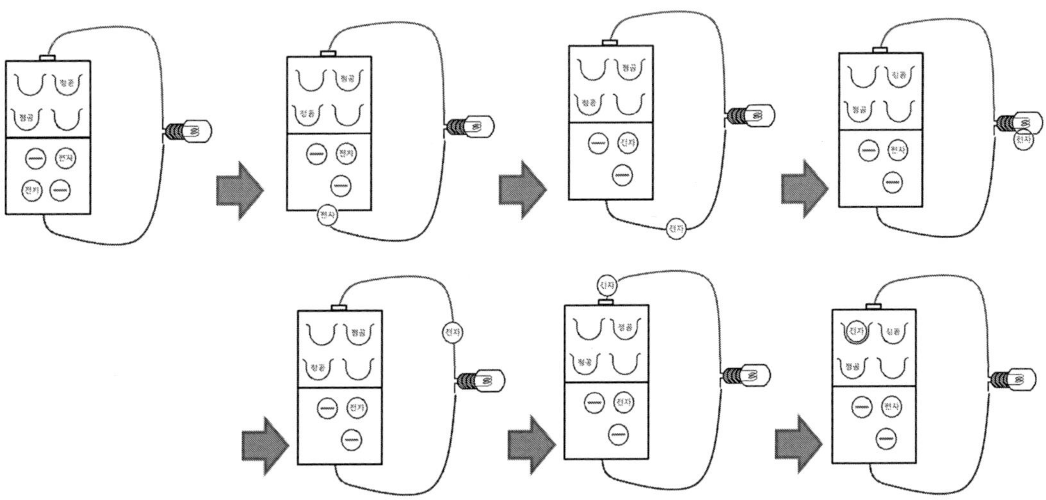

그림 1.10 전구회로에서 전자의 이동

▶ 직렬연결과 병렬연결

직류전지는 직렬로 연결하면 잔압이 커지고 병렬로 연결하면 전류가 커진다. 예를 들어 전압이 1.5V이고 전류가 1A인 직류전지 2개를 다음과 같이 직렬로 연결하면 전류는 변하지 않고 전압은 3V가 되고, 병렬로 연결하면 전압은 1.5V에서 변하지 않고 전류는 2A가 된다.

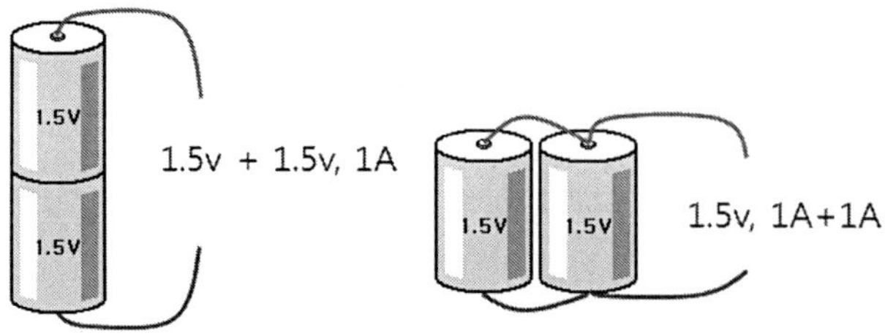

그림 1.11 직류전지의 직렬과 병렬 연결

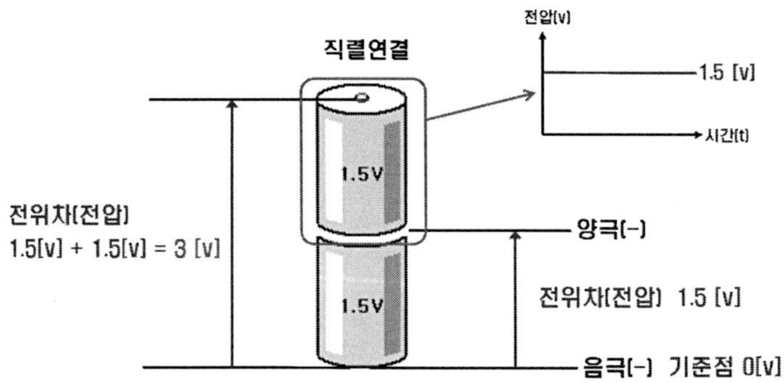

그림 1.12 직류전지의 직렬

▶ 다음 중 어느 것의 전구가 가장 밝은가?

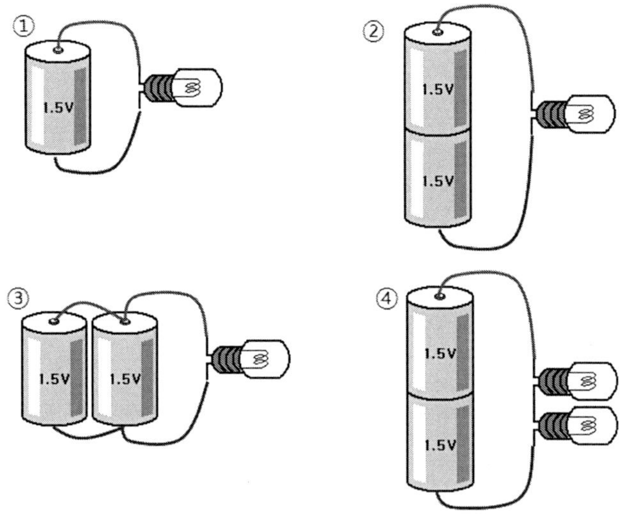

그림 1.13 소모전력

전구의 밝기는 소모전력에 비례한다. 그러므로 전압이 일정하다면 전류가 커져야 하고, 전류가 일정하다면 전압이 커져야 한다.

(2) 교류(ac : alternative current)

교류(ac : alternative current)는 일정한 주기를 가지고 크기가 반복적으로 변하는 전기적 특성을 의미한다. 일정한 시간 동안 반복적으로 극성이 변하며 반복된다.

일반적으로 교류 전압은 시간에 따라 주기적으로 변화하기 때문에 그림 1.14와 같이 시간에 대한 삼각함수로 표현된다.

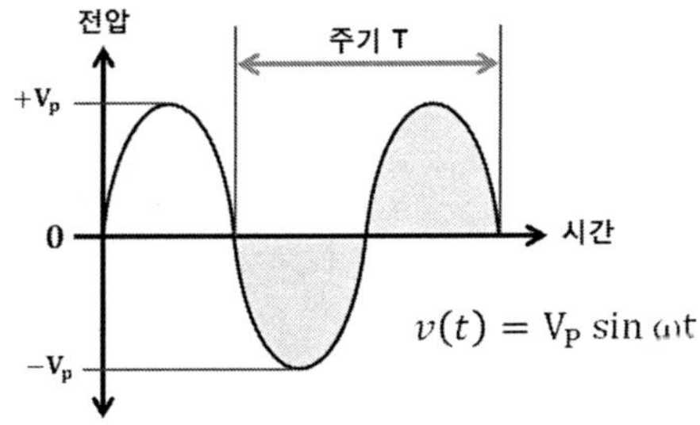

그림 1.14 교류신호

그림 1.14의 교류신호에서 주기 T는 신호가 1회 반복하는 시간을 나타내며 단위로는 초(sec)가 사용되며, 주파수 f는 1초에 신호가 반복하는 횟수로 주기와 주파수는 역수의 관계를 가진다. 각속도 **ω**는 각 주파수로 $\omega = 2\pi f$ 이다.

$$f = \frac{1}{T} \tag{1.4}$$

1.4 기초 법칙

전자회로는 회로를 구성하고 있는 각 소자에 대한 전압, 전류와 소모전력에 대하여 분석하거나 원하는 값을 가지도록 설계하는 과정으로 이루어져 있다. 이 과정에서 전압, 전류와 저항의 관계는 Ohm의 법칙을 적용하게 되고, 교류신호는 주파수에 따른 표현을 하게 된다. 이를 위하여 관련된 식을 정리하면 다음과 같이 요약할 수 있다.

	기호	단위	의미 및 관계식
전압	V	[V]	Ohm의 법칙 $V = R \times I$ 또는 $I = \frac{V}{R}$
전류	I	[A]	
저항	R	[Ω]	
전력	P	[W]	$P = I \times V$
주기	T	sec(초)	신호가 1회 반복하는데 걸리는 시간
주파수	f	Hz	1초에 신호가 반복하는 횟수 ($f = \frac{1}{T}$)
각주파수	ω	rad/sec	$\omega = 2\pi f$

표 1.2 전압과 전류의 관계식

1.5 직류 전압 회로

앞에서 살펴본 직류전압에 대하여 좀 더 살펴보자.
먼저 직류전압의 회로기호는 그림 1.15의 (a), (b)와 같다.

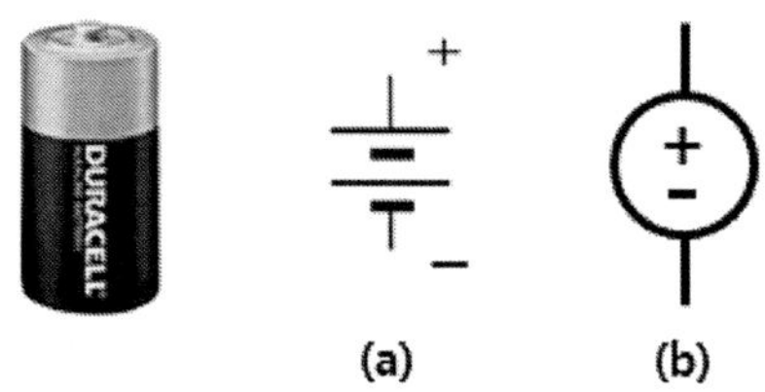

그림 1.15 직류전원의 회로 기호

1.6 저항의 분압효과

전자회로에 회로의 소자들은 대부분 저항의 개념으로 다루어진다. 즉, 저항이 병렬로 연결되거나 직렬로 연결된 상태로 해석이 되는 경우가 많다.

저항이 직렬로 연결되었을 때의 전압에 대하여 살펴보자.

(1) 직류전압의 분압

2개의 저항이 직렬로 연결되어 있다면 각 저항에서의 전압은 전압분배 법칙에 의하여 구하여진다.

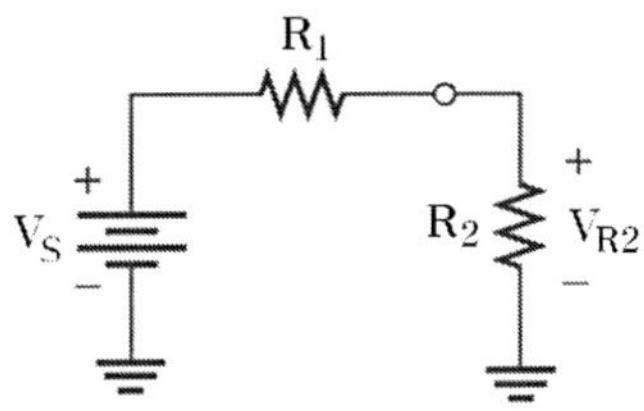

그림 1.16 전압분배

▶ 저항 R_2에 발생하는 전압의 식(전압분배법칙)

$$V_{R2} = \frac{R_2}{R_1 + R_2} \times V_S$$

▶ 저항 $R_1 = 1000\Omega$이고 저항 R_2의 저항 값이 변할 때

$R_1 = 1000\Omega$	$R_2 = 1000\Omega$	$V_{R2} = 5V$
	$R_2 = 500\Omega$	$V_{R2} = 3.3V$
	$R_2 = 100\Omega$	$V_{R2} = 0.9V$
	$R_2 = 10\Omega$	$V_{R2} = 0.1V$

$R_1 >> 10 \times R_2 \Rightarrow V_{R2} \cong 0$

▶ 저항 $R_2 = 1000\Omega$이고 저항 R_1의 저항 값이 변할 때

$R_1 = 500\Omega$	$R_2 = 1000\Omega$	$V_{R2} = 6.6V$
$R_1 = 100\Omega$		$V_{R2} = 9.1V$
$R_1 = 10\Omega$		$V_{R2} = 9.9V$

$R_2 >> 10 \times R_1 \Rightarrow V_{R2} \cong V_S$

(2) 교류전압의 분압

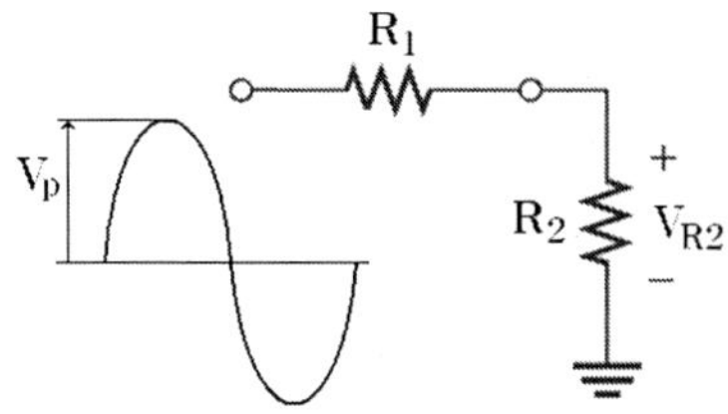

그림 1.17 교류전압

▶ 저항 R_2에 발생하는 전압의 식(전압분배법칙)

$$V_{R2} = \frac{R_2}{R_1 + R_2} \times V_S$$

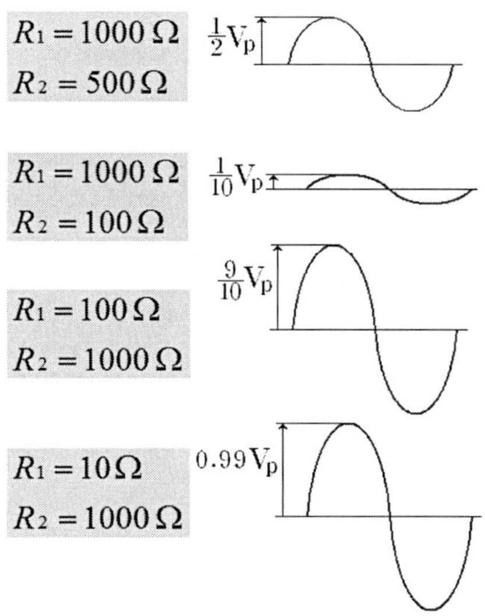

그림 1.18 교류전압 분압

1.7 전구회로 해석

직류전원으로 구성된 간단한 회로를 설명하기 위하여 버튼 스위치를 누르면 전구에 불이 들어오도록 전구와 2개를 직렬로 연결한 1.5V 건전지 그리고 버튼 스위치를 연결하여 그림 1.19과 같은 회로를 구성하여 보자.

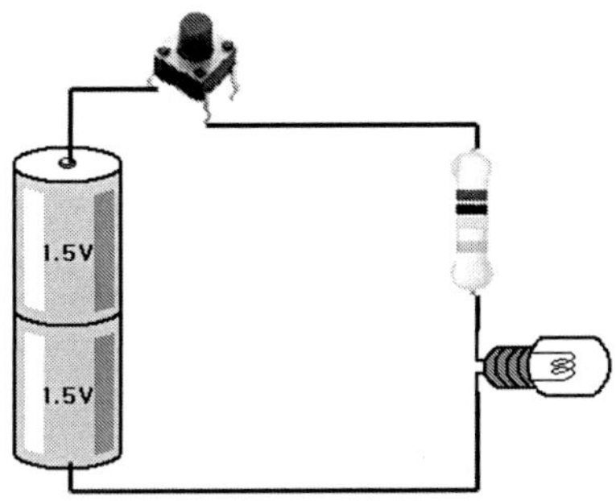

그림 1.19 전구회로

그림 1.19를 전기회로로써 해석하기 위하여 회로 기호를 이용하여 표현하면 그림 1.20과 같다. 단, 전구의 내부저항 $R_{lamp} = 20\Omega$이라고 가정한다.

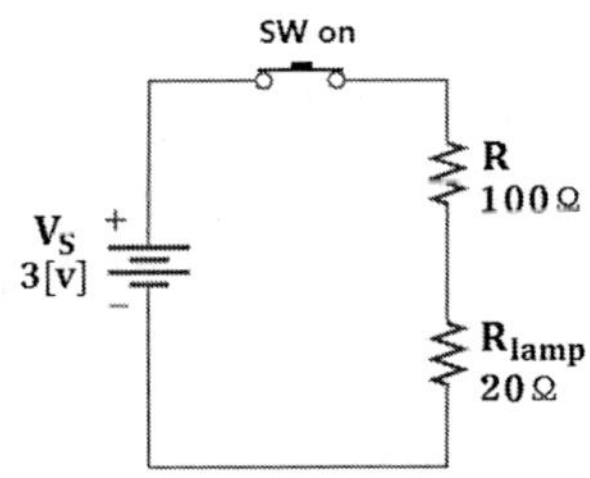

그림 1.20 그림 1.19의 등가회로

그림 1.20에 대하여 각 소자의 전압과 전류를 구하고 소모 전력을 계산해 보자.

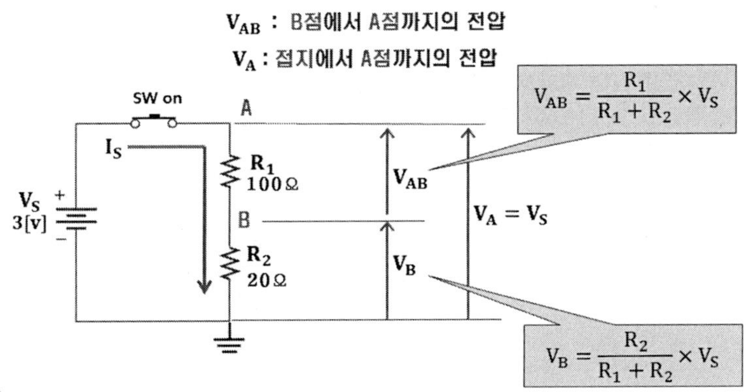

그림 1.21 전압분배 법칙 적용

전원 전압 V_S에 대하여 각 저항에 걸리는 전압은 그림 1.21과 같이 전압 분배 법칙을 사용하여 구할 수 있다.

- 저항 R_1에 걸리는 전압 : $V_{AB} = \dfrac{R_1}{R_1+R_2} \times V_s = \dfrac{100}{100+20} \times 3 = 2.5[v]$
- 저항 R_2에 걸리는 전압 : $V_B = \dfrac{R_2}{R_1+R_2} \times V_s = \dfrac{20}{100+20} \times 3 = 0.5[v]$
- 저항 R_1과 R_2에 흐르는 전류 : $I_s = \dfrac{V_s}{R_1+R_2} = \dfrac{3}{100+20} = 0.025[A] = 25[mA]$
- 저항 R_2에서 소모되는 전력 : $P_B = I_s \times V_B = 25[mA] \times 0.5[v] = 12.5[mW]$

1.8 물질의 전기적 특성

모든 물질은 전기적으로 저항, 콘덴서, 코일의 3가지 성질을 가지고 있다. 물질의 저항 성분은 전류가 흐르는 것을 방해하는 요소이며, 콘덴서 성분은 전기를 저장할 수 있는 요소이며, 코일 성분은 전기를 유도할 수 있는 요소이다.

단일 소자로서의 저항, 콘덴서, 코일은 이들 3가지 성질 중 특정한 1가지 성질이 다른 2가지 성질 보다 상대적으로 상당히 큰 경우이다. 그러나 주파수에 따라 그 중심이 된 특성이 변하기도 한다.

소자	기호	특성	단위
저항	R	전기가 흐름 방해	[Ω]
콘덴서	C	전기를 담는 그릇	[F], [μF]
코일	L	전기를 유도	[H], [mH]

표 1.3 저항, 콘덴서, 코일

(1) 저항

기호	모양	회로 기호
R	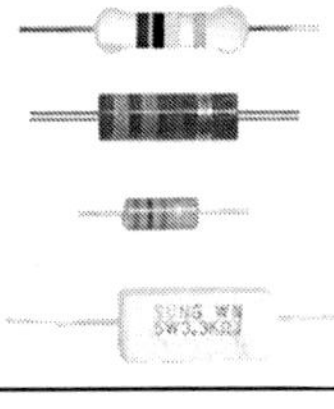	

표 1.4 저항

▶ 저항의 색상 띠 기호

저항은 일반적으로 다음 그림 1.22와 같이 색상 띠로 그 용량을 표시하며, 색상에 따른 값은 표 1.5와 같다.

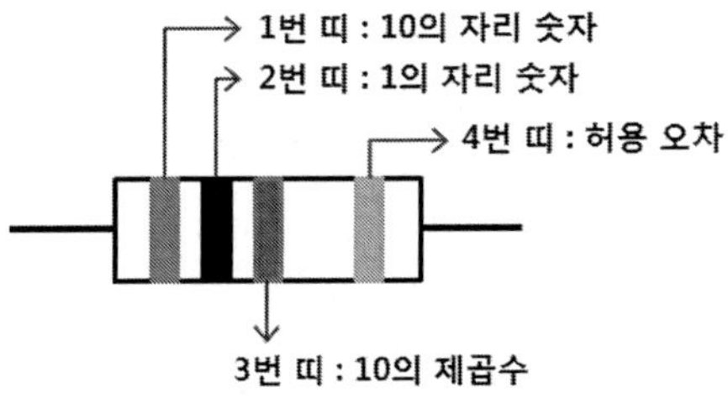

그림 1.22 저항의 색상 띠

예를 들면, 4개의 색상 띠가 갈색-검정색-빨간색-은색으로 되어 있다면, 앞의 3가지 색상에 의하여 10×10^2가 되어 저항 값은 1000[Ω]이고, 허용오차는 ±10%임을 알려 준다.

색상	1번 띠	2번 띠	3번 띠	4번 띠
검정색	0	0	$\times 10^0$	-
갈 색	1	1	$\times 10^1$	±1%
빨간색	2	2	$\times 10^2$	±2%
주황색	3	3	$\times 10^3$	-
노란색	4	4	$\times 10^4$	-
녹 색	5	5	$\times 10^5$	-
파란색	6	6	$\times 10^6$	-
보라색	7	7	$\times 10^7$	-
회 색	8	8	$\times 10^8$	-
흰 색	9	9	$\times 10^9$	-
금 색	-	-	$\times 10^{-1}$	±5%
은 색	-	-	$\times 10^{-2}$	±10%

표 1.5 저항의 용량 표현을 위한 색상 띠

▶ 저항의 허용 오차의 의미

모든 저항은 허용오차를 가지고 있어서 허용오차에 따라 저항 값이 결정된다. 예를 들어 ±10%의 허용오차를 갖는 1000~2000Ω 사이의 저항은 1000Ω, 1200Ω, 1500Ω, 1800Ω, 2100Ω만 있으며 나머지 저항은 아들 저항의 허용오차 범위 안에 있게 되어 무의미해진다. 즉, 1400Ω의 저항은 1200Ω과 1500Ω의 허용오차 범위 안에 존재하므로 용량 값의 의미가 없다.

저항값	오차(-10%)	오차(+10%)
1000	900	1100
1100	990	1210
1200	1080	1320
1300	1170	1430
1400	1260	1540
1500	1350	1650
1600	1440	1760
1700	1530	1870
1800	1620	1980
1900	1710	2090
2000	1800	2200
2100	1890	2310
2200	1980	2420

표 1.6 허용오차에 따른 저항 값

(2) 콘덴서(커패시턴스)

▶ 콘덴서 형태

콘덴서는 구조적으로 2개의 금속판을 마주보게 하고 사이에 절연체를 넣어 2개의 금속판의 대전되는 성질을 이용한 것으로 극성이 없는 콘덴서와 극성을 갖는 전해 콘덴서로 나누어진다.

구분	모양	회로기호
무극성	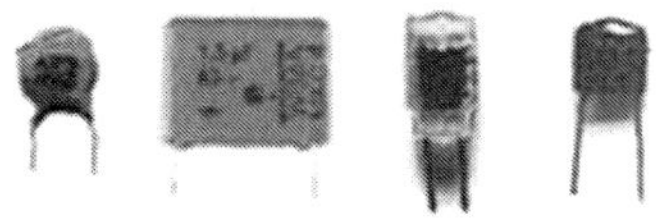	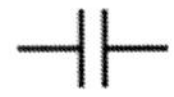 C
전해	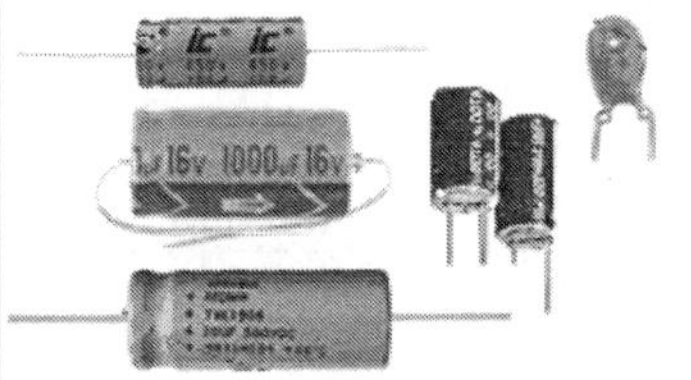	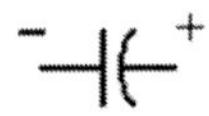 전해 C

표 1.7 콘덴서

▶ 콘덴서 용량 표시

전해 콘덴서는 일반적으로 용량이 크고 외형적인 크기도 크기 때문에 용량 값과 극성을 외부표면에 직접 나타낸다. 반면에 용량이 작은 콘덴서들은 그림 1.23과 같이 숫자 값으로 그 용량을 표현한다.

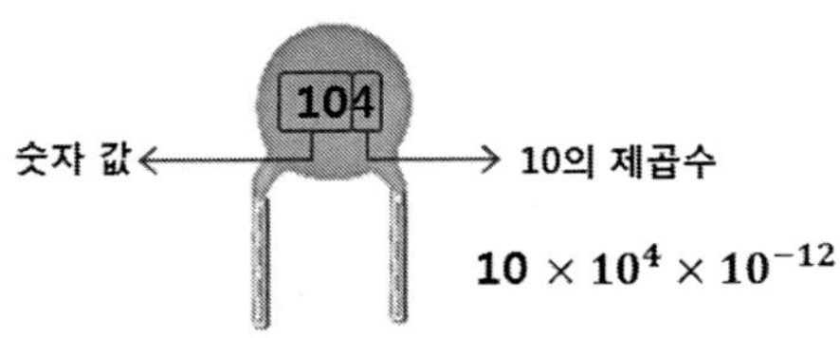

그림 1.23 콘덴서의 용량 표현

표시값	의미	용량
10	10×10^{-12}	10 [pF]
101	$10 \times 10^{1} \times 10^{-12} = 100 \times 10^{-12}$	100 [pF]
102	$10 \times 10^{2} \times 10^{-12} = 0.001 \times 10^{-6}$	0.001 [μF]
103	$10 \times 10^{3} \times 10^{-12} = 0.01 \times 10^{-6}$	0.01 [μF]
104	$10 \times 10^{4} \times 10^{-12} = 0.1 \times 10^{-6}$	0.1 [μF]
105	$10 \times 10^{5} \times 10^{-12} = 1 \times 10^{-6}$	1 [μF]
222	$22 \times 10^{2} \times 10^{-12} = 0.0022 \times 10^{-6}$	0.0022 [μF]
223	$22 \times 10^{3} \times 10^{-12} = 0.022 \times 10^{-6}$	0.022 [μF]
332	$33 \times 10^{2} \times 10^{-12} = 0.0033 \times 10^{-6}$	0.0033 [μF]
333	$33 \times 10^{3} \times 10^{-12} = 0.033 \times 10^{-6}$	0.033 [μF]
472	$47 \times 10^{2} \times 10^{-12} = 0.0047 \times 10^{-6}$	0.0047 [μF]
473	$47 \times 10^{3} \times 10^{-12} = 0.047 \times 10^{-6}$	0.047 [μF]

표 1.8 콘덴서 용량 표현

1.9 기본 단위

전자회로에서 많이 사용되는 단위를 표 1.9에 정리하여 놓았다.

단위	읽기	크기	사용예										예
			길이	시간	전압	전류	전력	무게	주파수	저항	콘덴서	코일	
m	milli	$\times10^{-3}$	mm	ms	mV	mA	mW	mg				mH	1[mV]=0.001[v]
μ	micro	$\times10^{-6}$	μm	μs	μV	μA	μW	μg			μF	μH	1[μV]=0.000001[v]
n	nano	$\times10^{-9}$	nm	ns	nV	nA	nW						1[nV]=0.000000001[v]
p	pico	$\times10^{-12}$		ps	pV	pA	pW				pF	pH	1[pV]=0.000000000001[v]
k	kilo	$\times10^{3}$	km		kV	kA	kW	kg	kHz	kΩ			1[kHz]=1,000[Hz]
M	Mega	$\times10^{6}$			MV		MW		MHz	MΩ			1[MHz]=1,000,000[Hz]
G	Giga	$\times10^{9}$							GHz				1[GHz]=1,000,000,000[Hz]
T	Tera	$\times10^{12}$							THz				1[THz]=1,000,000,000,000[Hz]

표 1.9 단위

name	10진수 크기	Symbol	2진수 크기
kilo	10^3	1 kB	2^{10}
mega	$10^3\times10^3=10^6$	1 MB	2^{20}
giga	$10^3\times10^6=10^9$	1 GB	2^{30}
tera	$10^3\times10^9=10^{12}$	1 TB	2^{40}
peta	$10^3\times10^{12}=10^{15}$	1 PB	2^{50}
exa	$10^3\times10^{15}=10^{18}$	1 EB	2^{60}
zetta	$10^3\times10^{18}=10^{21}$	1 ZB	2^{70}
yotta	$10^3\times10^{21}=10^{24}$	1 YB	2^{80}
googol	10^{100}		
googolplex	10^{googol}		

표 1.9 크기의 단위

1.10 함수 표현

(1) 함수 표현

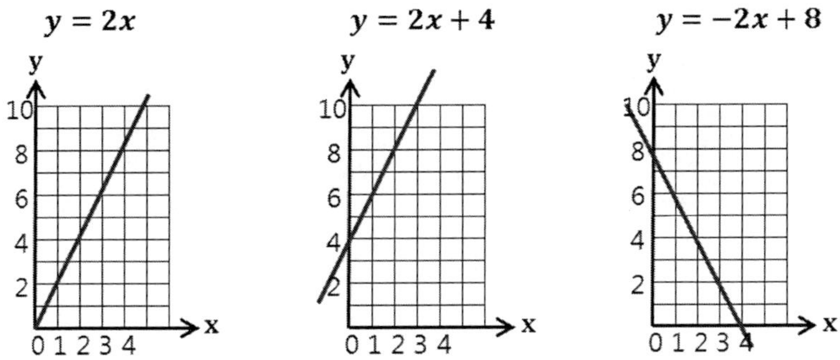

그림 1.24 1차 함수 그래프

(2) 전자회로에서 1차 함수의 의미

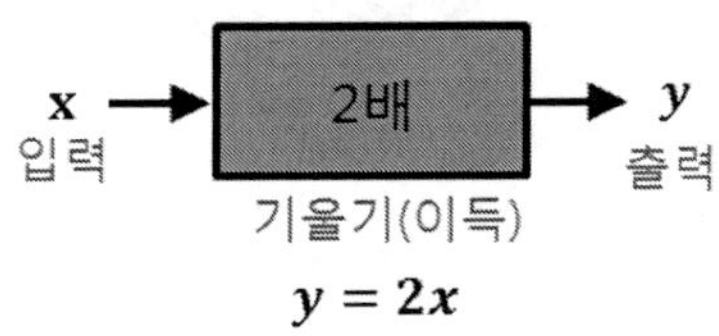

그림 1.25 입출력 함수

(3) 옴의 법칙 : 1차 함수

y	=	2	×	x	
전압	=	저항	×	전류	$V = R \times I$
전류	=	$\frac{1}{저항}$	×	전압	$I = \frac{1}{R} \times V$
출력전압	=	전압이득	×	입력전압	$V_{out} = A_V \times V_{in}$
출력전류	=	전류이득	×	입력전류	$I_{out} = A_i \times I_{in}$

Ohm의 법칙

1.11 자기와 전자석

(1) 스피커의 모양

그림 1.26 스피커

(2) 스피커의 구조

그림 1.27 스피커의 구조

(3) 스피커의 동작

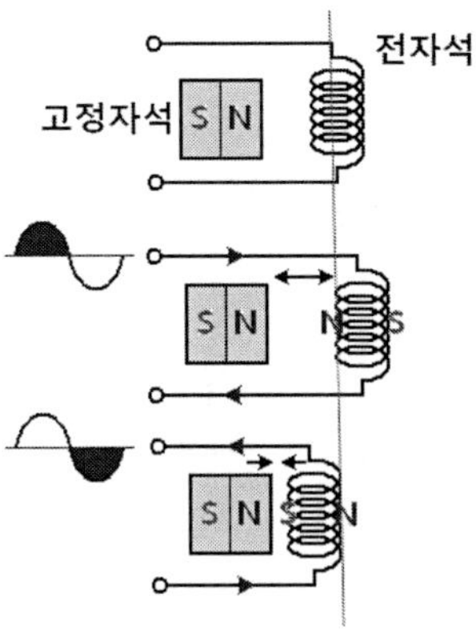

그림 1.28 스피커의 동작

(4) 마이크의 원리

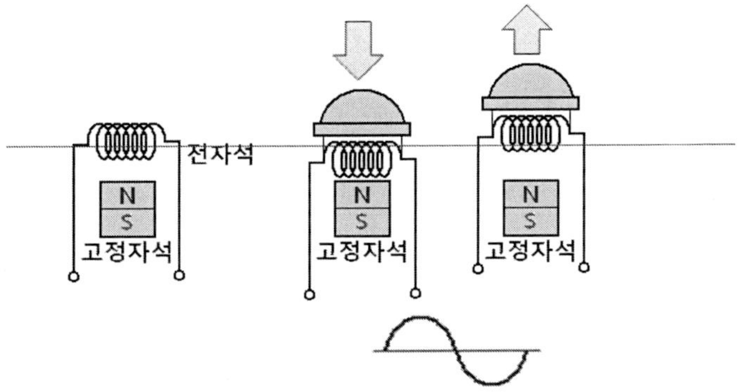

그림 1.29 마이크의 동작

(5) 모터의 원리

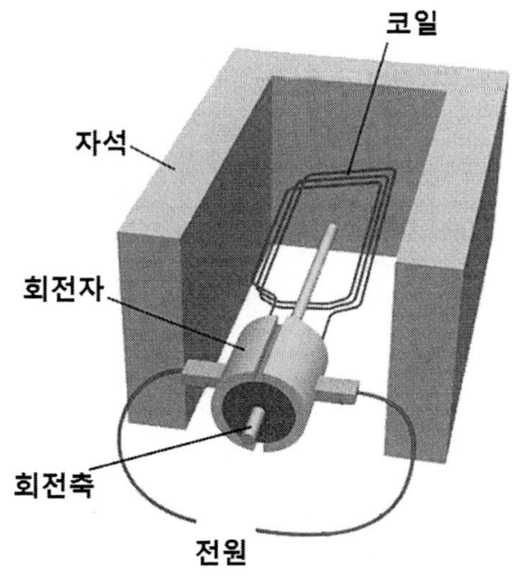

그림 1.30 마이크의 동작

Chapter 2

반도체 원리

2.1 원자 구조

현재까지 밝혀진 모든 원소는 전자나 양자의 개수로 원자번호가 부여되어 있으며 그 구조적 특징에 따라 그림 2.1과 같은 주기율표로 적성된다.

예를 들면 첫 번째 줄에 나열된 수소(H), 리튬(Li), 나트륨(Na), 칼륨(K), 루비듐(Rb), 세슘(Cs) 등은 각기 원자 번호가 1, 3, 11, 19, 37, 55 등으로 어떤 규칙이 없어 보이지만, 보어 모델에 따라 표현하면 가장 바깥쪽에 위치한 원자궤도(각, Shell)에 1개의 전자가 존재하기 때문에 1족으로 분류되어 표현된 것이다. 이것은 전자가 쉽게 떨어져나가 유사한 이온화 성질을 가지기 때문이다.

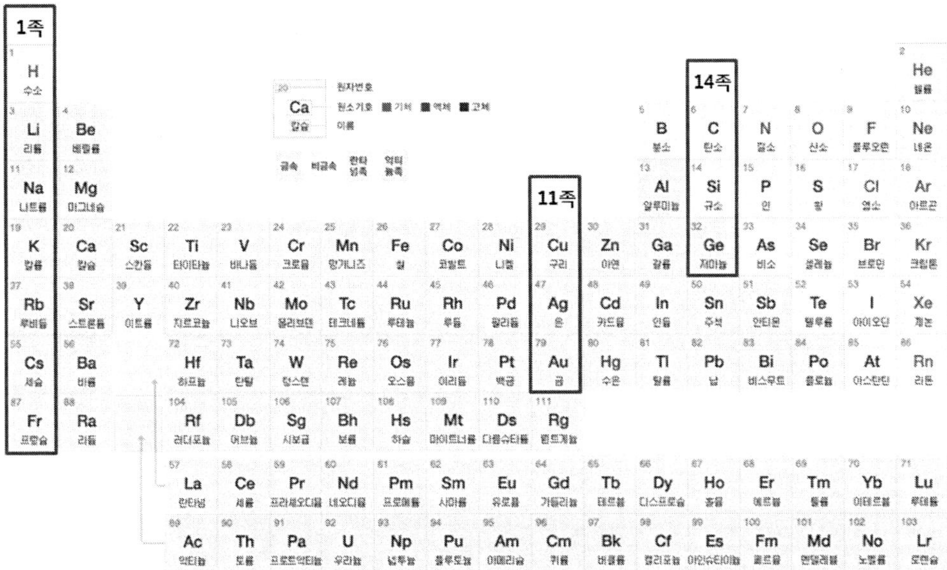

그림 2.1 원소 주기율표(자료출처:http://skhynix.tistory.com/807)

2.2 물질의 전기적 특성

물체에서 전기가 흐르게 되는 원인은 전자의 이동 때문이다. 이 전자가 얼마나 잘 이동할 수 있는지에 따라 도체, 반도체, 부도체로 나누어 볼 수 있다.

(1) 도체, 절연체 반도체

단일 원소 가운데 가장 전기가 잘 흐르는 도체(conductor)들은 금속인 구리(Cu), 은(Ag), 금(Au)들이며, 원자핵에서 최외각 전자가 멀리 떨어져 있을수록 전자가 떨어져 나가기 쉽기 때문에 전류도 더 잘 흐른다. 전기가 잘 흐르는 것을 나타내는 도전율은 구리<은<금의 순서가 된다.

반면에 절연체(insulator)는 전류가 흐르지 않는 물질로 단일 원소 구성된 경우보다 여러 가지 원소들로 결합되어 전자의 이동이 거의 없는 경우이다.

전류가 도체와 절연체의 중간 정도로 흐르는 반도체(semiconductor)는 외부의 전기적 조건에 따라 도전율이 좋은 도체가 되기도 하고 절연체가 되기도 한다. 단일 원소로 된 반도체는 실리콘(Si)과 게르마늄(Ge)과 같이 최외각에 4개의 전자를 갖는 탄소족(14족) 원소들이다.

도체(conductor) - 전류가 쉽게 흐르는 물질
절연체(insulator) - 전류가 흐르지 않는 물질
반도체(semiconductor) - Si, Ge, C

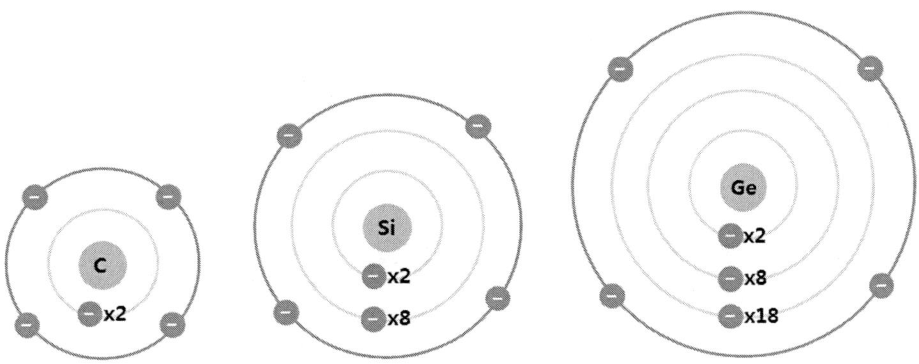

탄소(전자 6개)　　실리콘(전자 14개)　　게르마늄(전자 32개)

그림 2.2 탄소족(14족) 모형

(2) 실리콘의 공유 결합

그림 2.2의 실리콘이나 게르만늄과 같이 원자들은 최외각에 4개의 가전자(valence electron)를 가지고 있어서 순수하게 실리콘이나 게르마늄으로만 이루어진 물질은 공유결합을 통하여 화학적인 안정을 형성하고 있다.

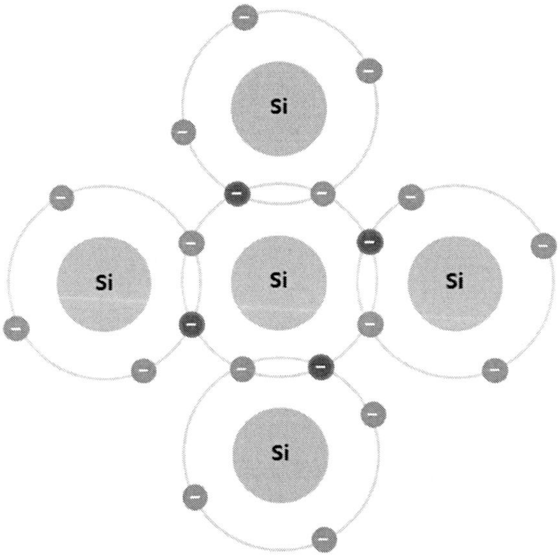

그림 2.3 실리콘(Si)원소의 공유결합

(3) 전류

공유결합으로 이루어진 순수한 실리콘 반도체에 그림 2.4와 같이 전자를 집어넣으면 실리콘 반도체 내부의 정공과 결합되어 있는 전자를 밀어내게 된다. 다시 밀려서 나온 전자는 다른 정공과 결합된 전자를 밀어내게 된다.

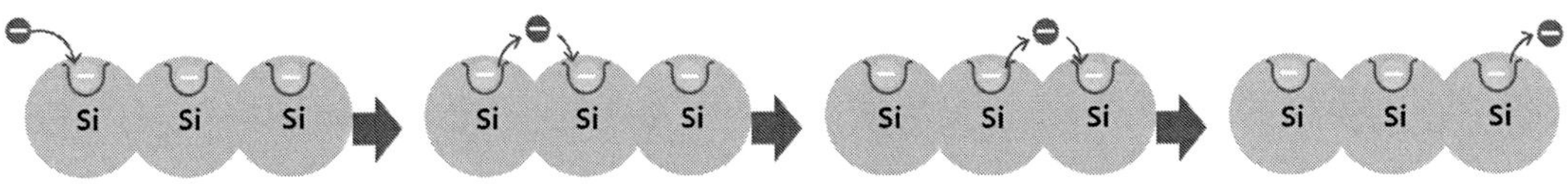

그림 2.4 실리콘(Si)원소의 전자이동과 전류

이러한 과정이 그림 2.4와 같이 방향성을 가지며 순차적으로 일어나게 되면, 그림 2.5와 같이 전자가 일정한 방향으로 이동한 것과 같이 된다. 이것은 전류가 흐르게 된 것을 의미한다.

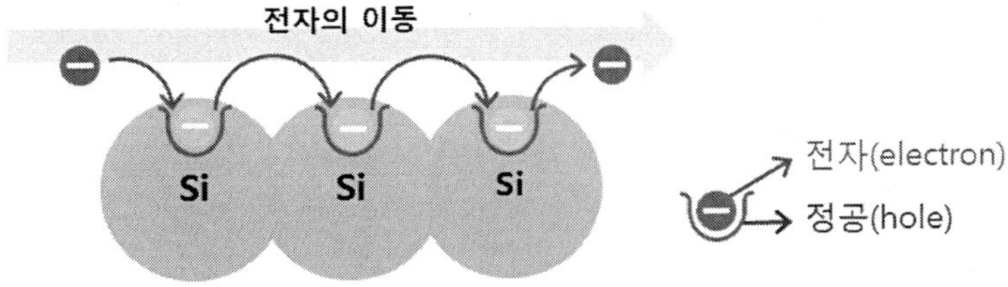

그림 2.5 실리콘(Si)원소의 전자이동과 전류

2.3 n형/p형 반도체

실리콘 원자로만 공유결합을 이루고 있는 순수한 실리콘 결정체를 진성반도체(intrinsic semiconductor)라 하며, 이 진성반도체에 불순물을 주입하여 자유전자나 정공의 수를 늘리면 전도성을 크게 증가된다. 진성반도체에 불순물을 주입하는 것을 도핑(doping)이라 하며, 불순물에 따라 n형과 p형 두 가지가 만들어진다.

(1) n형 반도체(5족)

실리콘 결정에 자유전자의 수를 늘리기 위하여 비소(As), 안티몬(Sb), 인(P)와 같은 15족의 불순물 원자를 주입한다. 14족의 실리콘 원자와 15족의 불순물 원자 공유결합을 형성하게 되면 그림 2.6과 같이 15족의 원소의 전자 1개가 남게 된다. 즉, 전자와 정공이 공유결합을 하고 남는 자유전자(free electron)가 발생한다.

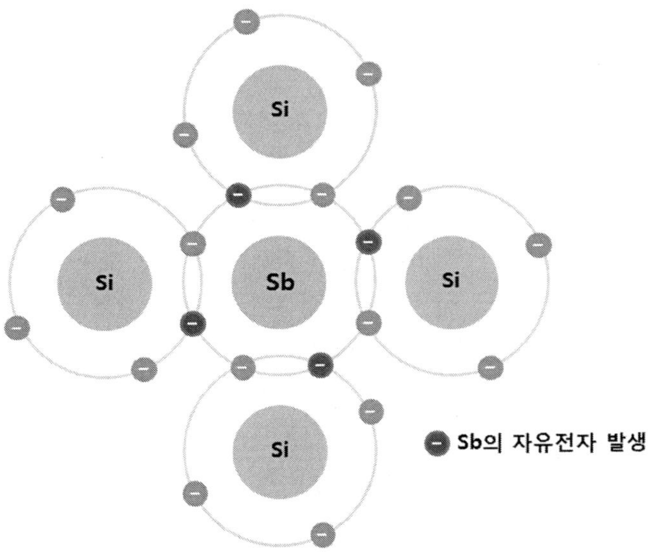

그림 2.6 n형 반도체

이렇게 도핑된 실리콘을 negative라는 의미로 n형 반도체라 한다.

(2) p형 반도체(3족)

n형 반도체와는 반대로 순수한 실리콘 결정에 정공을 증가시키기 위하여 알루미늄(Na), 붕소(B), 갈륨(Ga)와 같은 13족의 불순물 원자를 도핑한다. 13족의 불순물을 첨가하면 실리콘 원자와 13족 원자가 공유결합을 하게 되고, 공유결합을 하지 못한 정공이 그림 2.7과 같이 발생하게 된다. 즉, 13족의 원자에 의해 한 개의 정공이 나타나게 되며, 첨가 불순물의 양을 조절하면 도핑된 결정체 내에서 정공의 수를 조절할 수 있다. 전자와 정공이 공유결합을 하고 남는 정공(hole)이 생긴다.

이렇게 도핑된 실리콘을 positive라는 의미로 p형 반도체라 한다.

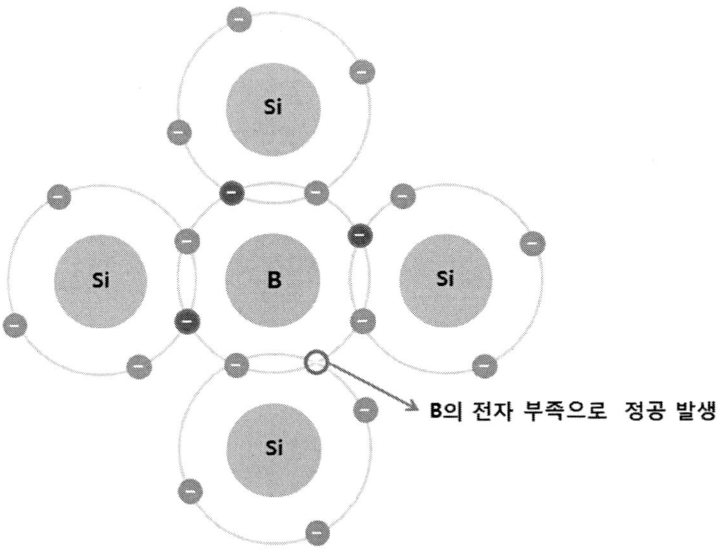

그림 2.7 p형 반도체

2.4 pn 접합 : 다이오드(diode)

(1) p형 반도체와 n형 반도체의 접합

p형과 n형 반도체를 접합시키면, n형 쪽의 전자는 전자의 농도가 낮은 방향으로 확산하려고 하며 이 확산은 접합면을 넘어서 전자의 농도가 적은 p형 쪽으로 전자가 확산되어 들어간다. p형 쪽으로 확산해 들어간 전자는 p형의 정공과 결합하게 된다. 따라서 소수 캐리어의 수명은

짧게 된다. 그러므로 정공은 소멸되며 그에 관련된 원자는 음전하를 띠게 된다.

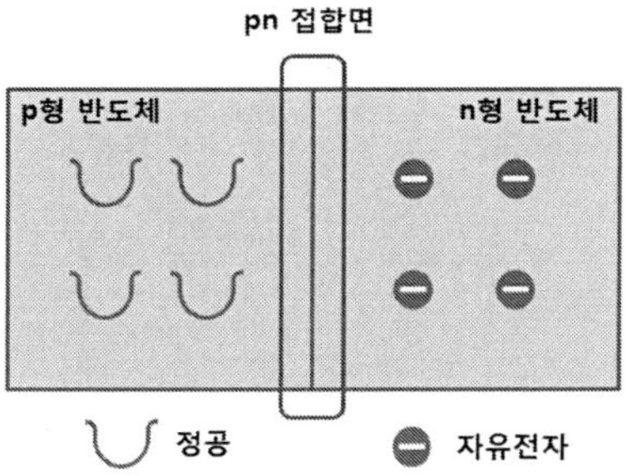

그림 2.8 pn 접합

(2) 접합면과 공핍층(depletion layer)

한 개의 전자가 접합면을 넘을 때마다 한 쌍의 이온을 만든다. 이 이온은 공유결합 때문에 결정구조 안에 고정되어 있고, 전도대 전자나 정공처럼 움직일 수 없다. 이온이 점점 생성됨에 따라 접합면 부근에는 자유전자와 정공이 없어지게 되는데 이 영역을 공핍층 또는 공간전하영역이라 한다.

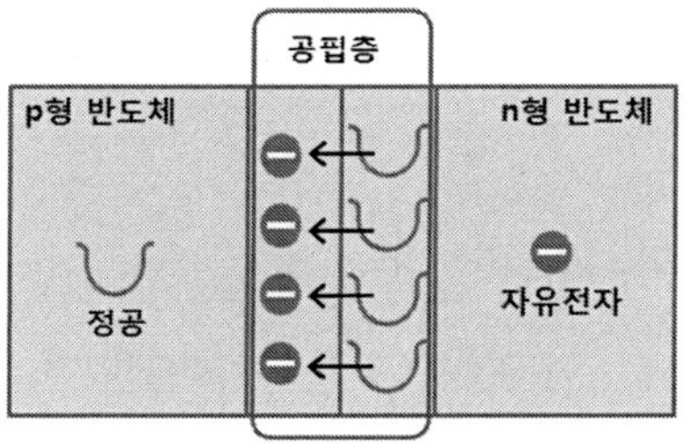

그림 2.9 pn접합의 공핍층

(3) 전위장벽(barrier potential)

확산이 어느 정도 이루어진 후에는 공핍층은 더 이상의 자유전자의 확산을 막는 장벽과 같은 역할을 하게 된다. 공핍층 양단의 전위차를 전위장벽이라 한다. 상온(25℃)에서 전위장벽의 크기는 실리콘 다이오드의 경우 0.7[V], 게르마늄 다이오드의 경우 0.3[V]이다.

2.5 pn 접합의 바이어스(bias)

pn 접합으로 이루진 반도체에 바이어스(bias)를 해보자. 바이어스란 직류 전원을 공급하는 것을 의미한다.

(1) 순방향 바이어스(forward bias)

pn접합에 그림 2.10과 같이 전원의 양극(+)이 p형 반도체에 전원의 음극(-)이 n형 반도체에 연결된 것을 순방향 바이어스(forward bias)라 한다.

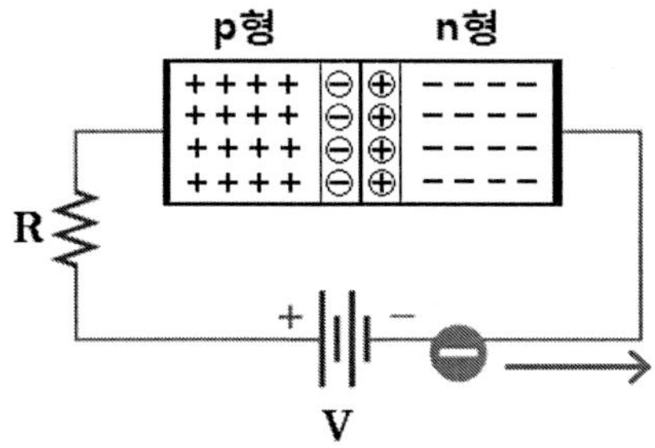

그림 2.10 순방향 바이어스

순방향 바이어스는 순방향 전류를 흐르게 한다. 그림 2.10과 같이 전원의 음극(-)에서 자유전자를 접합면 쪽으로 공급하면 전자들은 접합면을 통과하여 정공과 결합한다. 자유전자가 결합하면 가전자가 되며, 이 가전자는 p형 물질 내의 정공을 거쳐 pn접합의 p형의 끝 쪽으로 이동한다. 가전자는 계속 이동하여 전원의 양극(+)단자로 들어가게 된다.

▶ 순방향 bias에서의 전자이동

1. 전자는 전원의 음극을 떠나 결정의 오른쪽인 n형 쪽에 주입된다.
2. 주입된 전자는 자유전자로서 n형 영역을 통과한다.
3. 접합면 근처에서 재결합하여 가전자가 된다.
4. 가전자로서 p형 영역을 통과한다.
5. 결정의 왼쪽 끝을 떠나 전원의 +단자로 흘러들어간다.

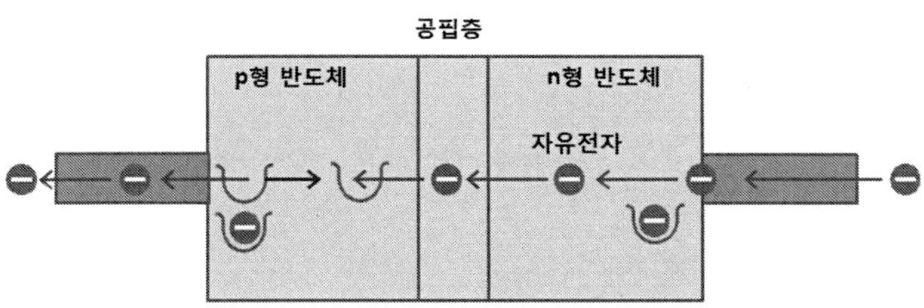

그림 2.11 순방향 바이어스의 전자이동

▶ 순방향 I–V 특성곡선

pn접합에 그림 2.10과 같이 순방향 바이어스 전압을 증가시키면 pn접합에 흐르는 전류는 서서히 증가하다가 장벽전위가 되는 약 0.7V에서부터 그림 2.12와 같이 급격히 증가한다. 이상적인 동작으로 설명하면 0.7V 이전에는 전류가 차단(cutoff)되었다가 0.7V 이상이 되면 전류가 흐르는 on/off 스위치처럼 동작한다.

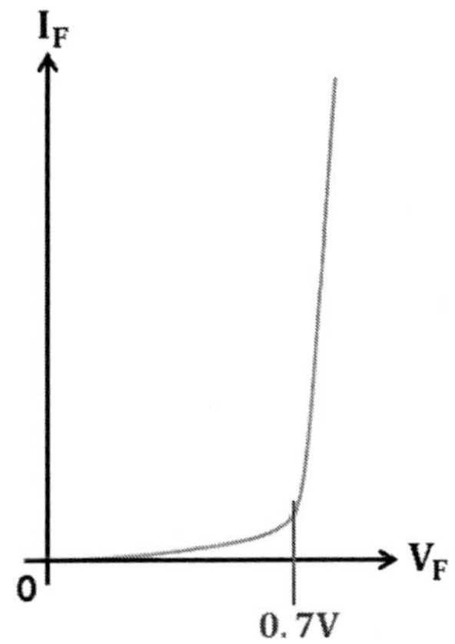

그림 2.12 순방향 I–V 특성곡선

(2) 역방향 바이어스(revers bias)

pn접합에 그림 2.13과 같이 전원의 양극(+)이 n형 반도체에 전원의 음극(-)이 p형 반도체에 연결된 것을 역방향 바이어스(revers bias)라 한다.

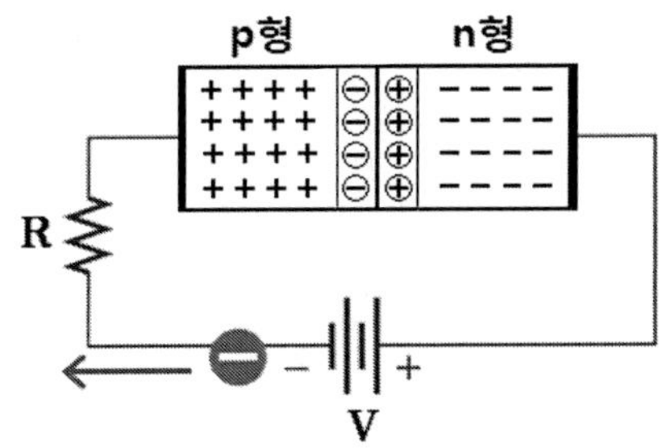

그림 2.13 역방향 바이어스

역방향 바이어스는 그림 2.14와 같이 n영역 접합 근처의 자유전자를 전원의 양극(+)으로 끌어당기고, p영역 접합 근처의 정공을 전원의 음극(-)으로 끌어당긴다. 전자와 정공은 움직일 수 없는 양이온과 음이온을 각각 남기고 이동하므로 공핍층의 폭은 더 넓어지게 되는 것이다.

따라서 역방향 바이어스 전압이 크면 클수록 공핍층의 폭은 더 넓어진다. 그러나 공핍층의 폭이 점점 커져 공핍층의 전위차가 전원과 같게 될 때 폭의 증가가 중지된다.

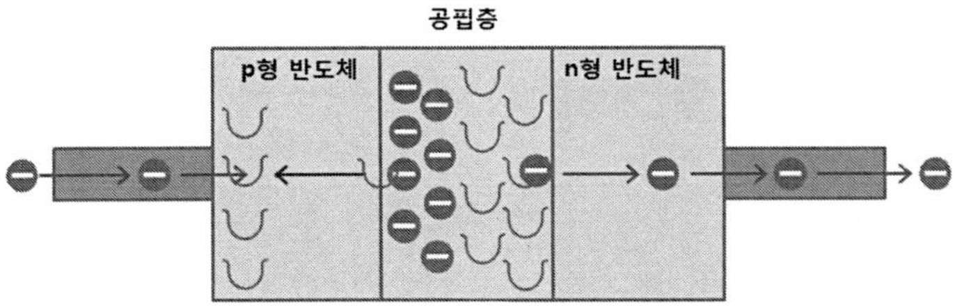

그림 2.14 역방향 바이어스의 전자이동

▶ 역방향 I-V 특성곡선

pn접합에 그림 2.13과 같이 역방향 바이어스 전압을 증가 시키면 항복점 V_{BR}까지는 거의 전류가 흐르지 않는다. 그러나 V_{BR}이상의 역방향 전압을 입력하면 pn접은 물리적으로 파괴되며 급격한 전류가 흐르게 되고 더 이상 그 기능을 하지 못한다. 이러한 현상은 순방향에서 0.7V 이상의 전압이 입력되면 급격히 전류가 흐르는 것과는 다르다.

이상적인 동작으로 설명하면 pn접합에 역방향 바이어스가 입력되면 전류는 차단된다.

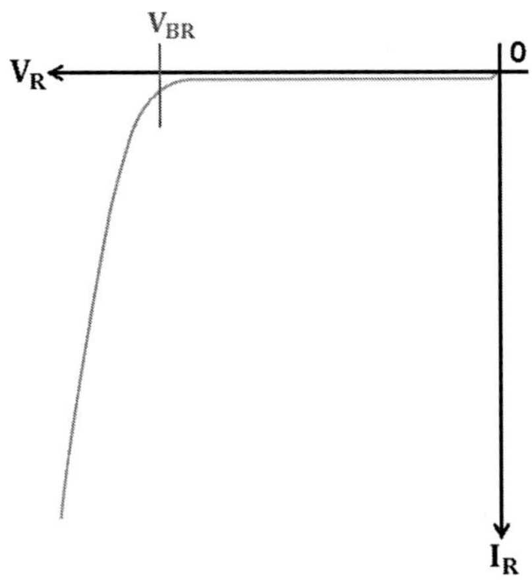

그림 2.15 역방향 I-V 특성곡선

2.6 pn 접합의 I-V 특성곡선

pn접합은 그림 2.10과 같이 순방향 바이어스에서 전압을 증가시키면 pn접합에 흐르는 전류는 증가하게 되고, 그림 2.13과 같이 역방향 바이어스에서 전압을 증가 시키면 항복점 V_{BR}까지는 거의 전류가 흐르지 않는다.

이러한 바이어스에 따라 p에서 n으로 흐르는 전류와 전압을 측정하면 그림 2.16과 같이 된다.

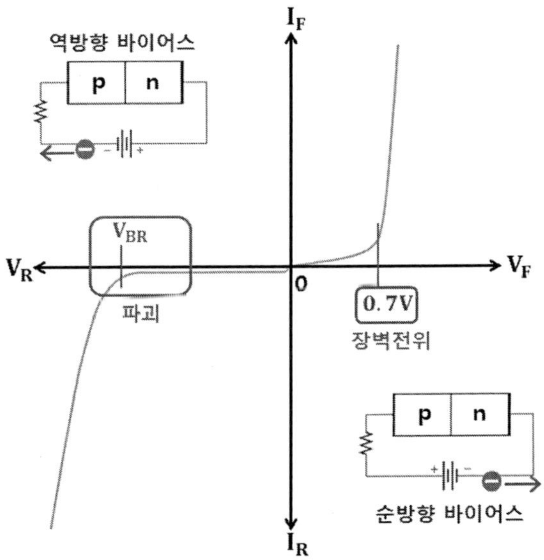

그림 2.16 I-V 특성곡선

▶ 문턱전압(knee voltage)

실리콘 pn접합의 경우 순방향 바이어스가 걸렸을 때 장벽전위를 넘을 때까진 크게 도통되지 않아 전류가 거의 흐르지 않다가 장벽전위 0.7[V]에 가까워지면 많은 수의 자유전자와 정공이 접합을 넘어가기 시작한다. 그리고 장벽전위을 지나면 약간의 전압 증가에도 많은 전류가 흐르게 된다. 이렇게 전압에 대하여 전류가 급격히 증가하는 전압을 문턱전압 또는 차단전압(offset voltage)이라 한다. 실리콘 다이오드에서는 문턱전압이 0.7[V]로 장벽전위와 같으며 게르마늄 다이오드에서는 0.3[V]이다.

▶ 역방향 항복전압

pn접합에 역방향으로 바이어스되면 역방향 전류는 거의 흐르지 않는다. 이때 역방향 전압을 점점 증가시키면 결국 항복전압 V_{BR}에 이른다. 일반적으로 다이오드는 항상 항복전압 안에서 동작하여야 한다.

2.7 다이오드(Diode)

(1) 다이오드의 구조

앞에서 설명한 pn접합 구조를 이용한 대표적인 반도체 소자가 다이오드이다. 그러므로 다이오드의 기본 구조와 특성곡선은 pn접합과 같다.

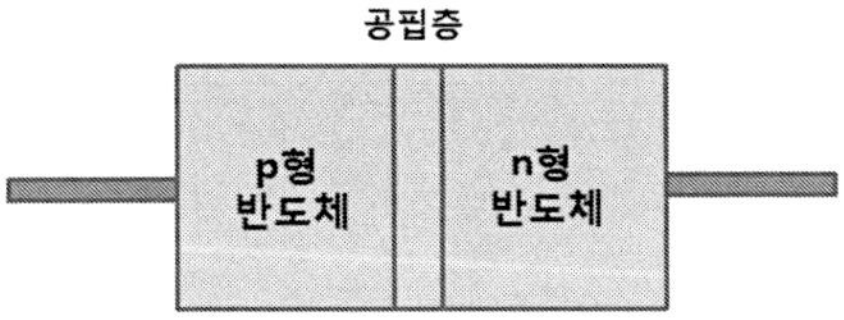

그림 2.17 다이오드의 기본구조

(2) 회로기호

일반 다이오드의 회로 기호는 그림 2.18과 같으며, p형 반도체와 n형 반도체 부분을 구분하기 위하여 양극(Anode)과 음극(Cathode)의 극성을 표시한다. p형 반도체 쪽이 양극이고 기호 A로 표시하고, n형 반도체 쪽은 음극이고 기호 K로 표시한다.

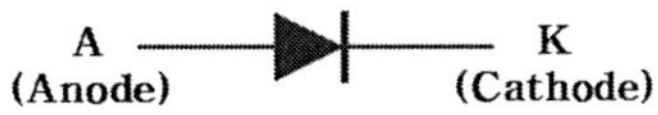

그림 2.18 다이오드의 회로기호

(3) 다이오드의 바이어스

그림 2.10과 그림 2.13의 pn접합에 대한 순방향 바이어스와 역방향 바이어스를 다이오드 회로기호를 사용하여 나타내면 그림 2.19과 같다.

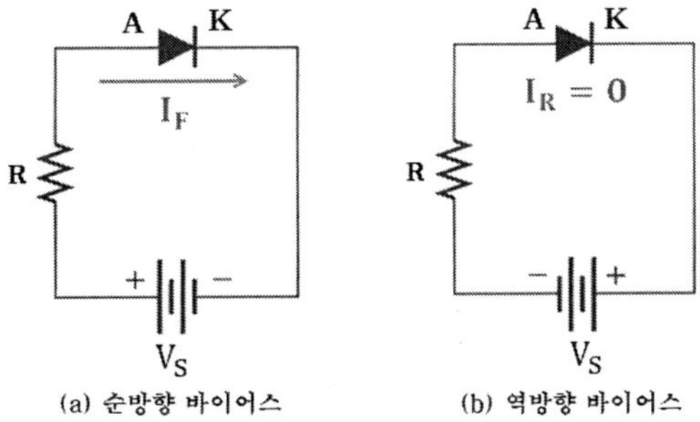

(a) 순방향 바이어스 (b) 역방향 바이어스

그림 2.19 다이오드의 바이어스

(4) 다이오드의 특성곡선

다이오드의 I-V 특성곡선은 pn접합과 같으며, 이상적인 다이오드의 동작은 다이오드에 순방향 전압이 0.7V 이하이면 전류가 차단(cutoff)되고, 0.7V 이상이 되면 전류가 흐르는 on/off 스위치와 같다. 또한 역방향 바이어스에서는 전류가 차단된다.

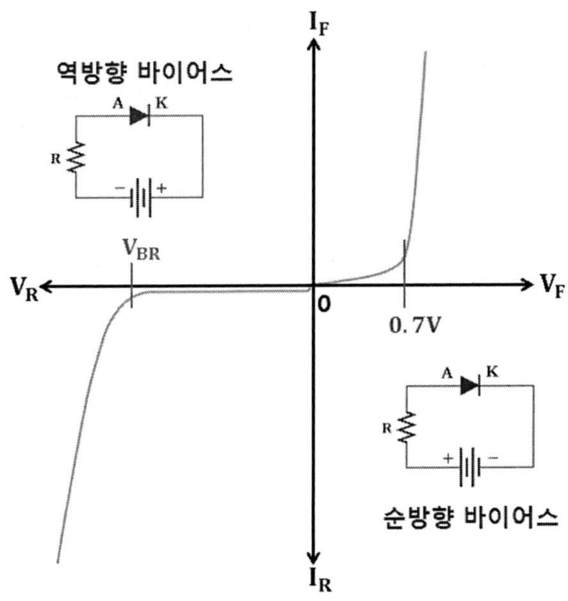

그림 2.19 다이오드의 I-V특성곡선

(5) 다이오드의 다양한 형태

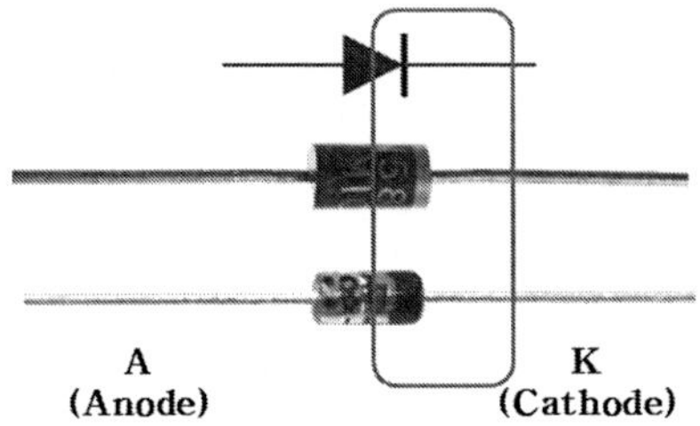

그림 2.20 다이오드의 형태

그림 2.21 SMT 형태 다이오드태

2.8 다이오드(Diode) 특성 시뮬레이션

멀티심(MultiSim)을 이용하여 다이오드의 IV 특성을 확인해 본다.

실습 2-1 IV analyzer를 사용한 시뮬레이션

(1) 회로구성

Select a Component에서 다이오드 1N4148을 선택하고 멀티심 창의 오른쪽에 있는 계측기 모음(Instrument Tool Bar)에서 'IV analyzer'를 선택하여 다음과 같이 회로를 구성한다.

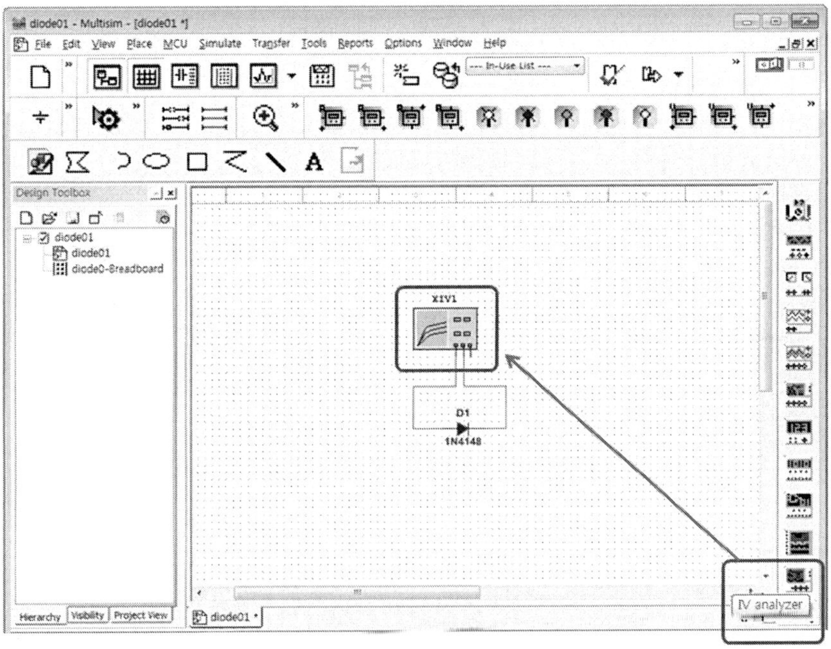

그림 2.22

(2) 시뮬레이션

① 툴바에서 Run(F5) 실행

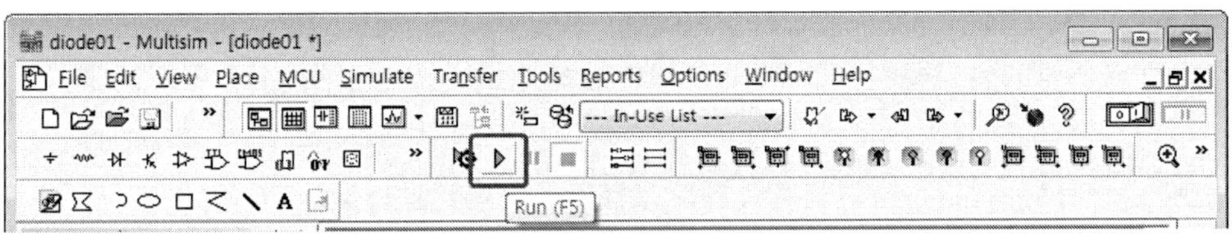

그림 2.23

② 결과 확인

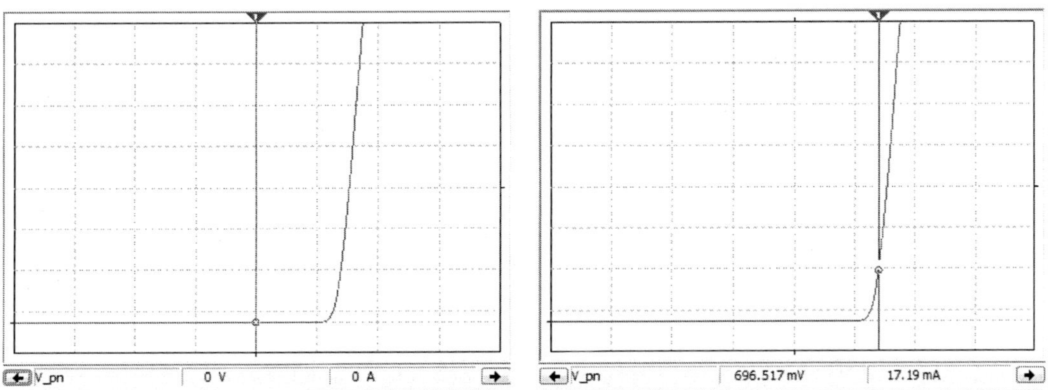

그림 2.24

실습 2-2 DC Sweep Analysis를 사용한 시뮬레이션

(1) 회로구성

Select a Component에서 다이오드 1N4148과 Source-POWER_SOURCES에서 DC_POWER을 선택하여 다음과 같이 회로를 구성한다.

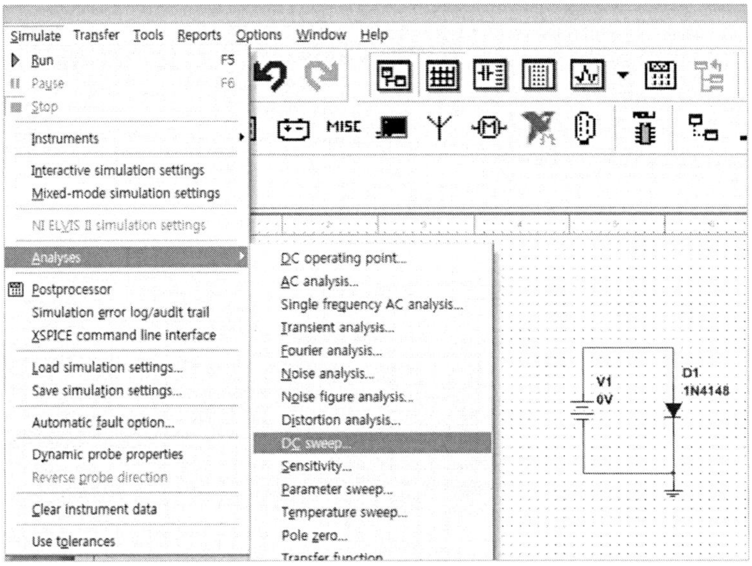

그림 2.25

(2) 시뮬레이션 1

순방향 바이어스에서 0.7[V]의 전압강하가 발생하는 것을 확인하다.

① 상단 툴박스에서 Simulate-Analysis-DC_Sweep...를 선택하고 다음 그림 2.25와 2.26 같이 설정하고 시뮬레이션을 눌러 실행한다.

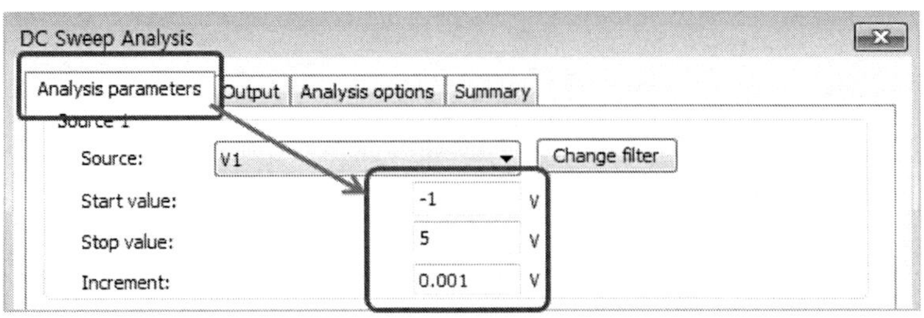

그림 2.26

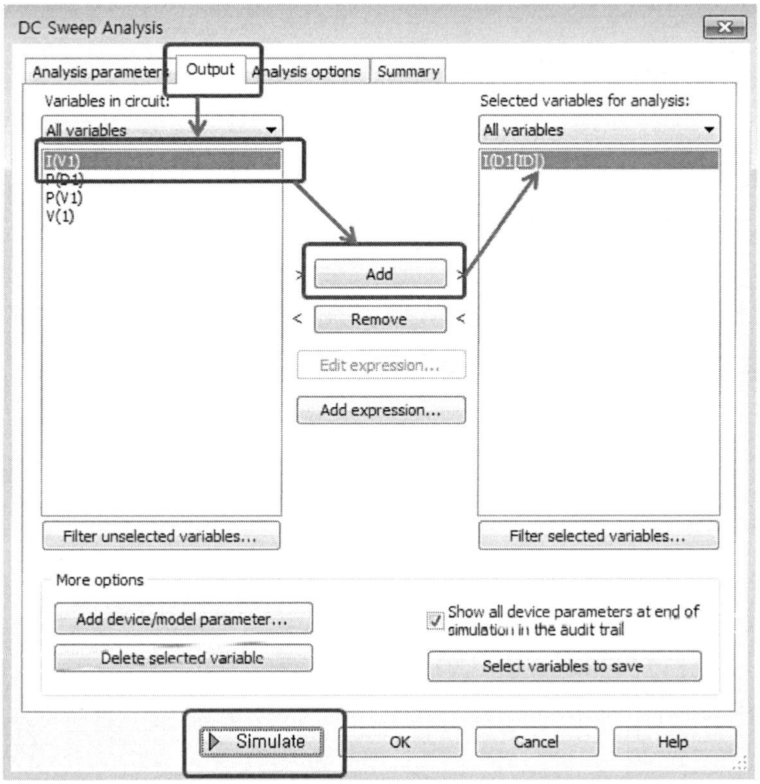

그림 2.27

② 결과 확인

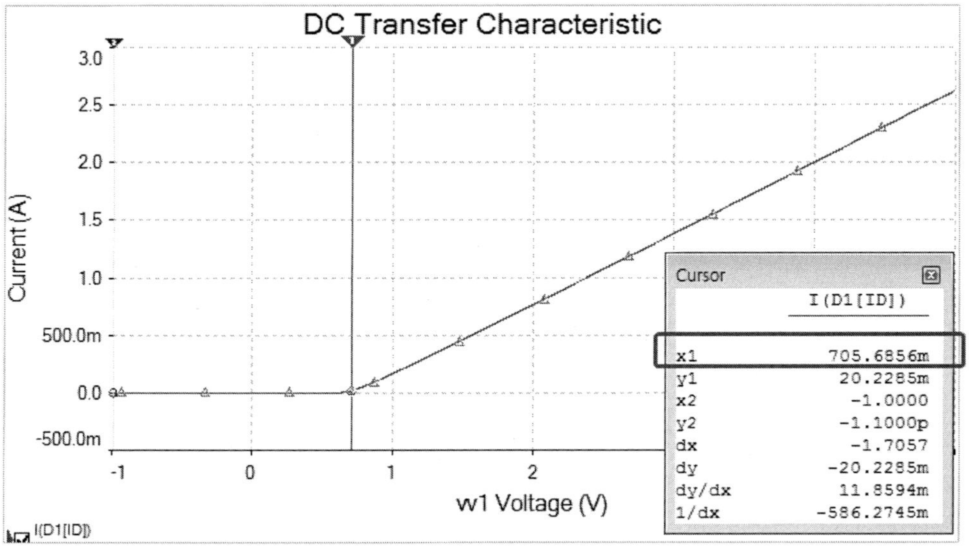

그림 2.28

(3) 시뮬레이션 2

역방향 바이어스에서 항복전압을 확인하다.

① 상단 툴박스에서 Simulate-Analysis-DC_Sweep...를 선택하고 다음 그림 2.28 같이 설정하고 시뮬레이션을 눌러 실행한다.

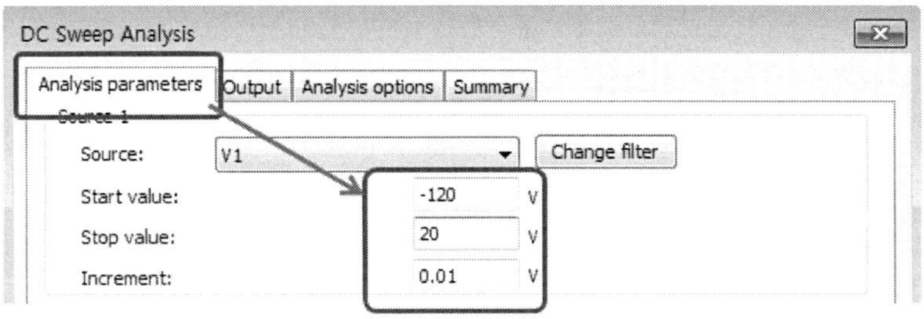

그림 2.29

② 결과 확인

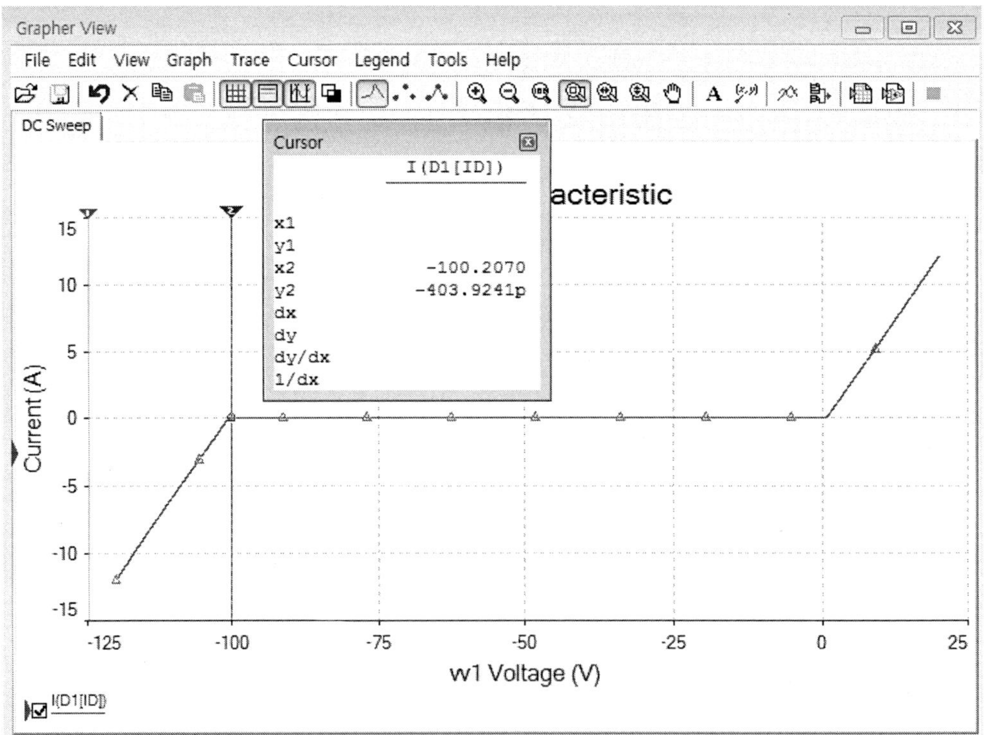

그림 2.30

Chapter 3

다이오드 회로

3.1 다이오드 회로

(1) 다이오드의 기본 회로

다이오드에 직류전원을 연결하고 적정한 전류가 흐르도록 저항을 연결하면 그림 3.1과 같은 회로가 된다. 그림 3.1의 (a)~(d)는 모두 같은 회로이며, 저항과 다이오드의 위치가 바뀌어도 동일한 회로 특성을 가진다.

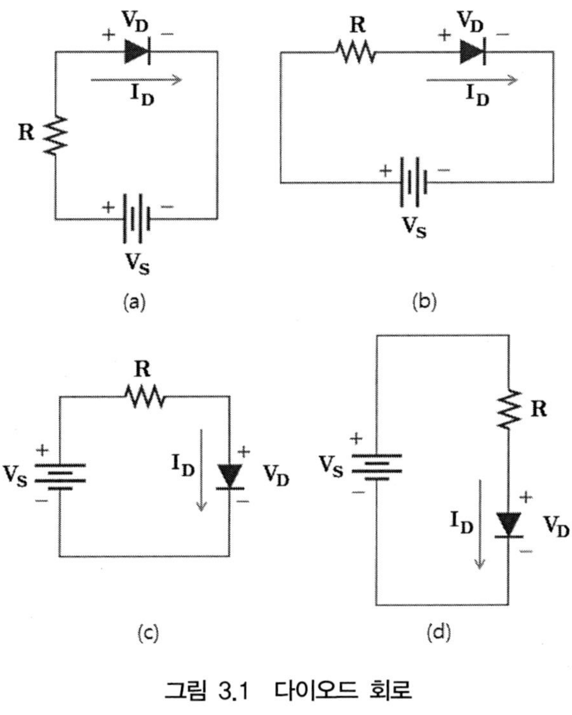

그림 3.1 다이오드 회로

(2) LED의 기본 회로

발광 다이오드(LED)에 직류전원을 연결하고 저항을 통하여 적정한 전류를 흐르게 하여 LED에 빛이 발생하도록 회로를 구성하면 그림 3.2와 같은 회로가 된다.

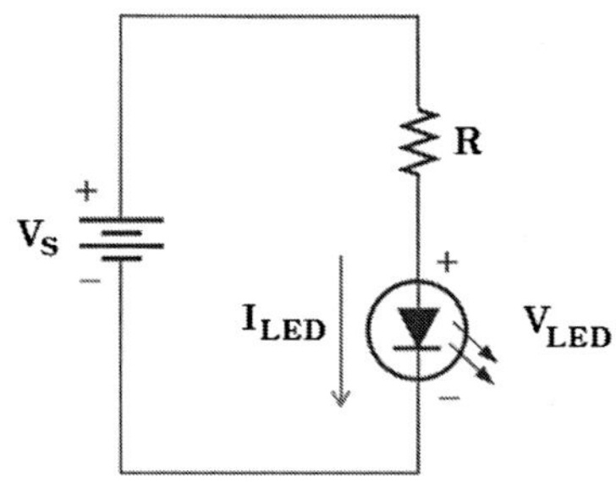

그림 3.2 LED 회로

3.2 다이오드 회로의 해석

(1) 일반 다이오드 회로 해석

다음과 같은 다이오드 회로에서 직류전압 V_S이고, 저항 R 양단의 전압 V_R과 다이오드 양단의 전압 V_D, 전류 I_D와 저항과 다이오드의 소모전력 P_R과 P_D를 각각 구해보자.

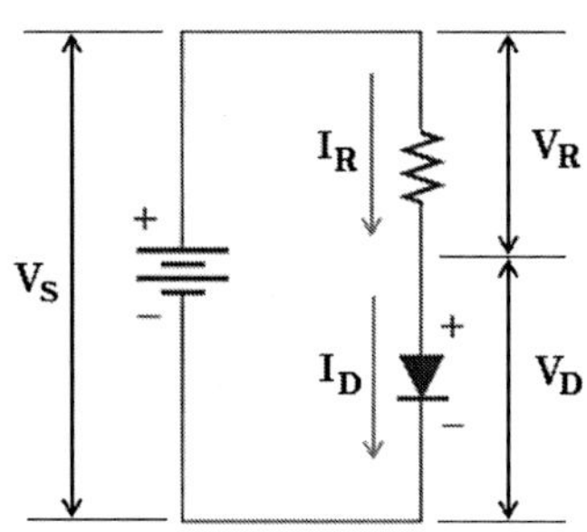

그림 3.3 일반 다이오드 회로 해석

공급되는 전원의 직류전압 V_S와 저항 양단의 전압 V_R과 다이오드 양단의 전압 V_D을 더한 것은 같다.

$$V_S = V_R + V_D$$

회로에서 직류전압 V_S는 저항을 통해 다이오드에 순방향으로 연결되어 있으므로 다이오드에는 0.7[V]의 순방향 전압강하가 발생하고, $V_D = 0.7[\mathrm{V}]$가 된다.

$$V_D = 0.7\,[\mathrm{V}]$$

저항R 양단에 흐르는 전압 V_R은 다음과 같이 나타낼 수 있다.

$$V_R = V_S - V_D$$

다이오드에 흐르는 전류 I_D와 저항 R 양단에 흐르는 전류 I_R은 같다.

$$I_D \;=\; I_R$$

저항 R에 흐르는 전류는 오옴의 법칙에 의하여 저항 양단의 전압 V_R을 저항 R로 나누면 구해진다.

$$I_R = \frac{V_R}{R} \qquad \text{또는} \qquad I_R = \frac{V_S - V_D}{R}$$

저항과 다이오드의 소모전력은 각각 다음과 같이 된다.

저항의 소모전력 : $P_R = V_R \times I_R$

다이오드의 소모전력 : $P_D = V_D \times I_D$

회로 전체에서 소모되는 전력 P_T는 다음과 같이 된다.

회로 전체의 소모전력 : $P_T = P_R + P_D$ 또는 $P_T = V_S \times I_D$

예제 3.1

다음과 같은 다이오드 회로에서 직류전압 $V_S = 10[\mathrm{V}]$이고, $R = 1\mathrm{k}\Omega$일 때, 저항 양단의 전압 V_R과 다이오드 양단의 전압 V_D, 전류 I_D와 저항과 다이오드의 소모전력 P_R과 P_D를 각각 구해보자.

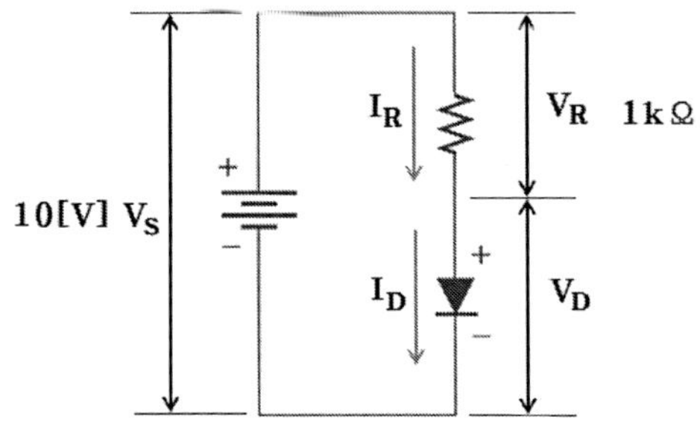

그림 3.4 예제 3.1

[풀이]

① 전원 전압 $V_S > 0.7[\mathrm{V}]$이고, 다이오드가 순방향 연결 확인

다이오드의 전압 : $V_D = 0.7\,[\mathrm{v}]$

② 저항R 양단에 흐르는 전압 $V_R = V_S - V_D$

$$V_R = 10[\mathrm{v}] - 0.7[\mathrm{v}]$$

$$= 9.3\,[\mathrm{v}]$$

③ 저항R에 흐르는 전류 $I_R = \dfrac{V_R}{R}$ 또는 $I_R = \dfrac{V_S - V_D}{R}$

$$I_R = \frac{V_R}{R}$$

$$= \frac{9.3[\mathrm{V}]}{1\mathrm{k}\Omega} = 9.3\,[\mathrm{mA}]$$

④ 다이오드에 흐르는 전류 $I_D = I_R$

$$I_D = I_R = 9.3\,[\mathrm{mA}]$$

⑤ 저항에서 소모되는 전력 : $P_R = V_R \times I_R$

$$P_R = V_R \times I_R$$
$$= 9.3[\text{V}] \times 9.3[\text{mA}] = 86.49[\text{mW}]$$

⑥ 다이오드에서 소모되는 전력 : $P_D = V_D \times I_D$

$$P_D = V_D \times I_D$$
$$= 0.7[\text{V}] \times 9.3[\text{mA}] = 6.51[\text{mW}]$$

⑦ 회로 전체에서 소모되는 전력 : $P_T = P_R + P_D$

$$P_T = P_R + P_D$$
$$= 86.49[\text{mW}] + 6.51[\text{mW}] = 93[\text{mW}]$$

⑧ 회로 소자의 정격

이 회로에서 저항은 100[mW]이상, 다이오드는 10[mW]이상의 정격을 사용하는 것이 좋다. ■

(2) LED 구동 회로 해석

LED 구동 회로해석은 그림 3.1의 다이오드 회로와 그림 3.2의 LED 구동회로가 거의 동일한 것처럼 일반 다이오드의 회로 해석 방법과 동일하다.

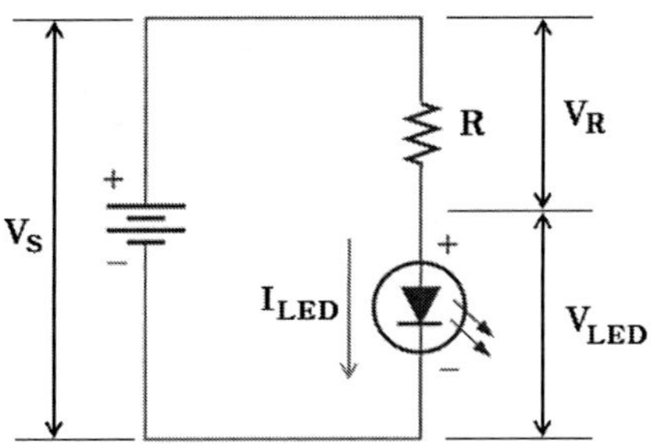

그림 3.5 LED 구동 회로 해석

단지, 일반 다이오드의 순방향 전압강하는 $V_D = 0.7[\text{V}]$가 발생하는 반면에, LED는 종류에 따라 순방향 전압강하가 다르게 나타난다.

예제 3.2

다음과 같은 LED 회로에서 직류전압 $V_S = 10[V]$이고, $R = 100\,\Omega$일때, 저항 양단의 전압 V_R과 LED 양단의 전압 V_{LED}, 전류 I_{LED}와 저항과 LED의 소모전력 P_R과 P_{LED}를 각각 구해보자. 단, LED의 순방향 전압강하는 1.8[V]로 가정한다.

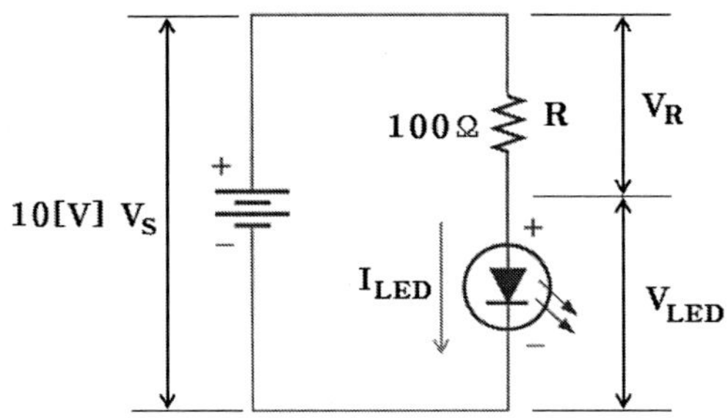

그림 3.6 예제 3.2

[풀이]

① 전원 전압 $V_S > 1.8[V]$이고, LED가 순방향 연결 확인

LED의 전압 : $V_{LED} = 1.8\,[V]$

② 저항R 양단에 흐르는 전압 $V_R = V_S - V_{LED}$

$$V_R = 10[v] - 1.8[V]$$

$$= 8.2\,[V]$$

③ 저항R에 흐르는 전류 $I_R = \dfrac{V_R}{R}$ 또는 $I_R = \dfrac{V_S - V_{LED}}{R}$

$$I_R = \frac{V_R}{R}$$

$$= \frac{8.2[V]}{0.1k\Omega} = 82\,[mA]$$

④ LED에 흐르는 전류 $I_{LED} = I_R$

$$I_{LED} = I_R = 82\,[mA]$$

⑤ 저항에서 소모되는 전력 : $P_R = V_R \times I_R$

$$P_R = V_R \times I_R$$

$$= 8.2[\mathrm{V}] \times 82[\mathrm{mA}] = 672.4[\mathrm{mW}]$$

⑥ LED에서 소모되는 전력 : $P_{LED} = V_{LED} \times I_{LED}$

$$P_{LED} = V_{LED} \times I_{LED}$$

$$= 1.8[\mathrm{V}] \times 82[\mathrm{mA}] = 147.6[\mathrm{mW}]$$

⑦ 회로 전체에서 소모되는 전력 : $P_T = P_R + P_{LED}$

$$P_T = P_R + P_{LED}$$

$$= 672.4[\mathrm{mW}] + 147.6[\mathrm{mW}] = 820[\mathrm{mW}]$$

■

LED에 직렬로 연결한 저항R에 의하여 LED에 흐르는 전류가 결정된다. 그러므로 LED의 밝기는 LED에 흐르는 전류가 클수록 밝아지게 되므로, LED의 빛이 밝아지게 하려면 직렬로 연결한 저항R의 값을 작게 하여 전류를 크게 만들면 된다.

다음 표 3.1은 전원전압을 일정하게 두고 저항R의 값이 330Ω, 220Ω, 100Ω, 50Ω일 경우에 따라 전류와 전력을 계산한 것이다.

전원전압	저항	LED 전압	LED 전류	LED 전력	밝기
V_S [V]	R [Ω]	V_{LED} [V]	I_{LED} [mA]	P_{LED} [mW]	
10	330	1.8	**24.8**	44.7	어두움
	220	1.8	**37.3**	67.1	↓
	100	1.8	**82.0**	147.6	
	50	1.8	**160.8**	289.4	밝음

표 3.1 저항 값에 따른 LED의 전류와 소모전력

여러 개의 LED가 직렬로 연결되었을 때 LED의 전류와 밝기에 대하여 알아보자.

예제 3.3

다음과 같이 2개의 LED를 구동하는 회로에 대하여 해석해보자.
직류전압 $V_S = 10[\mathrm{V}]$이고, $R = 100\,\Omega$이고, LED의 순방향 전압강하는 1.8[v]로 가정한다.

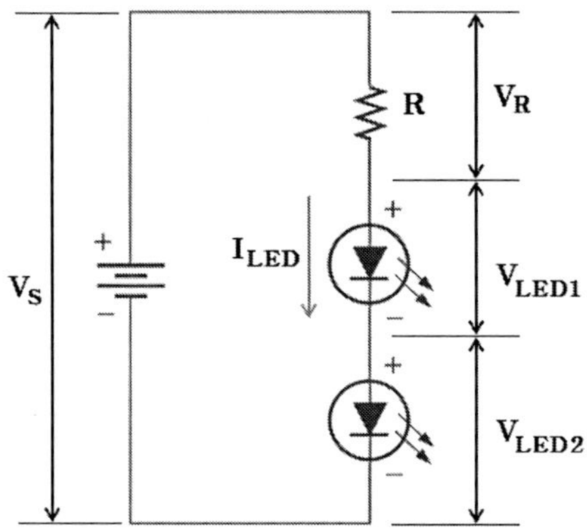

그림 3.7 예제 3.3

[풀이]

① 전원 전압 $V_S > 3.6[\mathrm{V}]$이고, LED가 순방향 연결 확인

LED1의 전압 : $V_{LED1} = 1.8\,[\mathrm{V}]$

LED2의 전압 : $V_{LED2} = 1.8\,[\mathrm{V}]$

$V_{LED} = V_{LED1} + V_{LED2} = 3.6[\mathrm{V}]$

② 저항R 양단에 흐르는 전압 $V_R = V_S - V_{LED}$

$V_R = 10[\mathrm{V}] - 3.6[\mathrm{V}]$

$= 6.4\,[\mathrm{V}]$

③ 저항R에 흐르는 전류 $I_R = \dfrac{V_R}{R}$ 또는 $I_R = \dfrac{V_S - V_{LED}}{R}$

$$I_R = \frac{V_R}{R}$$

$$= \frac{6.4[\mathrm{V}]}{0.1\mathrm{k}\Omega} = 64\,[\mathrm{mA}]$$

④ LED에 흐르는 전류 $I_{LED} = I_R$

$$I_{LED} = I_R = 64\,[\mathrm{mA}]$$

⑤ 저항에서 소모되는 전력 : $P_R = V_R \times I_R$

$$P_R = V_R \times I_R$$
$$= 6.4\,[\mathrm{V}] \times 64\,[\mathrm{mA}] = 409.6\,[\mathrm{mW}]$$

⑥ 2개의 LED 전체에서 소모되는 전력 : $P_{LED} = P_{LED1} + P_{LED2}$

$$P_{LED1} = V_{LED1} \times I_{LED}$$
$$= 1.8\,[\mathrm{V}] \times 64\,[\mathrm{mA}] = 115.2\,[\mathrm{mW}]$$

$$P_{LED2} = V_{LED2} \times I_{LED}$$
$$= 1.8\,[\mathrm{V}] \times 64\,[\mathrm{mA}] = 115.2\,[\mathrm{mW}]$$

$$P_{LED} = P_{LED1} + P_{LED2}$$
$$= 115.2\,[\mathrm{mW}] \times 2 = 230.4\,[\mathrm{mW}]$$

⑦ 회로 전체에서 소모되는 전력 : $P_T = P_R + P_{LED1} + P_{LED2}$

$$P_T = P_R + P_{LED1} + P_{LED2}$$
$$= 409.6\,[\mathrm{mW}] + 230.4\,[\mathrm{mW}] \times 2 = 640\,[\mathrm{mW}]$$

■

예제 3.2 와 예제 3.3 을 비교해 보면, 같은 전원전압과 저항을 사용할 때, LED가 1개일 때보다 직렬로 2개의 LED가 연결되면 LED의 전류는 감소하게 되어 밝기가 어두워진다. 그 이유는 2개의 LED가 직렬로 연결되면 LED에 의한 순방향 전압강하도 2배로 증가하게 되어 저항 R의 양단에 걸리는 전압이 줄어들어 LED에 공급될 전류가 감소하게 되기 때문이다.

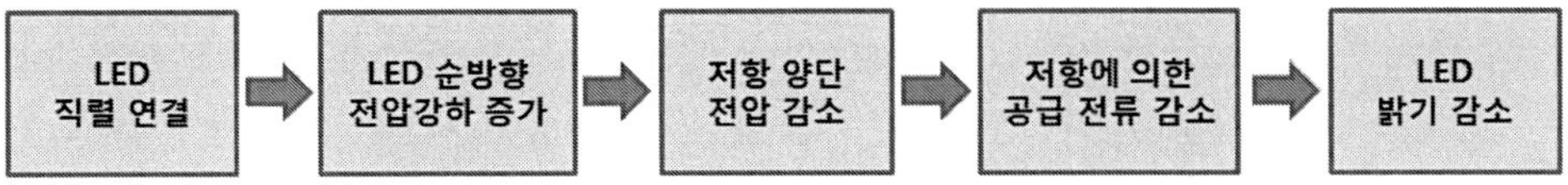

그림 3.8 LED 직렬연결 증가에 대한 상태 변화

다음 표 3.2는 전원전압과 저항을 일정하게 두고 직렬로 연결된 LED의 숫자를 늘렸을 경우의 전류와 전력을 계산한 것이다.

직렬 연결	전원 전압	저항	전체 LED 전압	저항 전압	LED 전류	LED 1개 소모전력	밝기
LED 개수	V_S [V]	R [Ω]	V_{LED} [V]	V_R [V]	I_{LED} [mA]	P_{LED} [mW]	
1	10	**100**	1.8	8.2	**82.0**	147.6	밝음
2			3.6	6.4	**64.0**	115.2	
3			5.4	4.6	**46.0**	82.8	↓
4			7.2	2.8	**28.0**	50.4	
5			9	1	**10.0**	18.0	어두움
6			10.8				

표 3.2 직렬연결된 LED 수에 따른 LED의 전류와 소모전력

LED를 밝기를 유지하며 직렬로 연결한 숫자를 증가시키려면, 다음과 같이 저항의 값을 적절하게 감소시켜야 한다.

직렬 연결	전원 전압	저항	전체 LED 전압	저항 전압	LED 전류	LED 1개 소모전력	밝기
LED 개수	V_S [V]	R [Ω]	V_{LED} [V]	V_R [V]	I_{LED} [mA]	P_{LED} [mW]	
1	10	**100**	1.8	8.2	**82.0**	147.6	**거의 일정**
2		**78**	3.6	6.4	**82.1**	147.7	
3		**56**	5.4	4.6	**82.1**	147.9	
4		**33**	7.2	2.8	**84.8**	152.7	

표 3.3 일정한 밝기를 위한 저항 값

그러나 표 3.2에서 보인 것처럼 직렬로 연결한 LED의 순방향 전압강하의 합이 전원 전압보다 크게 되면 저항 양단의 전압이 음(-)의 값이 되므로, 직렬로 연결할 수 있는 LED의 개수는 전원전압에 의하여 결정된다.

$$V_S > (V_{LED} \times \text{직렬연결LED의 수})$$

예를 들면, 전원전압이 10[v]이고, 1개의 LED의 순방향 전압강하가 1.4[v]라면 최대 7개까지 직렬로 연결할 수 있다.

예제 3.4

그림 3.9의 다이오드 회로에서 전원전압 $V_S = 5$[V]일때, 다이오드의 전류가 10[mA]가 되도록 저항을 설계하시오.

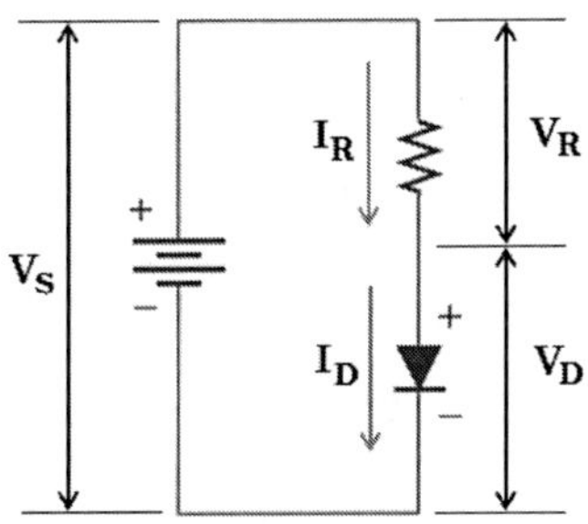

그림 3.9 예제 3.4

[풀이]
저항에 발생하는 전압은 $V_R = 4.3$[V]가 되므로, 전류제한 저항은 다음과 같이 구해진다.

$$R = \frac{V_R}{I_D}$$

$$= \frac{4.3[\mathrm{V}]}{10[\mathrm{mA}]} = 430[\Omega]$$

■

3.3 다이오드(Diode) 회로 시뮬레이션

멀티심(MultiSim)을 이용하여 다이오드의 I회로를 해석한다.

실습 3-1 Multimeter를 사용한 다이오드 회로 시뮬레이션

(1) 회로구성

Select a Component에서 다이오드 1N4148, 저항을 선택한다. 저항은 100Ω, 허용오차 10%로 설정하다. 전원은 Source-POWER_SOURCES에서 DC_POWER을 선택하여 다음과 같이 회로를 구성한다.

멀티심 창의 오른쪽에 있는 계측기 모음(Instrument Tool Bar)에서 'Multimeter'를 선택하여 다음과 같이 회로를 구성한다.

전압을 측정하기 위한 Multimeter는 저항과 다이오드에 각각 병렬로 연결하고, 전류를 측정하기 위한 Multimeter는 저항과 다이오드에 각각 직렬로 연결한다.

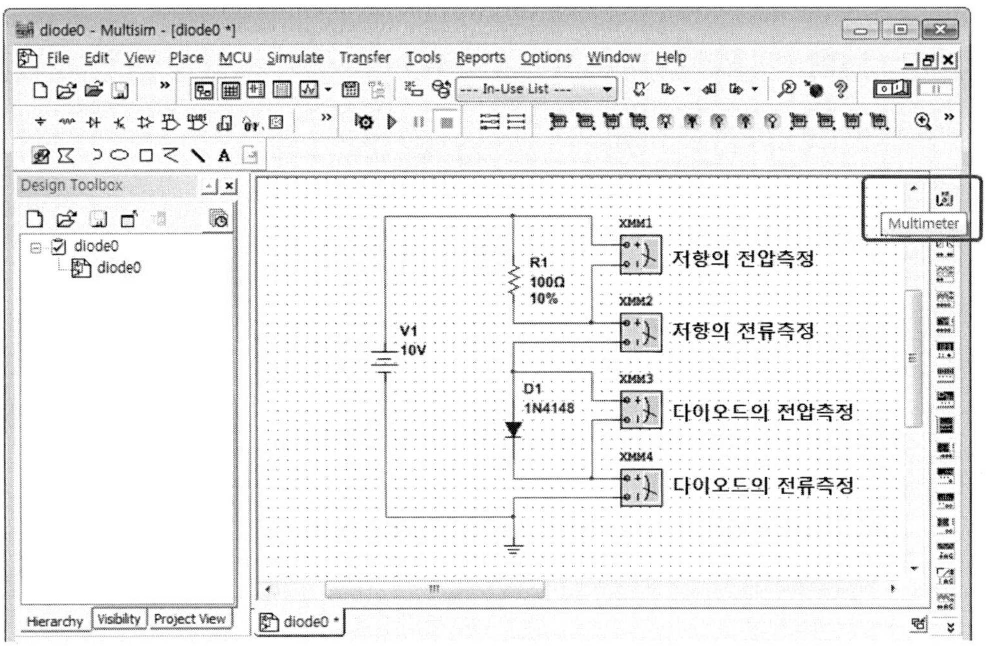

그림 3.10

(2) 시뮬레이션

① 툴바에서 Run(F5) 실행

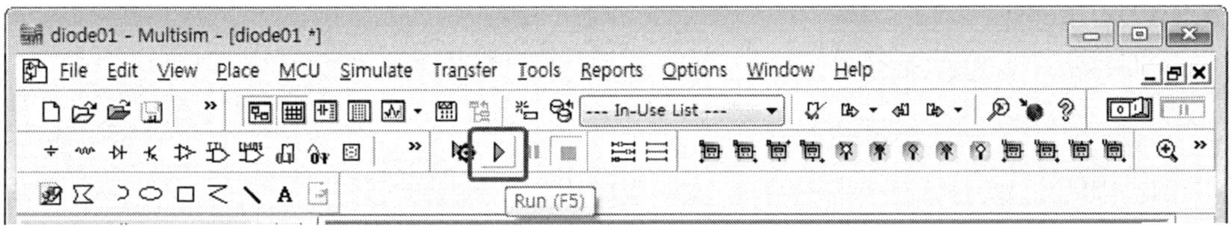

그림 3.10

② 결과 확인

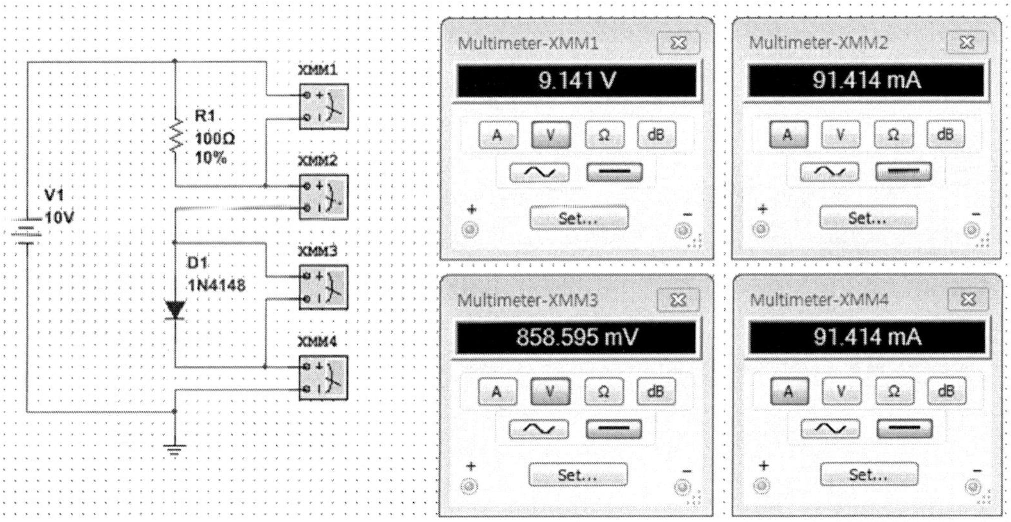

그림 3.11

실습 3-2 Multimeter를 사용한 LED 회로 시뮬레이션 1

(1) 회로구성

Select a Component에서 적색 LED, 저항을 선택한다. 저항은 100Ω, 허용오차 10%로 설정하다. 전원은 Source-POWER_SOURCES에서 DC_POWER을 선택하여 다음과 같이 회로를 구성한다.

멀티심 창의 오른쪽에 있는 계측기 모음(Instrument Tool Bar)에서 'Multimeter'를 선택하여 다음과 같이 회로를 구성한다.

전압을 측정하기 위한 Multimeter는 저항과 다이오드에 각각 병렬로 연결하고, 전류를 측정하기 위한 Multimeter는 저항과 다이오드에 각각 직렬로 연결한다.

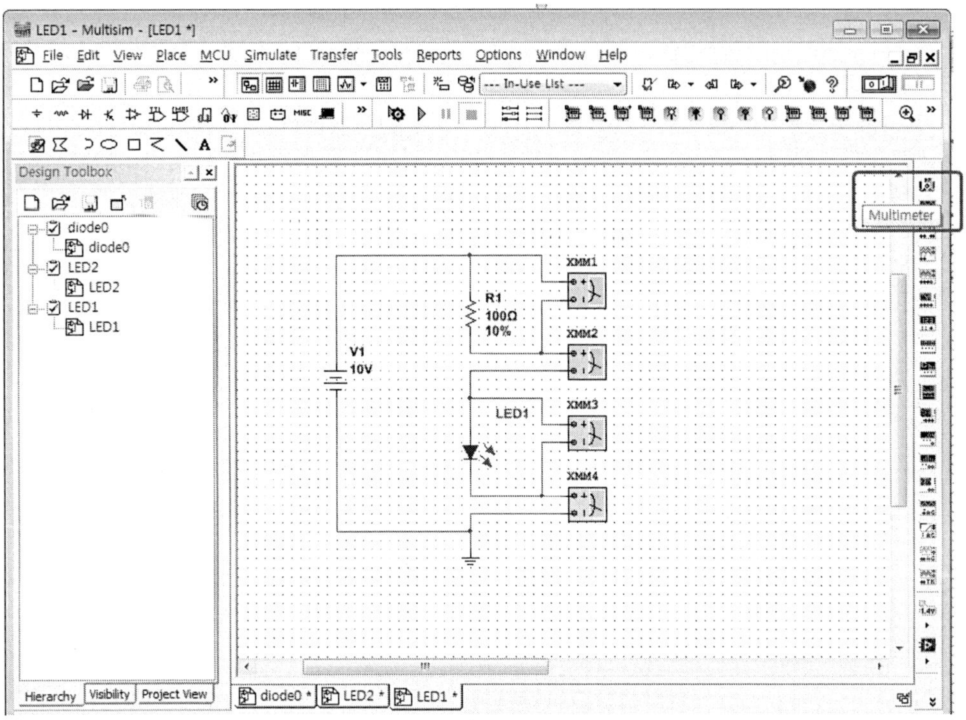

그림 3.12

(2) 시뮬레이션

① 툴바에서 Run(F5) 실행

② 결과 확인

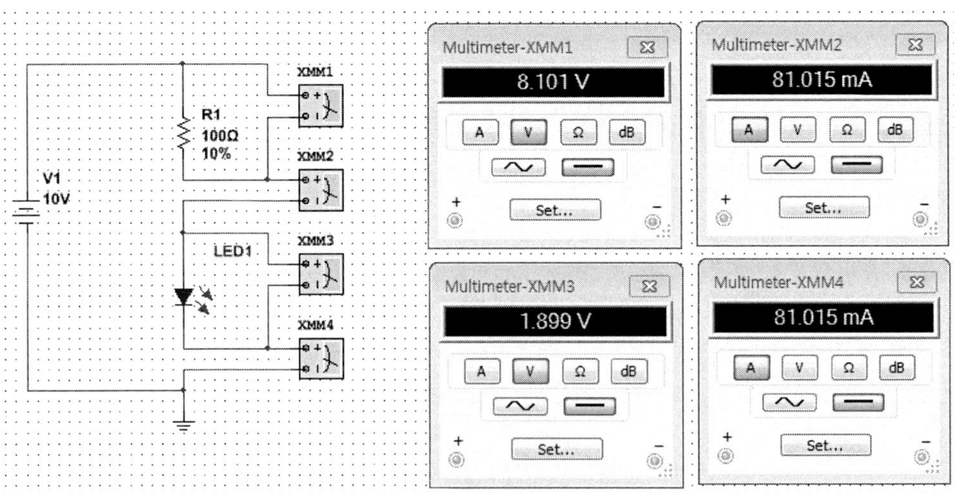

그림 3.13

실습 3-4 Multimeter를 사용한 LED 회로 시뮬레이션 2

(1) 회로구성

Select a Component에서 적색 LED 2개를 직렬연결하고, 저항을 선택한다. 저항은 100Ω, 허용오차 10%로 설정하다. 전원은 Source-POWER_SOURCES에서 DC_POWER을 선택하여 다음과 같이 회로를 구성한다.

멀티심 창의 오른쪽에 있는 계측기 모음(Instrument Tool Bar)에서 'Multimeter'를 선택하여 다음과 같이 회로를 구성한다.

전압을 측정하기 위한 Multimeter는 저항과 다이오드에 각각 병렬로 연결하고, 전류를 측정하기 위한 Multimeter는 저항과 다이오드에 각각 직렬로 연결한다.

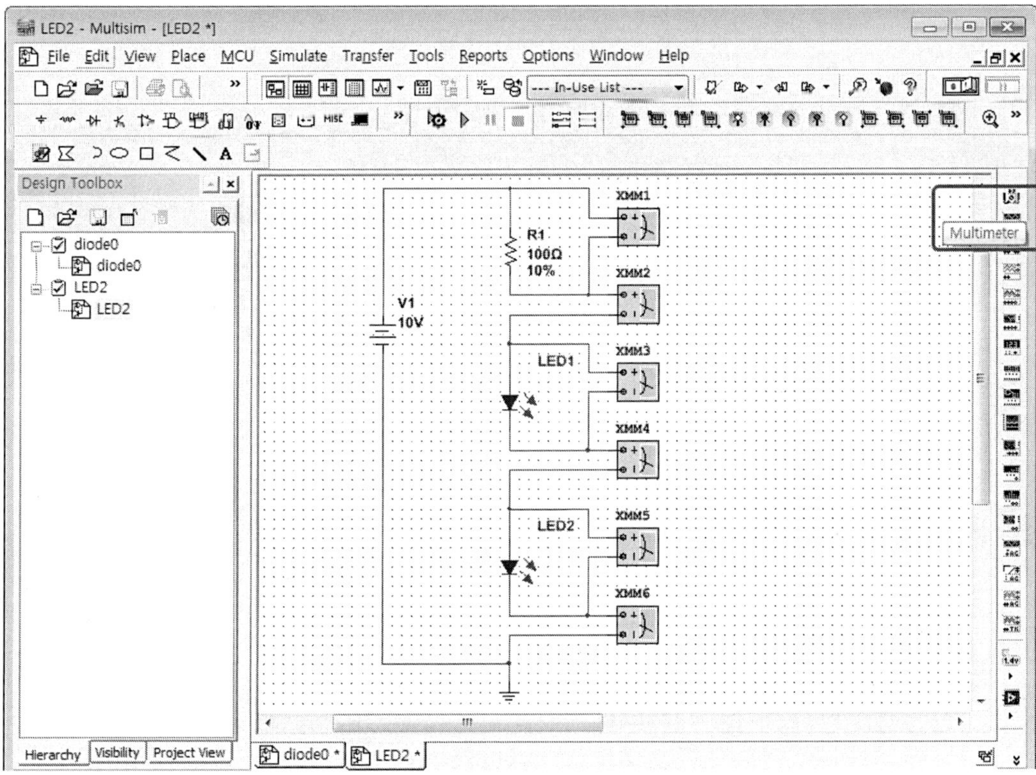

그림 3.14

(2) 시뮬레이션

① 툴바에서 Run(F5) 실행

② 결과 확인

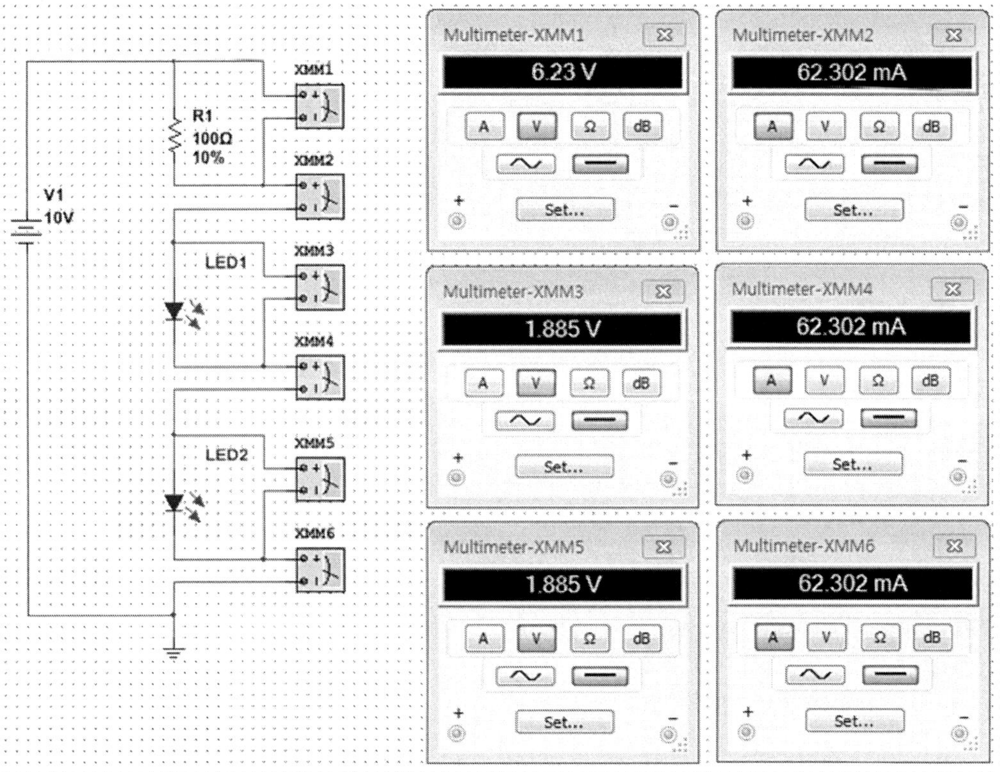

그림 3.15

실습 3-5 다음 LED 구동회로를 구성한다. 단, $V_S = 10[\mathrm{v}]$, $\mathrm{R} = 100[\Omega]$

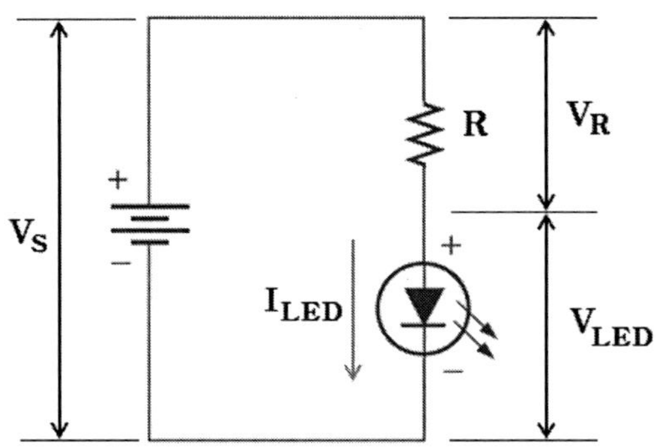

그림 3.16 LED 구동 회로 해석

(1) 회로 해석

	항목	기호	공식	계산	단위
①	LED의 전압	V_{LED}			
②	저항R의 전압	V_R			
③	저항R에 흐르는 전류	I_R			
④	LED에 흐르는 전류	I_{LED}			
⑤	저항에서 소모되는 전력	P_R			
⑥	LED에서 소모되는 전력	P_{LED}			
⑦	회로 전체에서 소모되는 전력	P_T			

(2) 브레드 보드에 구현

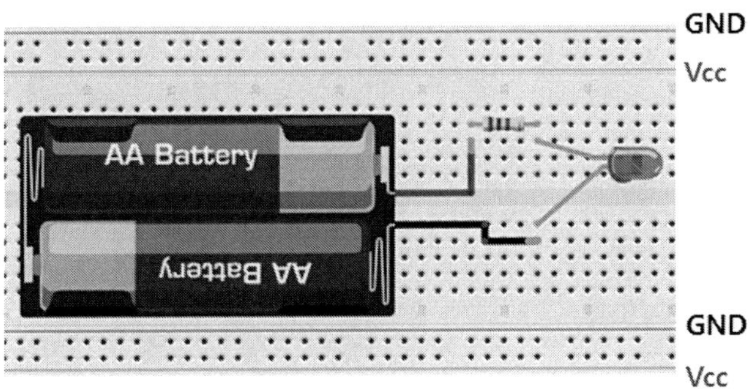

(3) 실험 측정

	전원 전압	저항 값	LED 순방향 전압강하 전압	저항의 전압	LED 전류
	V_S[v]	$R[\Omega]$	V_{LED}[v]	V_R[v]	I_{LED}[mA]
계산 값					
시뮬레이션					
측정 값					
오차(%)					

과제 1 다이오드 회로 해석

1. 다이오드 회로 해석

다음 다이오드 회로에 대하여 1~3번의 전원전압과 저항값에 따라 저항양단의 전압 ① V_R과 다이오드 양단의 전압 ② V_D, ③ 전류 I_D와 저항과 다이오드의 소모전력 ④ P_R과 ⑤ P_D, 회로 전체 소력 ⑥ P_T를 각각 구해보자(교재 예제 3.1 참고).

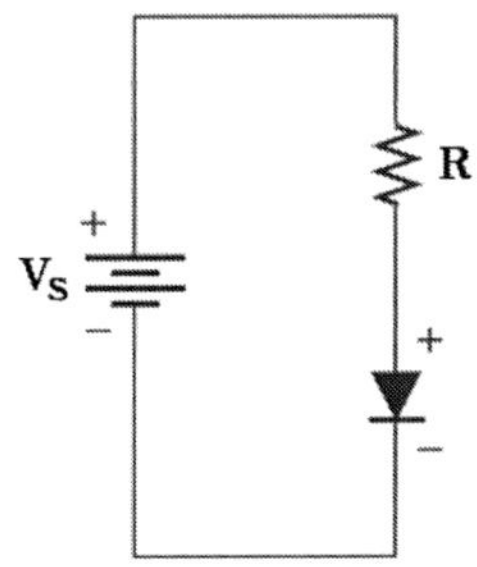

1. Vs=10V, R=470Ω
2. Vs=9V, R=1.2kΩ
3. Vs=5V, R=100Ω

2. LED 회로 해석

다음 LED 회로에 대하여 전원전압과 저항값에 따라 4~6번의 저항양단의 전압 ① V_R과 다이오드 양단의 전압 ② V_D, ③ 전류 I_D와 저항과 다이오드의 소모전력 ④ P_R과 ⑤ P_D, 회로 전체 소력 ⑥ P_T를 각각 구해보자(교재 예제 3.2, 3.3 참고).

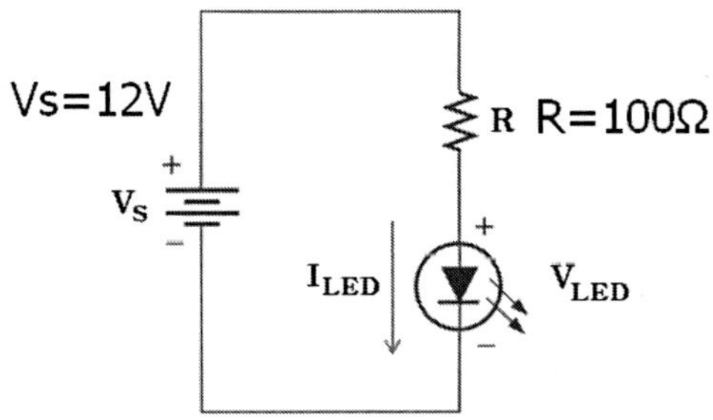

4. LED 1개

5. LED 2개 직렬연결

6. LED 4개 직렬연결

Chapter 4

직류전원 회로

4.1 전원회로의 개요와 구성

전자회로에서 반도체로 된 대부분의 능동소자들은 직류 바이어스를 공급해 주어야 한다. 그러나 대부분의 전자기기들은 교류전원을 입력으로 가지고 있으므로 교류전원을 원하는 전압의 직류전원으로 변환해 주는 그림 4.1과 같은 직류전원공급 회로가 반드시 필요하다.

그림 4.1 교류-직류 변환 전원회로

이러한 교류전원을 직류전원으로 변환하기 위한 전원회로에는 그림 4.2와 같은 회로들이 구성되어야한다.

먼저 변압기를 사용하여 교류전압을 사용하기 편리한 크기의 교류전압으로 크기를 조절하기 위한 회로가 필요하고, 교류전압의 음의 영역을 제거해 주는 정류회로와 정류된 신호를 평탄하게 만들어 주기 위한 필터를 사용한 평활회로, 그리고 마지막으로 원하는 직류전압을 만들어내는 정전압조정회로 부분이 필요하다.

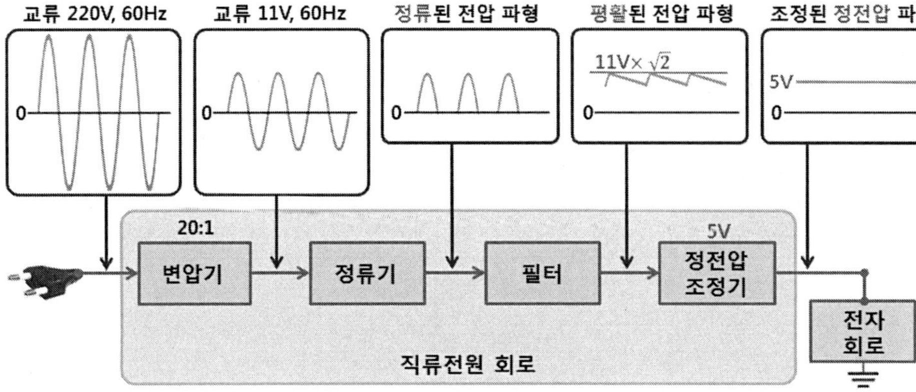

그림 4.2 전원회로의 구성

4.2 교류전압(AC voltage)

교류전압은 정현파로 이루어져있으며, 정현파는 전기신호에 있어 가장 기본이 된다. 또한 모든 신호는 여러 정현파가 합성된 것으로 나타낼 수 있다. 전원회로에서 다이오드 회로가 동작할 때 입력으로 사용되는 교류전압인 정현파의 몇 가지 특성을 알아본다.

최대전압인 피크전압 V_P를 갖는 정현파 신호는 그림 4.3과 같이 표현된다.

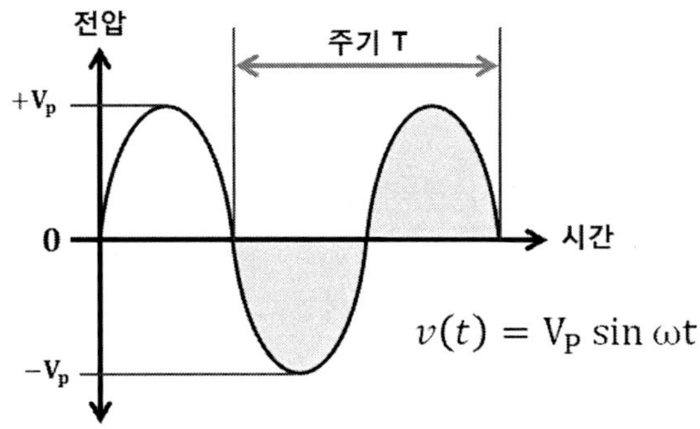

그림 4.3 정현파 교류신호

교류신호는 크기가 시간에 따라 변화하므로 그 크기를 나타내기 위한 다양한 값을 사용한다. 정현파 교류신호 파형에서 각 순간에 나타나는 전압값을 나타내는 순시값과 반주기의 평균값으로 표현되는 평균값, 직류와 동일한 효과를 내는 교류값을 의미하는 실효값을 대표적으로 사용한다.

순시값은 그림 1.3에서 시간에 따라 순간 순간 변하는 값으로 다음과 같이 표현된다.

$$v(t) = V_P \sin(\omega t) \quad \text{또는} \quad v(t) = V_P \sin(2\pi f t) \tag{4.1}$$

여기서, V_P는 첨두값(pick value) 또는 최대값을 나타낸다.

(1) 피크 전압(Peak Voltage)

교류전압을 $v(t)$라 하면, 그림 4.3은 $v(t) = V_P \sin\omega t$로 나타낼 수 있으며, 최대전압은 V_P가 된다. 또한 $\omega t = \theta$라고 하면 다음과 같다.

$$v = V_P \sin\theta \tag{4.2}$$

(2) 피크-피크 전압(Peak to Peak Voltage)

신호의 피크-피크 전압은 신호 전압의 최대값과 최소값의 차이를 말하며, 다음과 같이 표현된다.

$$V_{PP} = V_{max} - V_{min} \tag{4.3}$$

그림 4.3의 정현파에 대한 피크-피크 전압 V_{PP}는 다음과 같다.

$$V_{PP} = V_P - (-V_P) = 2V_P \tag{4.4}$$

즉 정현파의 피크-피크 전압 V_{PP}은 피크전압 V_P의 두 배가 된다.

(3) 평균전압(Average value or mean value Voltage)

한 주기에 대한 정현파의 평균은 정현파의 대칭성 때문에 0이 된다. 한 주기 내에 정(+), 부(-)의 값이 동시에 존재할 경우 그 절대값에 대한 산술 평균값이 평균치이다.

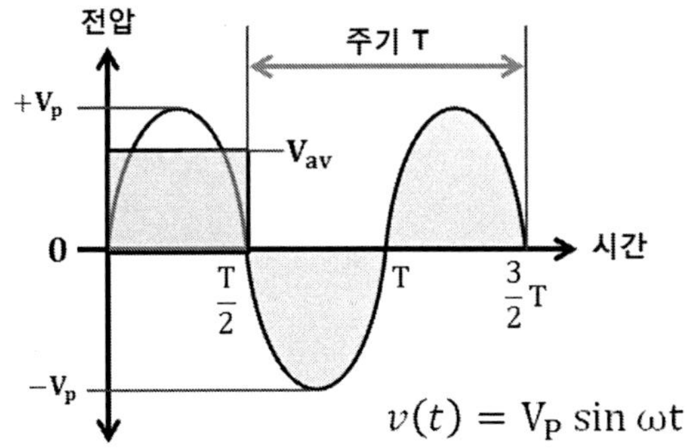

그림 4.4 평균값의 계산

그림 4.4의 교류전압 순시값을 $v(t) = V_P \sin\omega t$라 하면, 반주기 동안의 평균값은 다음과 같이 구해진다.

$$V_a = \frac{1}{\pi}\int_0^{\pi} v(t)\, dt \tag{4.5}$$

$$= \frac{1}{\pi}\int_0^{\pi} V_P \sin\omega t\ dt$$

$\omega t = \theta$라고 하면,

$$V_a = \frac{V_P}{\pi}[-\cos\theta]_0^{\pi} \tag{4.6}$$

$$= \frac{V_P}{\pi}[-\cos\pi - (-\cos 0)] = \frac{2}{\pi}V_P$$

$$\text{평균값 : } V_{av} = \frac{2V_p}{\pi} \tag{4.7}$$

(4) 실효값(Effective value or RMS: Root Mean Square) 전압

일반적으로 교류전원의 값을 나타내는 것은 실효값으로, 가정용 전원으로 사용되는 교류 110[V], 220[V]의 표현은 실효값을 나타내는 것이다.

실효값은 RMS값이라고 하는데, 실효값을 계산하는 과정에서 제곱을하고 평균을 내서 제곱근을 취하기(root-mean-square) 때문이다. 이 값은 직류와 동일한 효과를 내는 교류값을 의미한다.

예를 들면, 교류 60[Hz], 실효전압100[v]인 파형의 순시값 표현은 다음과 같다.

$$V(t) = \sqrt{2}\times 100\times \sin(2\times\pi\times 60\times t) \quad (4.8)$$
$$= 141.4\sin 120\pi t$$

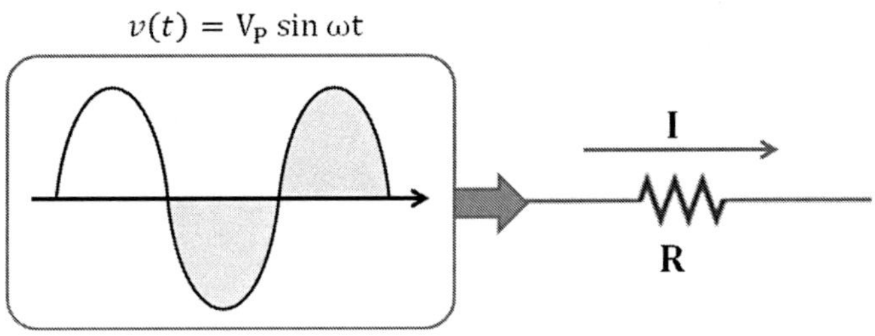

그림 4.5 실효값 전압의 개념

즉, 정현 교류 전압의 실효값은 최대값의 $\frac{1}{\sqrt{2}}$ 배가 된다.

또는, 최대값은 실효값의 $\sqrt{2}\simeq 1.414$배가 된다.

$$V_P = 1.414\times V_{\rm rms} \quad (4.9)$$

일반적으로 가정용 전원의 전압은 220[V]로 표현하는데, 이것은 주파수가 60[Hz]에 ±10% 오차를 갖는 220 $V_{(rms)}$ 전압을 의미한다. 그러므로 이 전원의 파형을 측정하여 최대값을 측정하면 311[V]가 된다.

$$220\,\mathrm{V} = \frac{V_P}{\sqrt{2}} \quad (4.10)$$
$$V_P = 220\,\mathrm{V}\times\sqrt{2} = 311\,[\mathrm{V}]$$

예제 4.1

그림 4.3에서 교류전압의 순시전압이 $v(t) = 100\sin\omega t$일때, 최대값, 평균값, 실효값을 각각 구하시오.

[풀이]

- 최대값 : $V_P = 100[\mathrm{V}]$

- 평균값 : $V_a = \frac{2}{\pi} V_P$

$$= \frac{2}{3.14} \times 100 = 63.7[\mathrm{V}]$$

- 실효값 : $V_{\mathrm{rms}} = \frac{1}{\sqrt{2}} \times V_P$

$$= \frac{100}{1.414} = 70.7[\mathrm{V}]$$

■

표 4.1는 순시값, 평균값과 실효값을 정리하고, 상호 비교한 것이다.

순시값의 최대값이 100[V] 일때, 평균값은 63.7[V]가 되고, 실효값은 70.7[V]가 된다. 즉 실효값은 첨두값의 70.7%에 해당한다. 또는 실효값 100[V]이라면 첨두값은 실효값에 $\sqrt{2}$를 곱한(1.414배하여) 141.4[V]가 된다.

이것은 멀티미터 등으로 측정한 교류전압은 실효값으로 오실로스코프로 파형을 측정하면 1.414배의 첨두값을 가진 파형이 측정됨 의미 한다.

표 4.1 교류값의 비교

표현	의미	관계	상호 비교	교류 100V
순시값	정현파 교류신호 파형에서 각 순간에 나타나는 전압값	최대값 : V_P	100[v]	141.4[V]
평균값	대칭파의 평균값은 반주기의 평균값으로 표현	$V_{av} = \frac{2V_P}{\pi}$	63.7[v]	90.0[V]
실효값 (RMS)	직류와 동일한 효과를 내는 교류값	$V_{rms} = \frac{V_P}{\sqrt{2}} = V_{DC}$	70.7[v]	100[V]

4.3 변압기(transformer) 회로

전원회로 구성의 첫 번째 부분은 그림 4.2의 전원회로에 나타낸 것과 같이 그림 4.6에 표시한 변압기 부분이다.

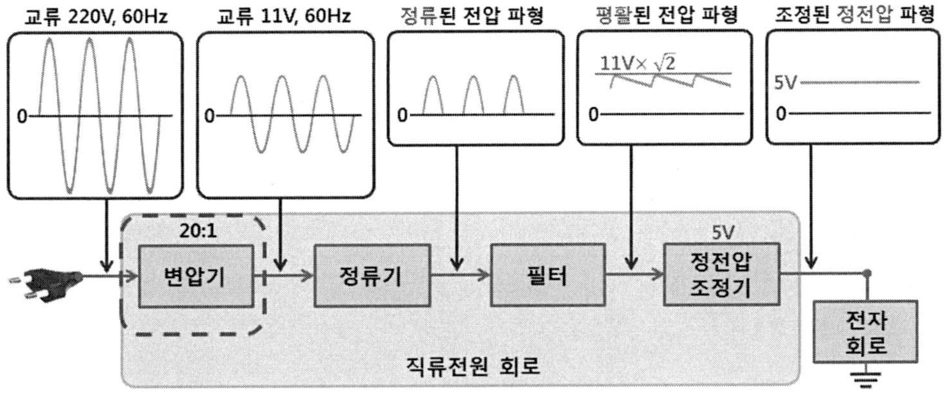

그림 4.6 전원회로의 변압기

교류전압을 필요에 따라 높이거나 낮추기 위하여 변압기(transformer)를 사용하게 된다. 변압기를 사용하면 교류 전압과 전류의 크기를 조절할 수 있으며, 위상을 변화시킬 수 있다.

(1) 전압강하

변압기를 사용하여 전압을 낮추는 것을 전압강하(voltage stepdown)한다.

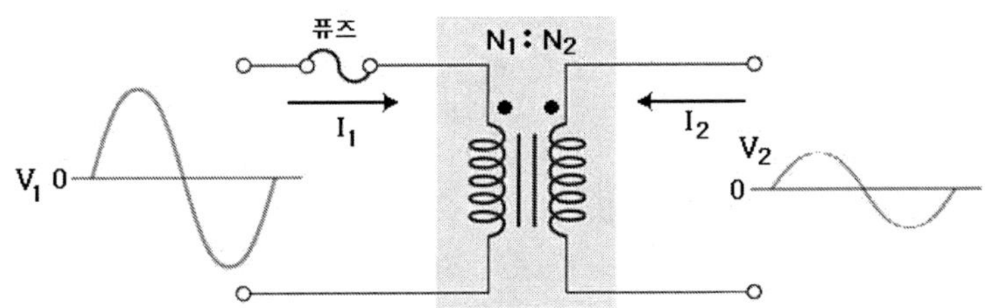

그림 4.7 전압을 올리거나 내리는 변환기

이상적인 변압기에서 1차 전압과 2차 전압은 권선 수에 비례하므로 다음과 같은 식 (4.11)이 성립한다.

$$\frac{V_2}{V_1} = \frac{N_2}{N_1} \tag{4.11}$$

여기서 V_1 과 V_2는 각각 1차와 2차의 실효전압이나 피크전압을 나타내며, N_1과 N_2는 각각

1차와 2차 권선의 감은 수이다.

또한, 변압기의 1차측에 입력된 전력 P_1과 2차측의 출력된 전력 P_2은 에너지 보존법칙에 따라 같아야 하므로 1차측과 2차측의 전류는 다음과 같이 입출력 전압비에 반비례 관계를 갖는다.

즉,

$$P_1 = P_2 \tag{4.12}$$

$$V_1 \times I_1 = V_2 \times I_2$$

$$\frac{I_1}{I_2} = \frac{V_2}{V_1} = \frac{N_2}{N_1}$$

예제 4.2

그림 4.8에서 입력전압 V_1이 110V이고, 2차측에서 필요한 전류 I_2가 10[A] 일때, 권선횟수의 비가 10 : 1일 경우 2차측 전압 V_1과 퓨즈의 용량을 계산하면 다음과 같다.

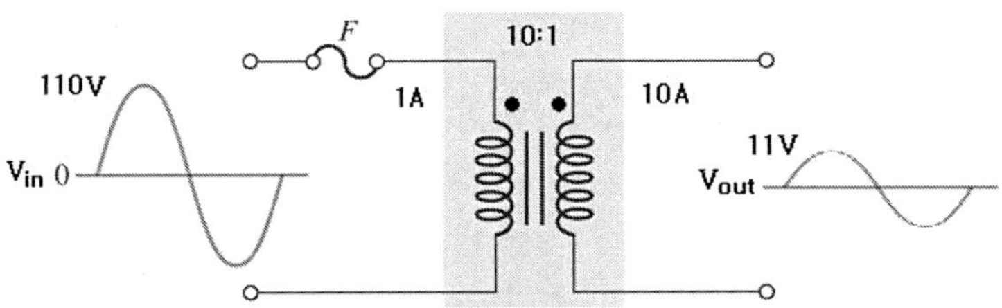

그림 4.8 변압기를 사용한 전압강하의 예

[풀이]

$$\frac{\mathrm{V}_2}{110\mathrm{V}} = \frac{1}{10}$$

$$\mathrm{V}_2 = \frac{110\mathrm{V}}{10} = 11\mathrm{V}$$

또한, 2차측 전류 I_2가 10[A]이고 권선 횟수의 비가 10 : 1이면,

$$\frac{I_1}{10\,[\mathrm{A}]} = \frac{1}{10}$$ 이 되어, 1차측 전류는 $I_1 = \frac{10}{10}\,[\mathrm{A}] = 1\,[\mathrm{A}]$이다.

1차측에 설치된 퓨즈(fuse)의 용량은 1[A] 이상이 되어야 할 것이다.

■

(2) 위상변화

변압기의 권선의 방향을 서로 다르게 하면 1차측의 위상과 2차측의 위상을 바꿀 수 있다. 권선의 방향에 따라 위상의 위치를 표시하기 위하여 변압기에 점(dot)을 표시하여 나타낸다.

그림 4.9와 4.10은 각각 1차측의 위상과 2차측의 위상이 같은 경우와 서로 다른 경우에 대한 표현을 보여준다.

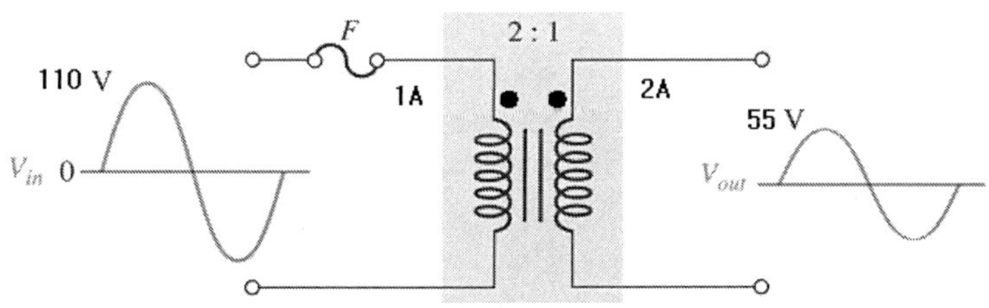

그림 4.9 1차측의 위상과 2차측의 위상이 같은 경우

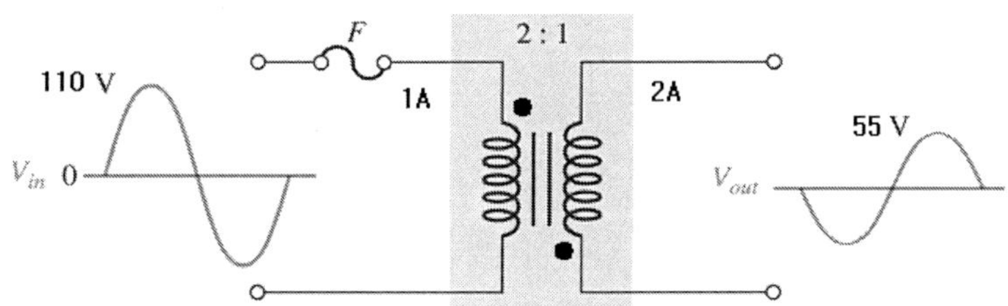

그림 4.10 1차측의 위상과 2차측의 위상이 서로 반대인 경우

또한, 그림 4.11과 같이 중간 탭(center tap)이 있는 변압기를 사용할 경우 반전되지 않은 파형과 위상이 반전된 2가지 파형을 동시에 얻는 것이 가능하다.

그러나 이 경우 1차측의 전압이 2차측에서 2배의 전압으로 커지는 것과 같은 효과이므로 2차측의 두 파형의 전류는 입력 파형의 전류의 반으로 감소하게 된다.

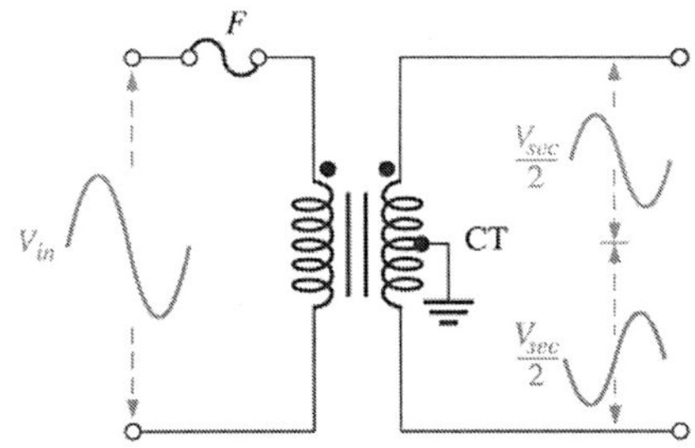

그림 4.11 위상의 2중 복사

4.4 정류회로

전원회로 구성의 두 번째 부분은 그림 4.2의 전원회로에 나타낸 것과 같이 그림 4.12에 표시한 정류회로 부분이다.

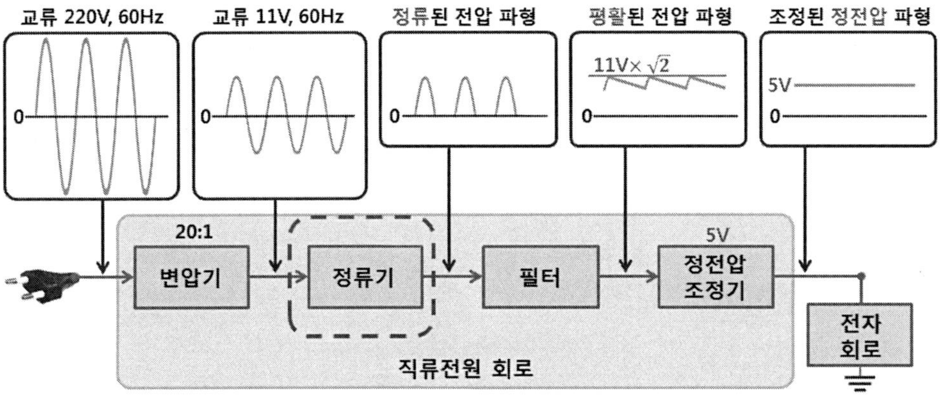

그림 4.12 전원회로의 정류기

정류회로는 교류를 직류로 변환하는 회로를 의미한다. 정류회로를 구성하기 위해서는 정류 다이오드가 사용된다. 일반적으로 다이오드를 정류기로 표현하기도 한다.

(1) 반파 정류기

일반적으로 다이오드를 사용하여 교류를 직류로 변환하는 정류회로를 구성할 수 있다. 그림 4.13은 다이오드 반파 정류기를 나타낸 것이다.

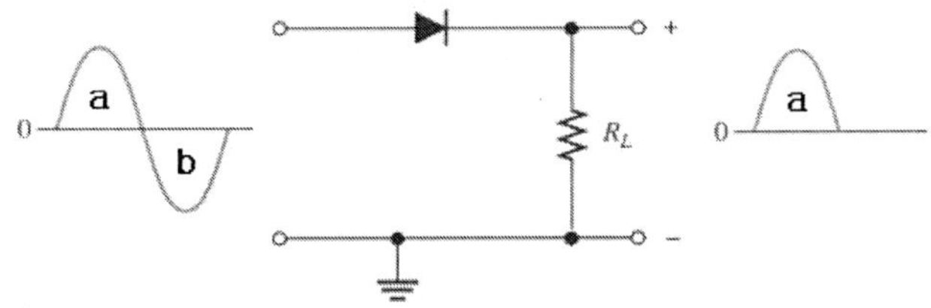

그림 4.13 반파정류

정현파 입력전압이 영역 a인 양(+)의 반주기일 때 다이오드는 순방향 바이어스로 on이 되고, 부하저항 R_L로 전류를 흐르게 한다. 그리고 출력은 다이오드가 이상적이라 가정하여 다이오드의 전압강하는 존재하지 않는다고 하면 그림 4.14와 같이 출력전압은 입력전압과 같아진다.

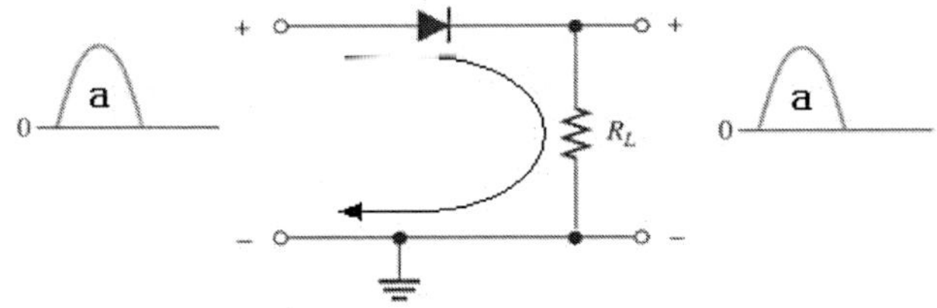

그림 4.14 교류 정현파의 양(+)의 반주기 영역일 때

다이오드에서의 전압강하를 고려하면 실리콘 다이오드의 경우 그림 4.15와 같이 피크(peak) 전압 V_P에서 다이오드의 전압강하, 즉 threshold voltage V_T(0.7V)를 빼주어야 한다.

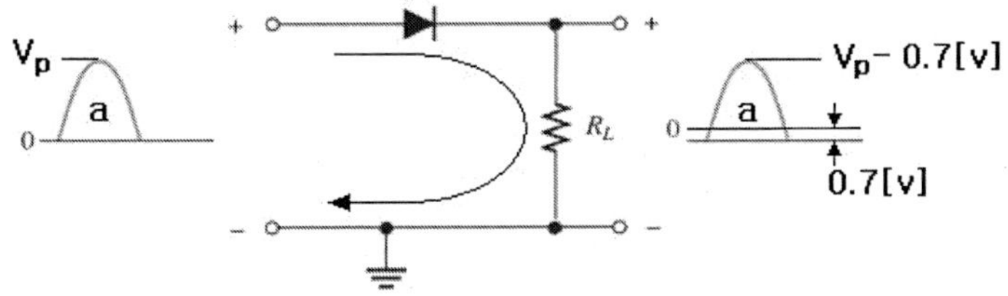

그림 4.15 다이오드 전압강하를 고려한 반파정류

정현파 입력전압이 영역 b인 음(-)의 반주기일 때 다이오드는 역방향 바이어스로 off가 되고, 부하저항 R_L로 전류는 흐르지 않는다. 그리고 출력은 다이오드가 이상적이라 가정하면 그림 4.16과 같이 출력전압은 0이 된다.

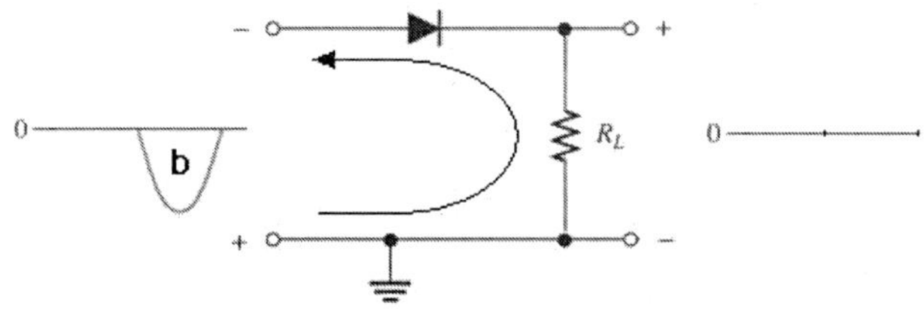

그림 4.16 교류 정현파의 음(-)의 반주기 영역일 때

예제 4.3

교류 정현파입력의 피크값이 100[V]이고, 10:1 변압기와 다이오드를 사용한 그림 4.17과 같은 반파정류회로의 출력 피크값을 구하라.

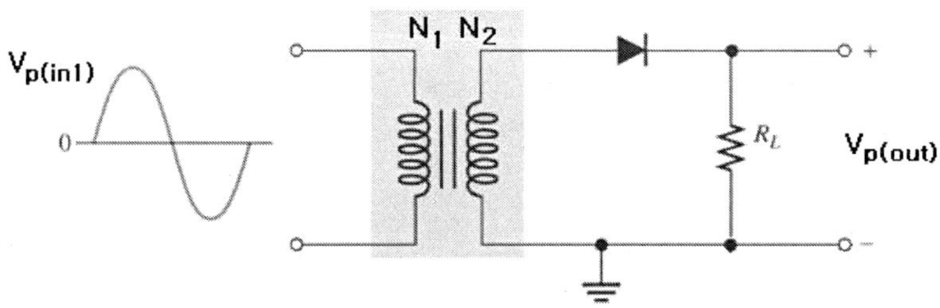

그림 4.17 반파정류 예제

[풀이]

$$V_{P(in1)} = 100[\mathrm{V}]$$

$$V_{P(in2)} = \frac{N_2}{N_1} \times V_{P(in1)}$$

$$= \frac{1}{10} \times 100[\mathrm{V}] = 10[\mathrm{V}]$$

$$V_{P(out)} = V_{P(in2)} - 0.7[\mathrm{V}]$$

$$= 9.3[\mathrm{V}]$$

■

▶ 반파 정류기에서 다이오드의 최대 역전압(PIV)

정류 다이오드는 음의 반주기 동안 역방향으로 바이어스 되는데, 이때 입력전압의 음의 반주기 첨두값(peak voltage)을 다이오드가 견딜 수 있어야만 한다. 이렇게 정류회에서 다이오드가 견디어야 하는 최대값을 최대 역전압(PIV, peak inverse voltage)라 한다.

예제 4.4

그림 4.17의 반파정류회로에서 PIV를 구하시오.

[풀이]

$$V_{PIV} = V_{P(in2)}$$

$$= 10\,[\mathrm{v}]$$

■

(2) 중간탭 변압기를 이용한 전파 정류기

반파 정류는 입력 교류 정현파의 반주기만을 정류하고 나머지 반주기는 사용하지 않음으로 정류효율이 나쁘다. 이를 개선하기 위하여 중간탭이 있는 변압기와 두 개의 다이오드를 사용하여 전파정류를 한다.

그림 4.11과 같은 변압기의 2차측을 두 부분으로 나누어 각각에 입력신호가 걸리도록 중산탭 변압기로 구성하고, 그림 4.11과 같이 정류 다이오드를 연결한다.

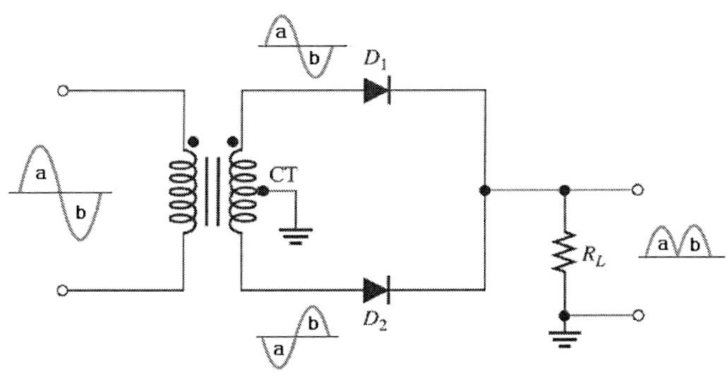

그림 4.18 중간탭 변압기를 이용한 전파정류

그림 4.18에서 변압기 1차측에 입력된 교류 정현파 입력전압이 영역 a인 양(+)의 반주기일 때 동일한 위상의 변압기 2차측에 연결된 다이오드D_1은 순방향 바이어스로 on이 되고, 반대 위상의 변압기 2차측에 연결된 다이오드D_2는 역방향 바이어스로 off가 되어 그림 4.19와 같이 부하저항R_L로 입력과 동일한 위상의 전류가 흐르게 된다.

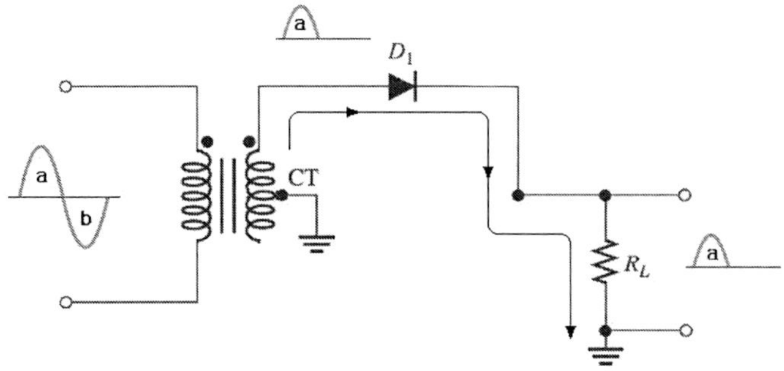

그림 4.19 중간탭 변압기를 이용한 전파정류의 양(+)의 반주기 영역일 때

그림 4.18에서 변압기 1차측에 입력된 교류 정현파 입력전압이 영역 b인 음(-)의 반주기일 때 동일한 위상의 변압기 2차측에 연결된 다이오드D_1은 역방향 바이어스로 off가 되고, 반대 위상의 변압기 2차측에 연결된 다이오드D_2는 순방향 바이어스로 on이 되어 그림 4.20과 같이 부하저항R_L로 입력과 반대 위상의 전류가 흐르게 된다.

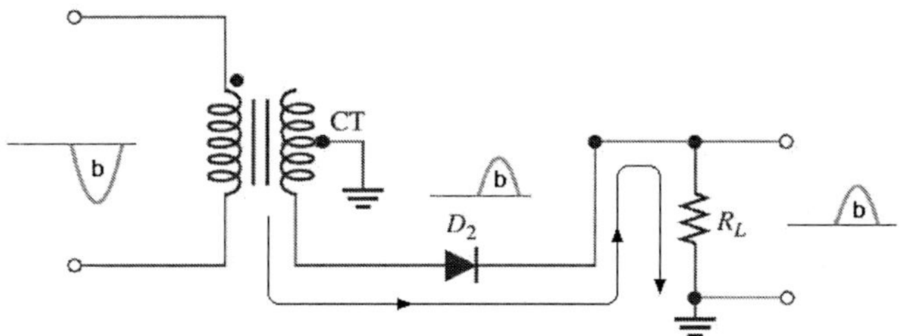

그림 4.20 중간탭 변압기를 이용한 전파정류의 음(−)의 반주기 영역일 때

(3) 브리지 정류기

중간탭을 사용한 전파정류의 경우 교류 정현파 입력을 완전하게 활용한다고 보기 어렵다. 그것은 하나의 입력을 반으로 나누고, 각각을 반파정류하여 합성하기 때문이다. 즉 변압기 1차측에 입력된 전원을 반으로 나누어 번갈아 가며 다시 반을 버리기 때문이다.

브리지 정류기(bridge rectifier)는 그림 4.21와 같이 4개의 정류다이오드를 사용하여 교류 정현파 입력을 손실 없이 활용하여 정류하는 방법으로 가장 많이 사용되는 방식이다.

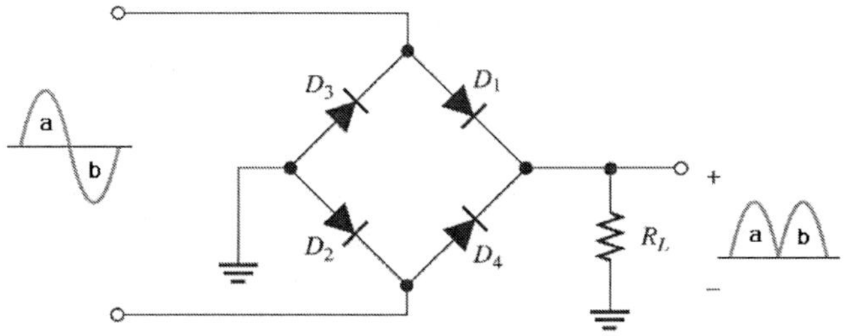

그림 4.21 다이오드 브리지를 이용한 전파정류 회로

그림 4.21에서 입력된 교류 정현파 입력전압이 영역 a인 양(+)의 반주기일 때 다이오드D_1은 순방향 바이어스로 on이 되고, 다이오드D_3와 D_4는 역방향 바이어스로 off가 되어 그림 4.22와 같이 부하저항R_L를 거쳐 순방향 바이어스로 on이 되는 다이오드D_2로 전류가 흐르게 된다.

즉, 입력 교류전압의 양의 반주기에서 $D_1 \rightarrow R_L \rightarrow D_2$의 순서로 전류가 흐른다.

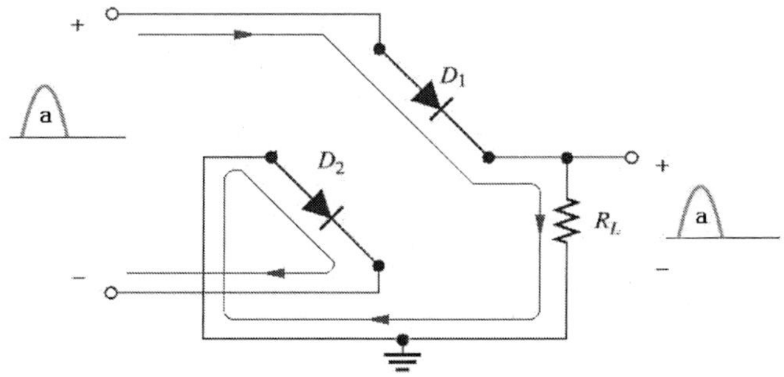

그림 4.22 다이오드 브리지 정류회로에 양(+)의 반주기 영역 일때

한편, 그림 4.21에서 입력된 교류 정현파 입력전압이 영역 b인 음(-)의 반주기일 때 다이오드 D_4은 순방향 바이어스로 on이 되고, 다이오드D_2와 D_1는 역방향 바이어스로 off가 되어 그림 4.23과 같이 부하저항R_L를 거쳐 순방향 바이어스로 on이 되는 다이오드D_3로 전류가 흐르게 된다. 이때 R_L에는 양의 반주기 때와 동일한 방향으로 전류가 흐르게 되어 전파정류가 이루어지게 된다.

즉, 입력 교류전압의 양의 반주기에서 $D_4 \rightarrow R_L \rightarrow D_3$의 순서로 전류가 흐른다.

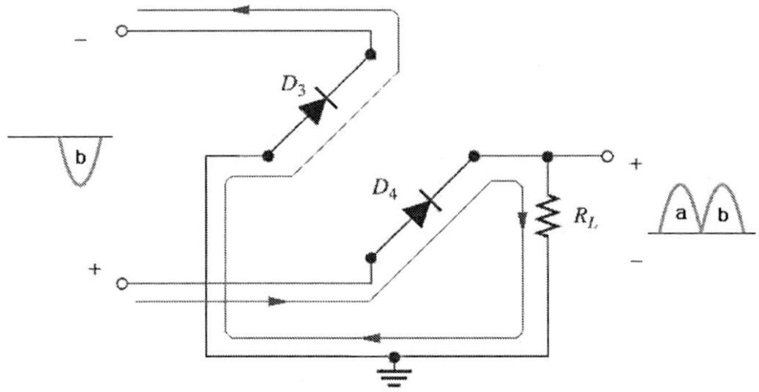

그림 4.23 다이오드 브리지 정류회로에 음(−)의 반주기 영역 일때

▶ 출력전압

출력전압에서 다이오드에서의 전압강하를 고려하면, 다이오드 브리지가 실리콘 다이오드로 구성되어 있을 경우, 입력된 교류 정현파 입력전압의 영역 a인 양의 반주기에서 2개의 다이오드 D_1과 D_2를 순방향으로 통과하므로 피크(peak) 전압 V_P에서 2번의 다이오드의 전압강하를 고려해야한다.

$$V_{P(out)} = V_{P(in)} - 1.4[\mathrm{V}] \tag{4.13}$$

▶ 브리지 정류기에서 다이오드의 최대 역전압(PIV)

그림 4.21에서 양의 반주기에서 D_1과 D_2가 순방향으로 바이어스 되면, D_3와 D_4는 역방향으로 바이어스 된다. 브리지 정류 다이오드의 최대 역전압(PIV, peak inverse voltage)은 다음과 같이 된다.

$$V_{PIV} = V_{P(out)} + 0.7[\mathrm{V}] \tag{4.14}$$

예제 4.5

교류 정현파입력의 피크값이 100[V]이고, 10:1 변압기와 다이오드를 사용한 그림 4.24과 같은 브리지 정류회로의 출력 파형을 그리고 피크값과 PIV를 구하라.

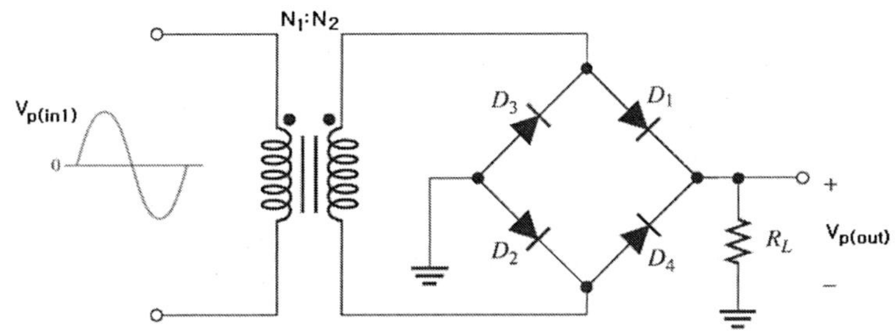

그림 4.24 전파 브리지 정류회로 예제

[풀이]

$$V_{P(in1)} = 100[\mathrm{V}]$$

$$V_{P(in2)} = \frac{N_2}{N_1} \times V_{P(in1)}$$

$$= \frac{1}{10} \times 100[\mathrm{V}] = 10[\mathrm{V}]$$

$$V_{P(out)} = V_{P(in2)} - 1.4[\mathrm{V}]$$

$$= 8.6[\mathrm{V}]$$

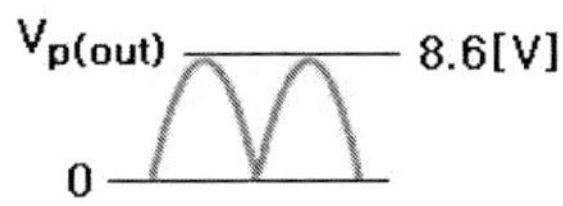

그림 4.25 출력파형

$$V_{PIV} = V_{P(out)} + 0.7[\mathrm{V}]$$

$$= 8.6[\mathrm{V}] + 0.7[\mathrm{v}] = 9.3[\mathrm{V}]$$

■

4.5 필터회로

전원회로 구성의 세 번째 부분은 그림 4.2의 전원회로에 나타낸 것과 같이 그림 4.26에 표시한 필터회로 부분이다.

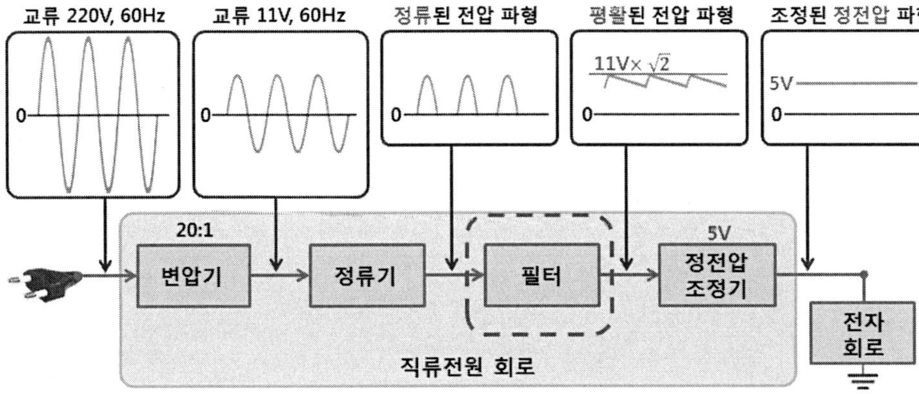

그림 4.26 전원회로의 필터회로

정류회로에 의하여 반파정류나 전파정류가 이루어진 출력파형은 그림 4.32와 같이 교류 정현파 입력의 음(-)영역이 제거되고 양(+)의 영역만 존재하지만 일정한 값을 갖지 못하고 0[V]에서 부터 파형의 첨두값까지 주기적으로 변동한다. 이러한 정류회로의 출력파형은 배터리의 충전이나 DC 모터 구동 등에는 사용이 가능하지만 일반적인 전자회로에는 전원으로 사용할 수 없다.

그림 4.27 정류 파형

필터회로는 0[V]에서부터 파형의 첨두값까지 주기적으로 변동하는 정류기의 출력전압을 일정한 전압으로 변환시키기 위한 회로이다.

(1) 콘덴서-입력형 필터

콘덴서-입력형 필터(capacitor-input filter)는 그림 4.28과 같이 정류회로에 콘덴서를 병렬로 연결한 회로이다.

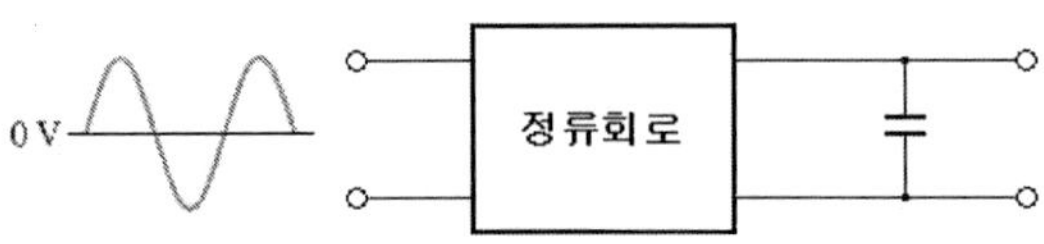

그림 4.28 콘덴서-입력형 필터

교류 정현파 전압이 정류다이오드를 거쳐 전압원의 처음 1/4주기 영역 a에서 다이오드는 순방향 바이어스로 on 되어 그림 4.29에서와 같이 콘덴서는 전원전압의 피크전압 $V_{P(in)}$까지 충전된다.

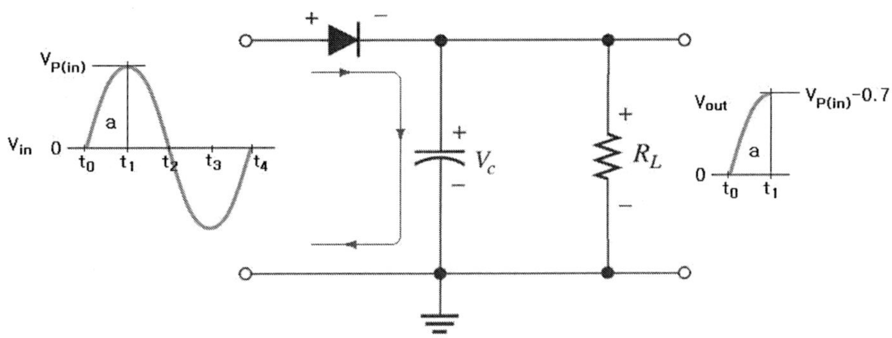

그림 4.29 콘덴서의 충전

양의 피크전압 $V_{P(in)}$를 지나는 순간부터 영역 b~c에서 정류다이오드는 콘덴서에 충전된 $V_{P(in)}$의 전압 때문에 역방향 바이어스가 되어 그림 4.30과 같이 다이오드는 off되고, 콘덴서는 부하저항을 통하여 방전을 한다.

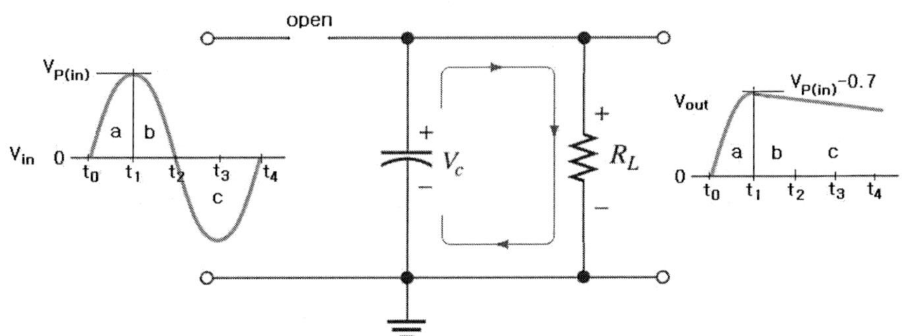

그림 3.30 콘덴서 방전

이 때 콘덴서-입력형 필터에서 방전 시정수 RC가 입력 신호의 주기 T보다 훨씬 더 크도록 설정하여 콘덴서에 충전된 전압의 일부만 방전하게 하도록 한다.

콘덴서에서 부하저항으로 방전되던 전압은 전원전압이 영역 d에서 다시 상승되기 시작하여 콘덴서에 남아있는 전압값에 이르면, 다이오드는 그림 4.31과 같이 다시 순방향으로 바이어스 되고 콘덴서에 피크전압까지 재충전한다.

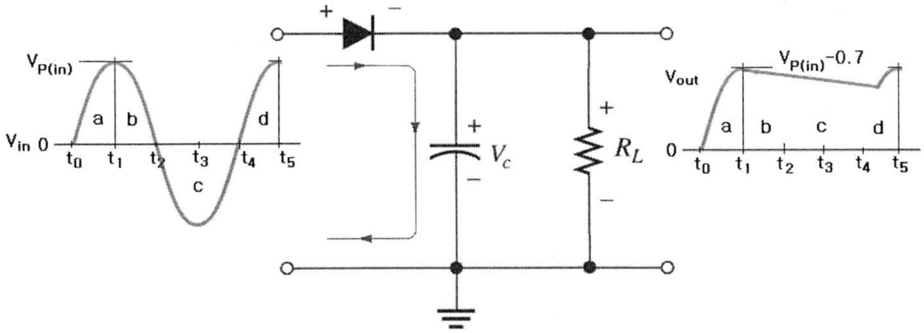

그림 4.31 콘덴서의 재충전

부하전압은 그림 4.32과 같이 콘덴서의 방전과 충전에 의해 발생하는 작은 리플(ripple)을 포함한 직류전압으로 평활 된다.

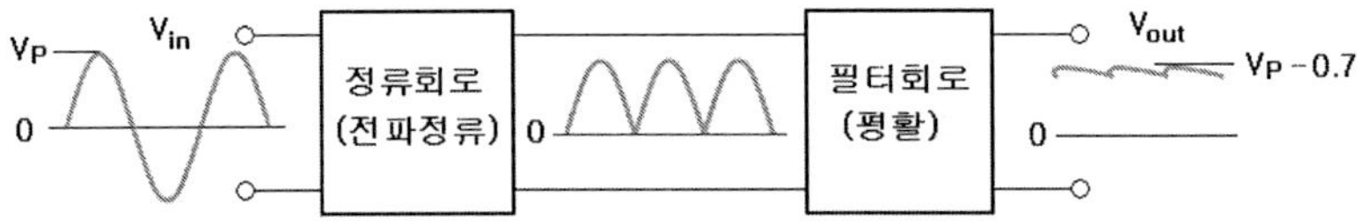

그림 4.32 필터회로에 의한 평활

콘덴서-입력형 필터에서 리플을 줄이기 위해서는 방전 시정수 RC를 크게 하여야 한다. 일반적으로 콘덴서의 용량을 크게 하면 리플을 감소시킬 수 있고, 동일한 콘덴서 용량을 사용할 경우 반파정류회로 보다 전파정류회로를 사용하면 리플이 감소한다.

그림 4.33(a)에서 반파정류회로와 콘덴서-입력형 필터를 사용하여 평활한 출력전압의 리플전압은 V_{r1}이다. 4.33(a)와 동일한 회로에서 콘덴서의 용량을 크게하면, 그림 (b)와 같이 리플전압은 V_{r2}는 V_{r1}보다 작게 된다($V_{r2} < V_{r1}$). 전파정류회로와 4.33(a)와 동일한 콘덴서의 용량을 사용하면, 그림 (c)와 같이 리플전압은 V_{r3}는 V_{r1}보다 작게 된다($V_{r3} < V_{r1}$).

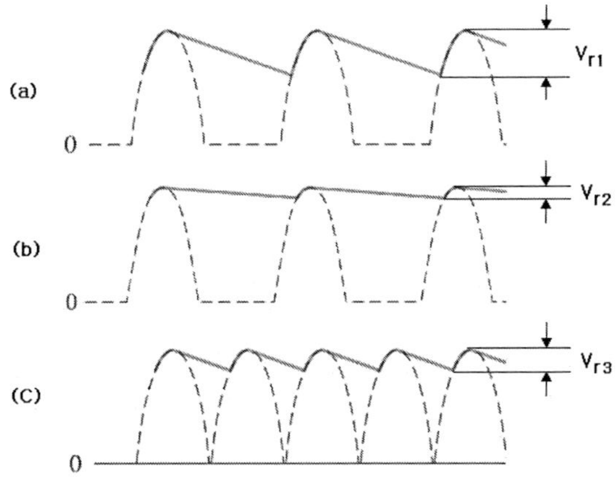

그림 4.33 리플 감소

▶ 맥동률

출력전압(전류)의 맥류분의 실효값을 출력전압(전류)의 직류성분(평균값)으로 나누어 백분율로 나타낸 것을 맥동률(ripple factor)이라 한다. 맥동율이 작을수록 평탄하다는 것을 의미한다.

$$\text{맥동율 : } r = \frac{\text{출력전류(또는 전압)의 맥류분의 실효값}}{\text{출력전류(또는 전압)의 직류성분(평균값)}} \times 100[\%] \quad (4.15)$$

$$= \frac{{I_{rms}}'}{I_{dc}} \times 100[\%]$$

$$= \frac{V_{rms}}{V_{dc}} \times 100[\%]$$

$$= \sqrt{\left(\frac{I_{rms}}{I_{dc}}\right)^2 - 1} \times 100[\%]$$

4.6 정전압 조정기 회로

전원회로 구성의 네 번째 부분은 그림4.2의 전원회로에 나타낸 것과 같이 그림 4.34에 표시한 정전압 조정기 회로 부분이다.

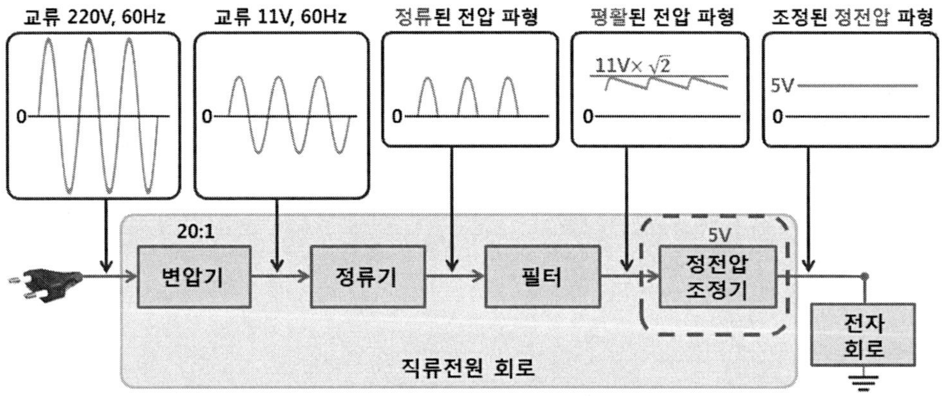

그림 4.34 전원회로의 정전압 조정기

정류회로에 의하여 반파정류나 전파정류가 이루어진 출력파형을 콘덴서를 사용한 필터 회로에 입력하면 작은 리플(ripple)을 포함한 직류전압으로 평활된다. 그러나 리플을 제거하여 안정한 직류 전압으로 만들기 위해서는 매우 큰 용량의 콘덴서를 사용해야 한다.

(1) 전압분배회로를 이용한 정전압 조정

큰 용량의 콘덴서를 사용하여 최대한 리플을 제거하여 안정한 직류 전압으로 만들어도 일반적인 전자회로에 전원으로 바로 사용하지 않고, 부하에 공급하기 원하는 직류전압을 만들기 위해서는 그림 4.35와 같은 전압분배회로를 추가해야 한다.

저항에 의한 이러한 전압분배는 리플전압을 출력전압에서 더욱 감소시키는 역할도 하게 된다.

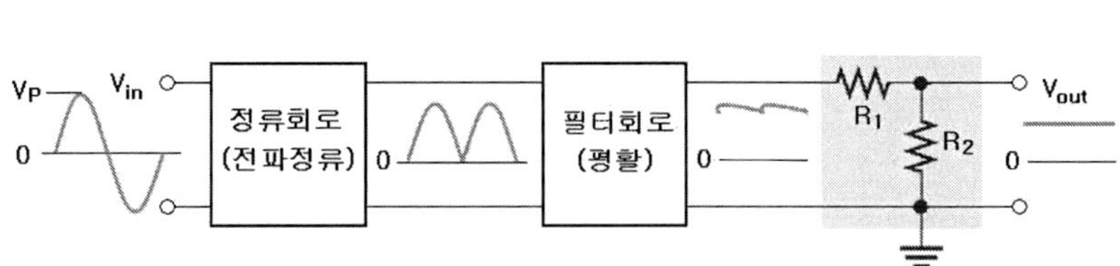

그림 4.35 전압분배회로

그림 4.35에서 평활되어 리플이 포함된 전압을 V_P라 하면, 저항 R_1과 R_2의 전압분배에 의하여 출력전압 V_{out}은 다음과 같이 된다.

$$V_{out} = \frac{R_2}{R_1 + R_2} \times V_P \tag{4.16}$$

(3) 제너 다이오드를 이용한 정전압 조정기

제너 다이오드는 직류전원회로에서 정전압조정기로 사용할 수 있다. 제너 다이오드로 정전압 조정기를 설계하면 리플 제거를 위하여 큰 용량의 콘덴서를 사용하지 않으면서, 부하에 공급하기 원하는 직류전압을 제공할 수 있다.

▶ 제너 다이오드의 기호

제너 다이오드에 대한 기호를 그림 4.36에 나타내었다. 일반 다이오드와 같이 애노드(Anode)와 캐소드(Cathode)를 갖는다.

그림 4.36 제너 다이오드 기호

제너 다이오드는 일반 다이오드와 반대로 캐소드에서 애노드로 역방향 전류가 흐르게 되면 제너동작이 발생되며, 제너 다이오드는 V_Z의 직류 전압원처럼 동작하게 된다.

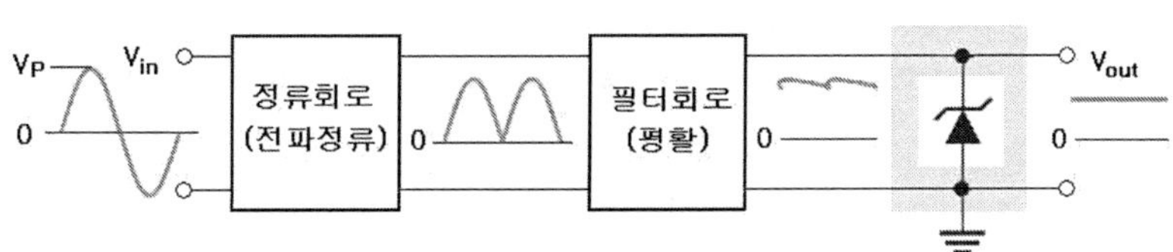

그림 4.37 제너 다이오드를 이용한 정전압 조정기

▶ 입력전압의 변화에 따른 제너 정전압조정

제너 다이오드를 이용한 정전압 조정기 회로의 동작은 정류회로를 거쳐 콘덴서에 의하여 평활된 입력전압 V_{IN}이 그림 4.38과 같이 제한된 범위 내에서 변화할 때 제너 다이오드의 출력전압 V_{OUT}은 거의 일정한 전압 V_Z로 유지된다. 이때 V_{IN}에서 변동하는 최소 전압은 V_Z보다 커야한다. 입력전압의 변화에 따라 I_T, I_Z도 비례하여 변화된다. 여기서, R은 직렬 전류-제한 저항이다.

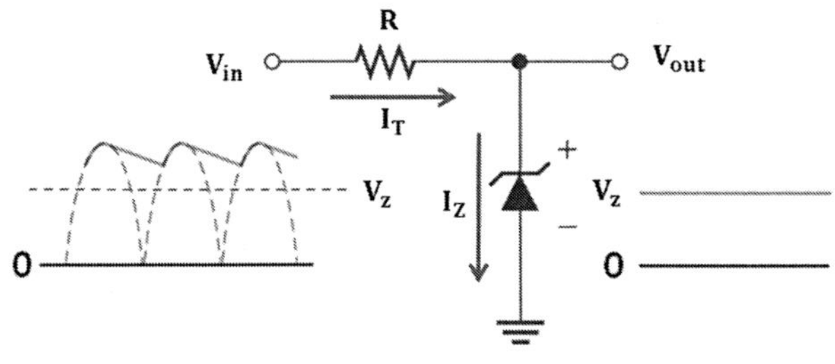

그림 4.38 제너 다이오드를 이용한 정전압 조정기 회로

▶ **실제 설계된 회로**

그림 4.39는 교류 입력전압에 대하여, 변압기와 다이오드 브리지, 콘덴서 평활, 제너 다이오드를 사용한 회로이다.

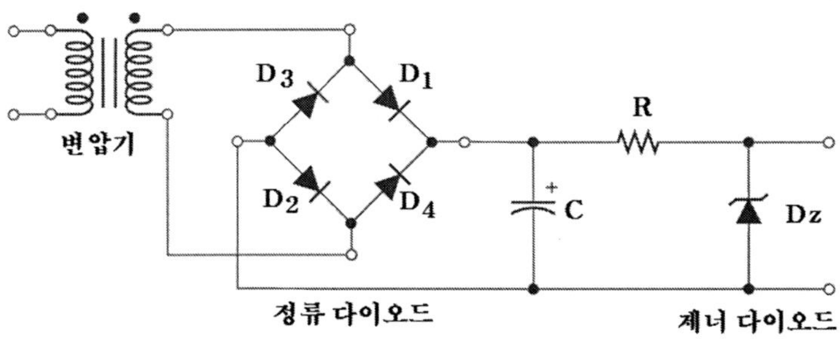

그림 4.39

(3) 제너 다이오드와 트랜지스터를 이용한 정전압 회로

제너 다이오드와 트랜지스터를 직렬로 연결하면 출력전류를 증폭할 수 있다.

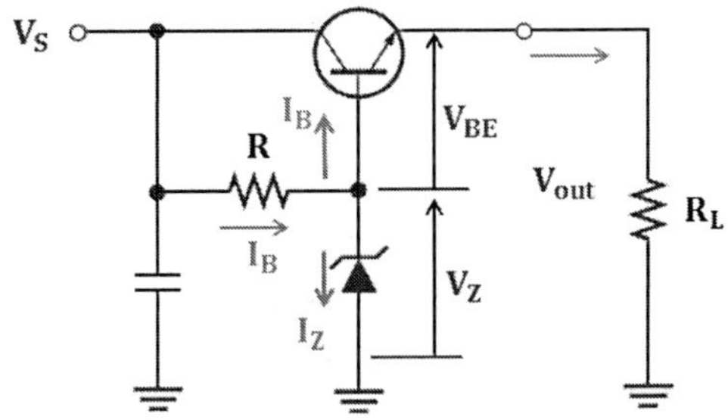

그림 4.40 직렬제어형 정전압 회로

트랜지스터를 제너 다이오드와 직렬로 접속한다. 제너 다이오드를 이용한 정전압원은 출력전류 I_0의 최대치에 제한을 받고, 출력전류 I_0를 트랜지스터로 전류증폭 하면 출력전류의 최대치는 약 h_{FE} 배가 된다.

출력전압 V_0 : $$V_0 = V_Z - V_{BE} \tag{4.17}$$

베이스전류 I_B : $$I_B = \frac{I_o}{h_{FE}} \tag{4.18}$$

저항R_B에 흐르는 전류 I : $$I = I_Z + I_B \tag{4.19}$$

저항 R_B : $$R_B = \frac{V_S - V_Z}{I} \tag{4.20}$$

(4) 정전압 IC를 이용한 정전압 회로

정전압 IC를 사용하면 일정한 전압을 얻을 수 있다. 그림 4.41은 일반적인 정전압 IC의 형태이고, 그림 4.42는 정전압 IC를 이용하여 회로를 구성하는 방법을 나타낸다.

7805, 7809, 7812는 각각 +5, +9, +12를 얻기 위하여 사용되고, 7905, 7909, 7912는 각각 −5, -9, -12를 얻기 위하여 사용된다.

그림 4.41 정전압 IC

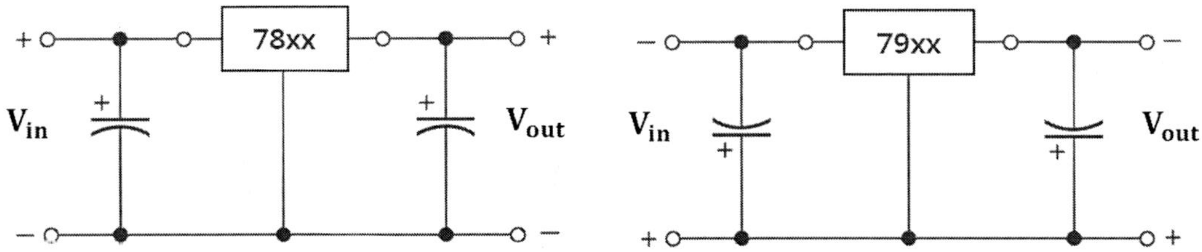

그림 4.42 정전압 IC를 사용한 적용회로

표 4.2 정전압 IC

78xx	출력전압	79xx	출력전압
7805	+5V	7905	-5V
7806	+6V	7906	-6V
7808	+8V	7908	-8V
7809	+9V	7909	-9V
7812	+12V	7912	-12V
7815	+15V	7915	-15V
7818	+18V	7918	-18V
7824	+24V	7924	-24V

▶ 정전압 IC를 이용한 전압조정회로

그림 4.43는 정전압 조정을 위하여 정전압 조정 IC를 사용한 회로이다.

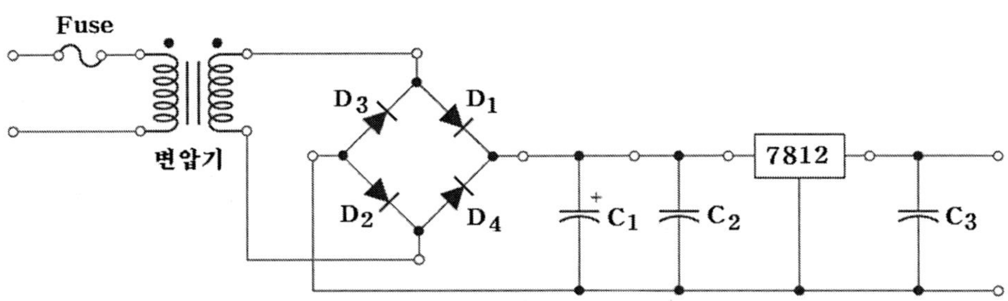

그림 4.43 직류 정전압회로 구성

그림 4.43는 교류 입력전압에 대하여, 변압기와 다이오드 브리지, 콘덴서 평활, 제너 다이오드를 사용한 회로이다. 12[V] 정전압을 얻기 위하여 IC 7812를 사용하였다.

4.7 서지 전류(Surge Current)에 대한 보호

실제 정류회로에서는 그림 4.44와 같이 다이오드에 수[Ω] 정도의 직렬저항R_{surge}을 접속한다. 이것은 그림 4.44과 같이 다이오드 바로 다음에 대용량의 콘덴서가 있는 경우 회로에 처음 스위치를 on하게 되면 콘덴서에는 전하가 없는 상태가 되어 극히 큰 충전전류가 다이오드를 통해 콘덴서로 흐르는 것을 방지하기 위한 것이다.

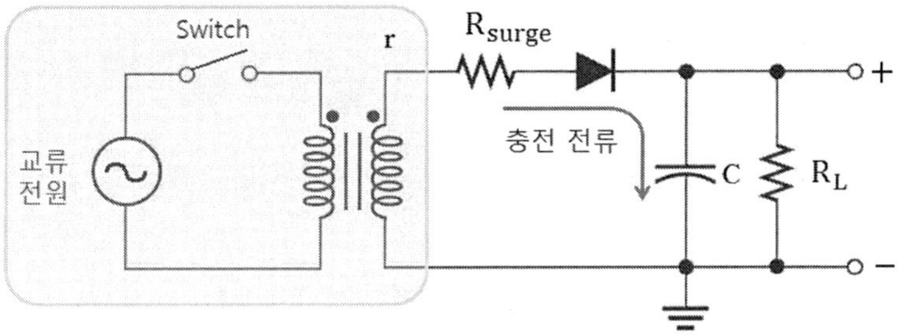

그림 4.44 서지전류를 억제하는 직렬저항

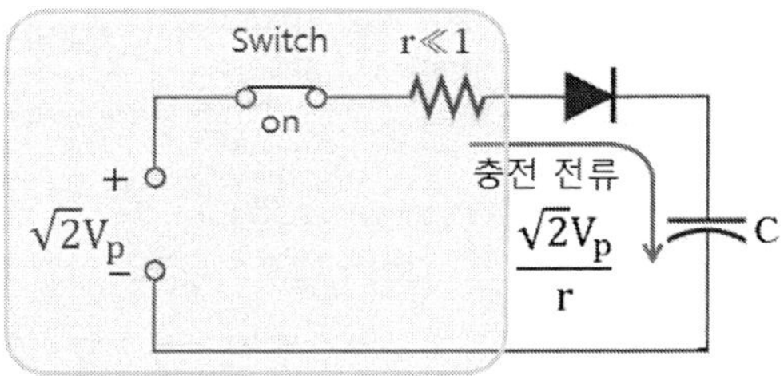

그림 4.45 Switch를 넣은 순간의 등가회로

만일 그림 4.45와 같이 직렬저항 R_{surge}이 없으면, 정류회에는 1Ω보다 매우 작은 입력회로의 내부저항 r만 존재하게 된다. 만일 스위치가 on되는 순간 입력교류전압의 최대값인 $\sqrt{2}\,V_p$가 된다면 다이오드에는 매우 큰 전류가 순간적으로 흐르게 되고 다이오드는 파괴될 수도 있다.

이와 같이 스위치가 처음 on될 때, 순간적으로 흐르는 큰 전류를 서지전류(Surge Current)라 한다. 또한 이러한 서지전류가 과도하게 커져서 다이오드가 파괴되지 않도록 삽입하는 직렬저항을 서지 저항이라고 한다.

그러나 그림 4.44와 같이 수[Ω] 정도의 직렬저항R_{surge}을 연결하여 주면 서지전류 I_{Surge}는 다음과 같이 감소한다.

$$I_{Surge} = \frac{\sqrt{2}\,V_p}{r} \;\rangle\rangle\; I_{Surge} = \frac{\sqrt{2}\,V_p}{r + R_{surge}}$$

서지는 교류전원을 공통으로 사용하는 다른 회로의 스위치 조작, 부하의 변동 또는 낙뢰 등에서 기인하기도 한다. 또한 서지 전압에 대해서 diode를 보호하기 위해 내압 이 수 백[V] 정도인 0.01~0.02[μF] 세라믹 콘덴서를 사용한다.

4.8 정류 다이오드(Diode) 회로 시뮬레이션

멀티심(MultiSim)을 이용하여 정류의 I회로를 해석한다.

실습 4-1 변압기 회로 시뮬레이션

(1) 회로구성

Select a Component에서 Transformer의 1P1S를 선택한다. 1차측 입력 교류전원은 220[V]로 하고 변압기 비율은 12:1로 한다.

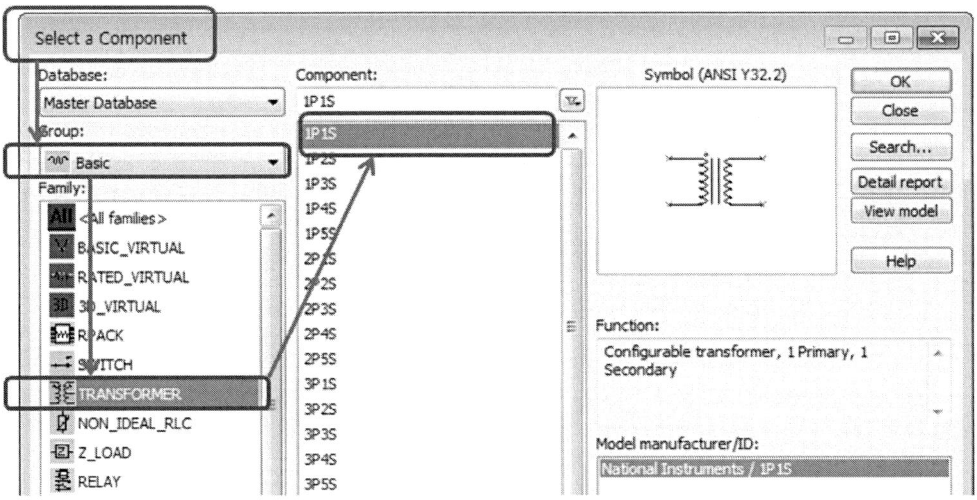

그림 4.46

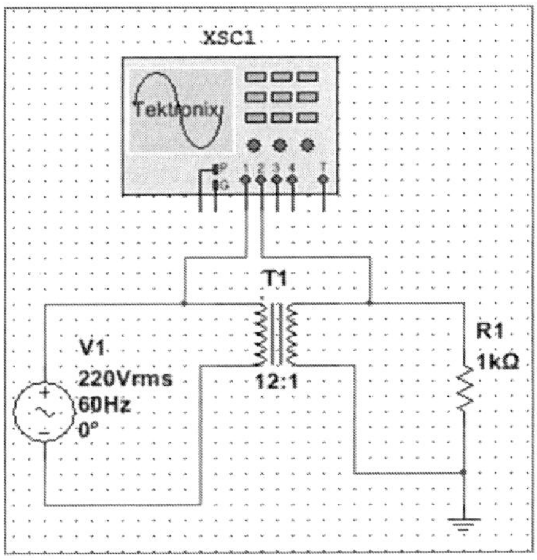

그림 4.47

(2) 시뮬레이션

① 툴바에서 Run(F5) 실행

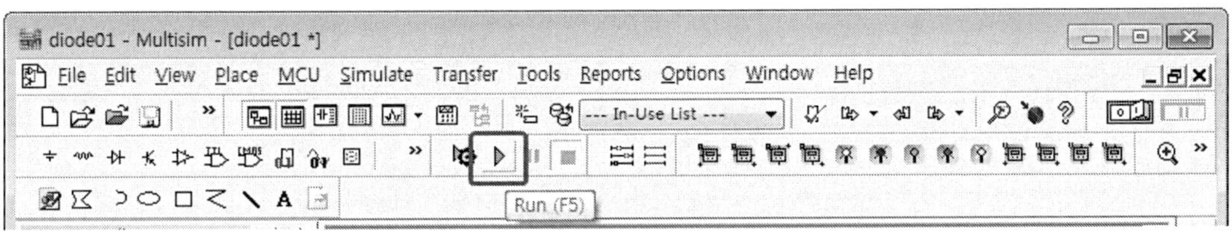

그림 4.48

② 결과 확인

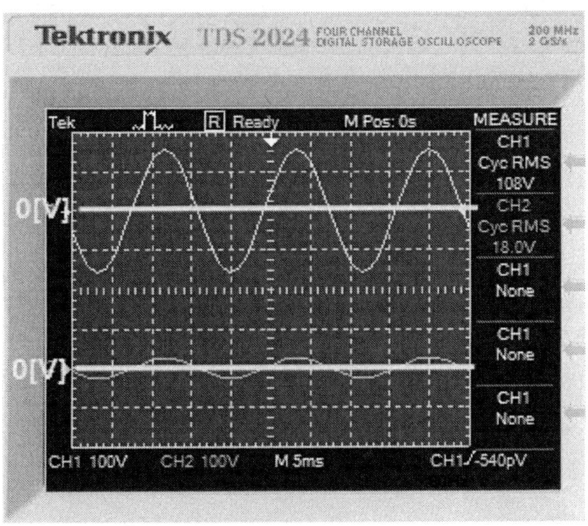

그림 4.49

(3) 검토

1) 1차측 교류 전압 220[V]는 실효값(rms)을 의미한다.
   1차측의 교류전압의 첨두값은 얼마인가? 계산식과 값을 구하라.

2) 변압기의 비율이 12:1이면 2차측의 실효값은 약 얼마인가?

3) 1차측의 교류전압의 첨두값은 얼마인가? 계산식과 값을 구하라.

실습 4-2 반파정류 회로 시뮬레이션

(1) 회로구성

Select a Component에서 SWITCHING_DIODE의 1N4148를 선택하고 [실습 4-1]의 변압기 출력에 다음과 같이 연결한다.

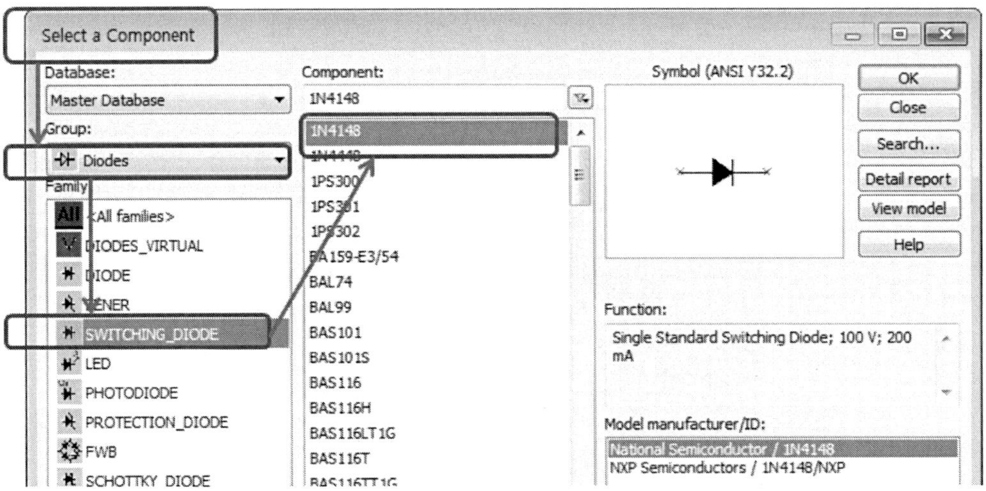

그림 4.50

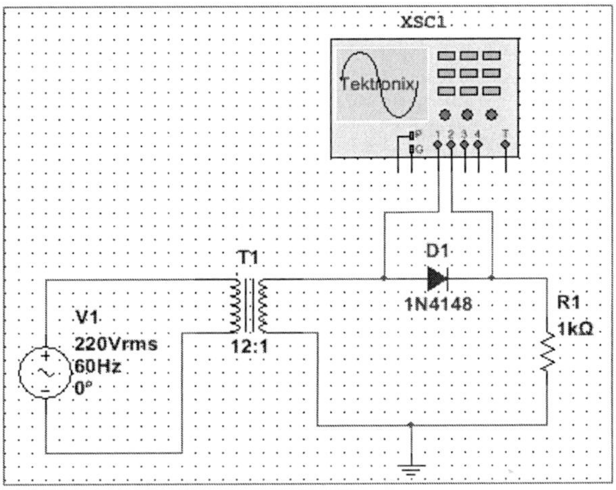

그림 4.51

(2) 시뮬레이션

① 툴바에서 Run(F5) 실행

② 결과 확인

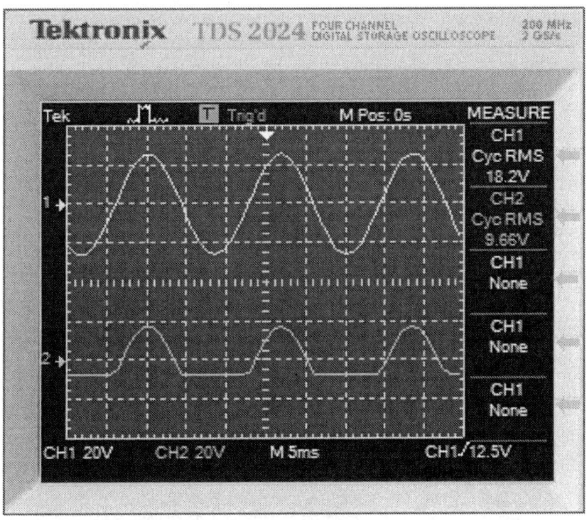

그림 4.52

(3) 검토

1) 반파 정류된 파형을 그리고 첨두값을 계산하여 표시하시오.

2) 다이오드의 PIV 값을 구하시오.

실습 4-3 전파정류 회로 시뮬레이션

(1) 회로구성

Select a Component에서 SWITCHING DIODE 1N4148를 선택하여 브리지 회로를 구성하고 [실습 4-1]의 변압기 출력에 연결한다.

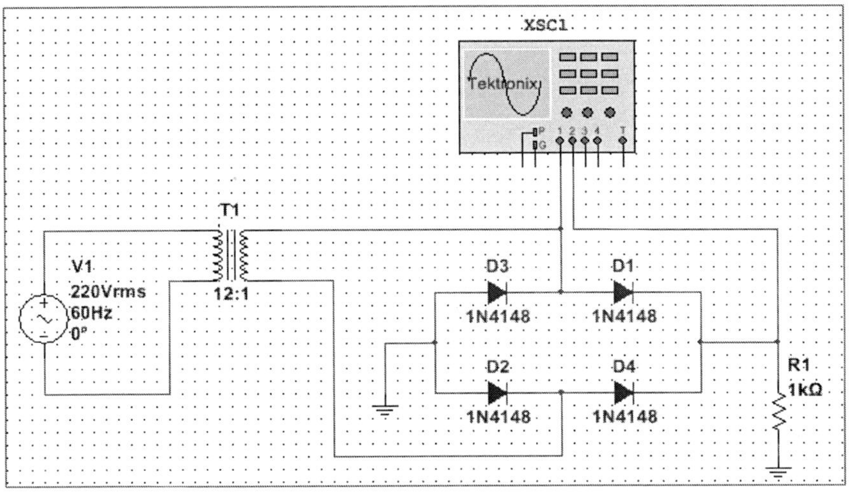

그림 4.53

(2) 시뮬레이션

① 툴바에서 Run(F5) 실행

② 결과 확인

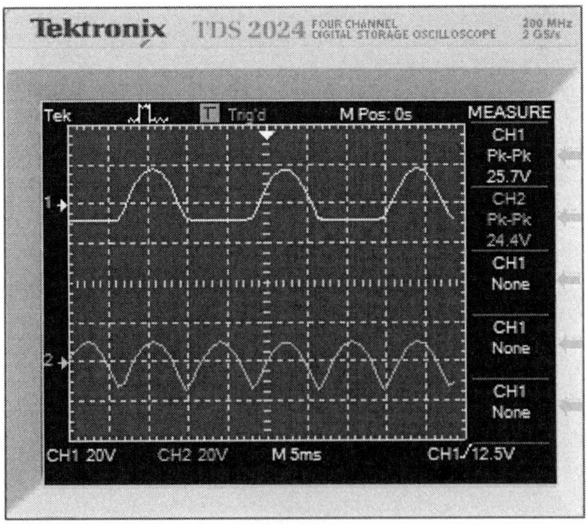

그림 4.54

3) 검토

1) 전파 정류된 파형을 그리고 첨두값을 계산하여 표시하시오.

2) 다이오드의 PIV 값을 구하시오.

실습 4-4 평활 회로 시뮬레이션

(1) 회로구성

Sclcct a Component에서 CAP_ELECTROLIT를 선택하여 전해콘덴서 1000μF을 [실습 4-2]의 전파정류 출력에 다음 그림과 같이 연결한다.

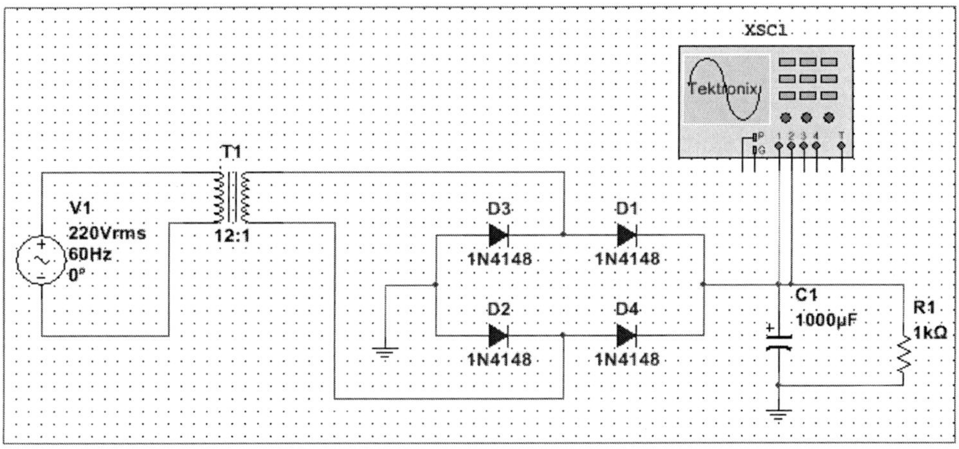

그림 4.55

(2) 시뮬레이션

① 툴바에서 Run(F5) 실행

② 결과 확인

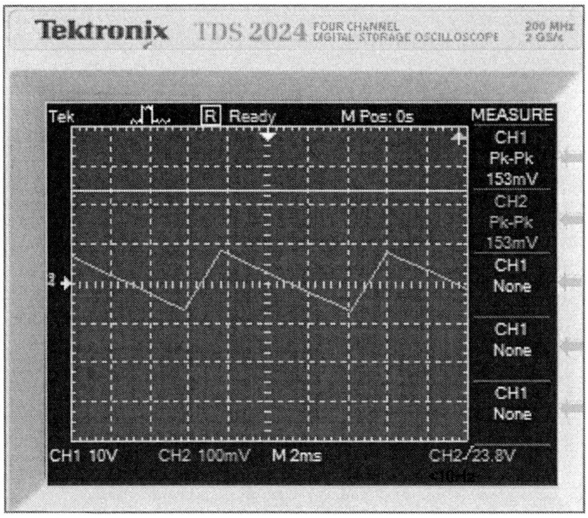

그림 4.56

3) 검토

1) 콘덴서에 반파 정류회로와 전파 정류 회로를 연결 했을 경우의 파형을 측정하고 비교하시오.

2) 그림 4.64의 회로에서 콘덴서의 용량을 100㎌, 1000㎌, 5000㎌일 경우의 파형을 측정하고 비교하시오.

실습 4-5 정류IC회로 시뮬레이션

(1) 회로구성

Select a Component에서 VOLTAGE_REGULATOR의 LM7812를 선택하여 [실습 4-4]의 평활회로 출력에 다음 그림과 같이 연결한다.

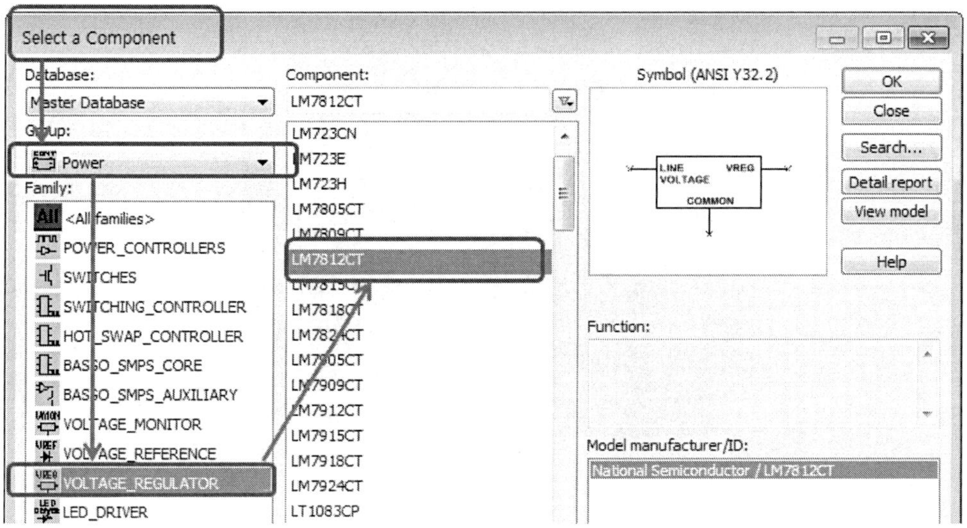

그림 4.57

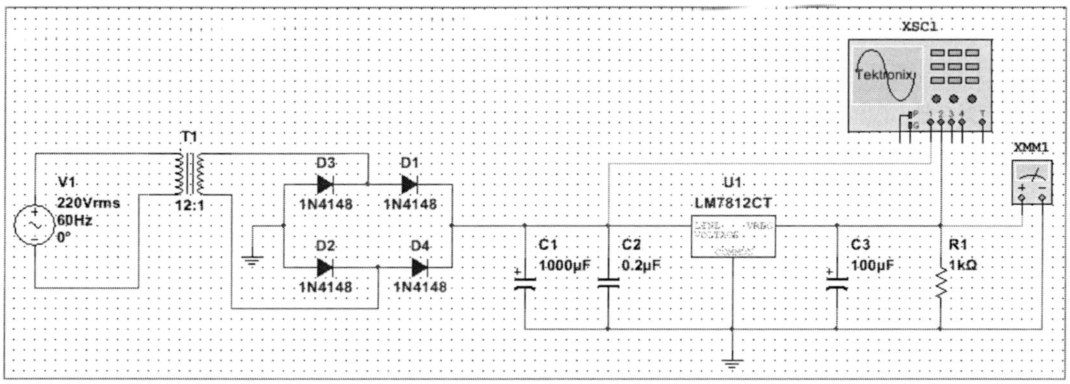

그림 4.58

(2) 시뮬레이션

① 툴바에서 Run(F5) 실행

② 결과 확인

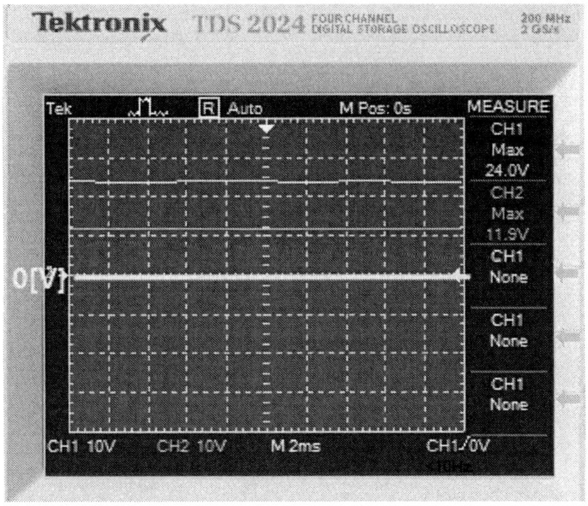

그림 4.59

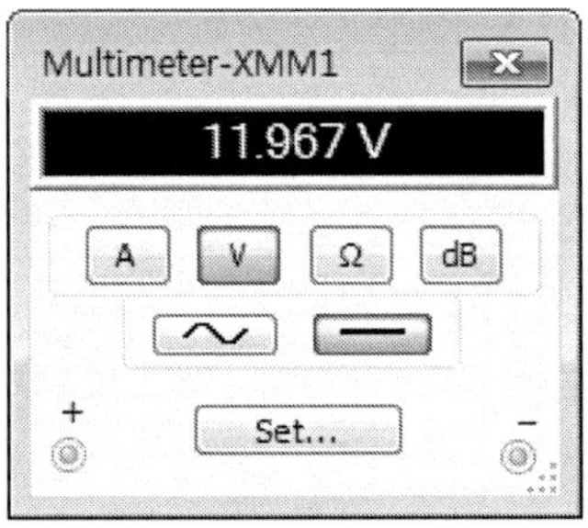

그림 4.60

3) 검토

실습 4-6 교류 220[v]로 직류 12[v]를 만드는 정전압회로를 만든다.

(1) 회로구성

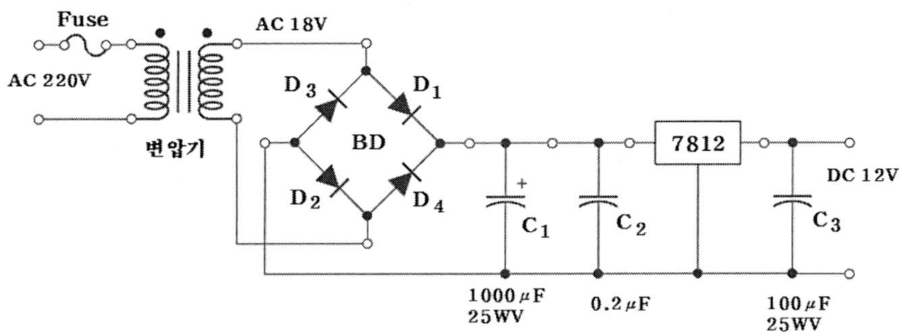

그림 4.61

그림 4.62

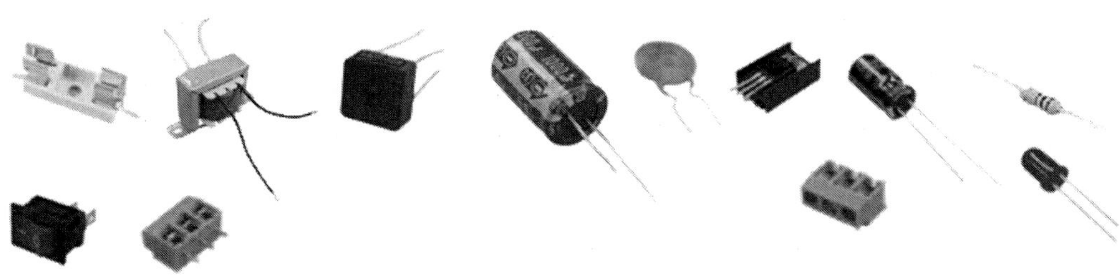

그림 4.63

(2) 회로부품

	부품	기호	정격	형명		단위
①	Fuse Fuse Holder	F			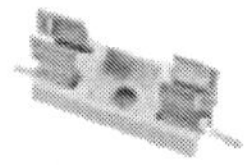	
②	변압기	T	220v-to-18v			
③	정류 다이오드	D	브리지 형			
④	콘덴서	C_1	1000μF/25WV		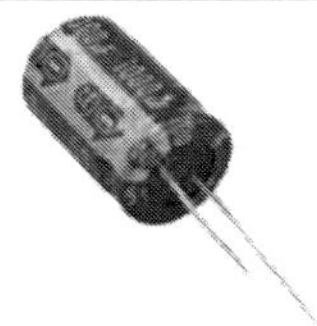	
⑤		C_2	0.2μF			
⑥		C_3	100μF/25WV			
⑦	정전압 IC		7815(1A)			
⑧	만능기판				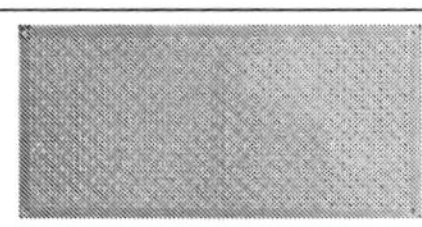	
⑨	스위치					
⑩	저항	R	2kΩ		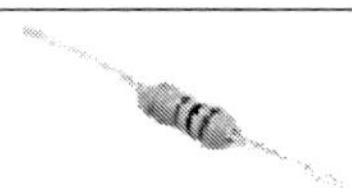	
⑪	LED	LED	적색			
⑫	기타		너트,		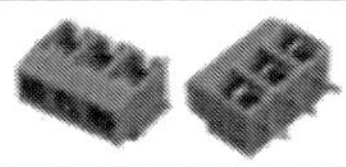	

- 각 회로 부품의 용도를 간략히 설명하시오.

	부품	기호	용도 설명
①	Fuse/Fuse Holder	F	
②	변압기	T	
③	정류 다이오드	D	
④	콘덴서	C_1	
⑤		C_2	
⑥		C_3	
⑦	정전압 IC (7812)		
⑧	스위치		
⑨	LED		

(3) 파형 예측하기

1) 변압기

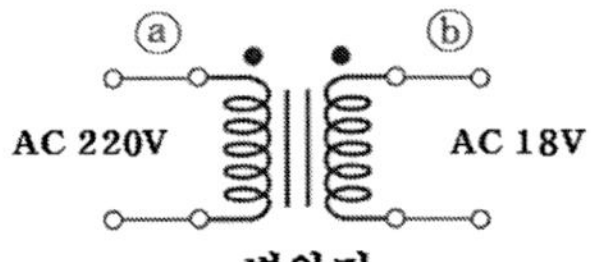

- ⓐ와 ⓑ사이의 변압 비율은 약 얼마인가?
- ⓑ에서의 교류 출력의 실효 전압은 얼마인가?
- ⓐ와 ⓑ의 전압 파형을 그리시오.

2) 브리지 정류 다이오드

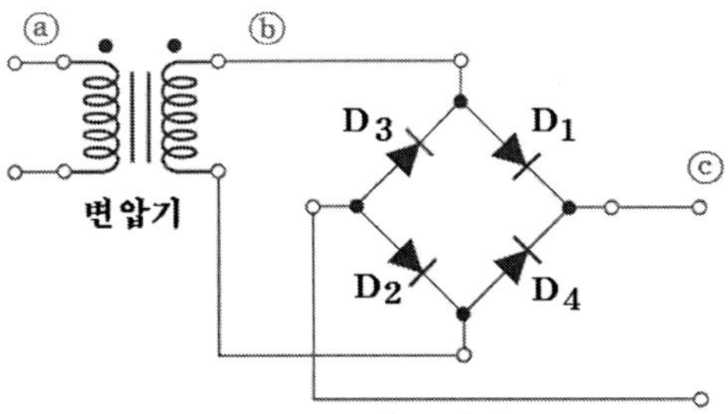

- 정류 다이오드 D_1의 PIV 값은 얼마인가?
- ⓑ와 출력 ⓒ의 파형을 그리시오.

3) 콘덴서 평활

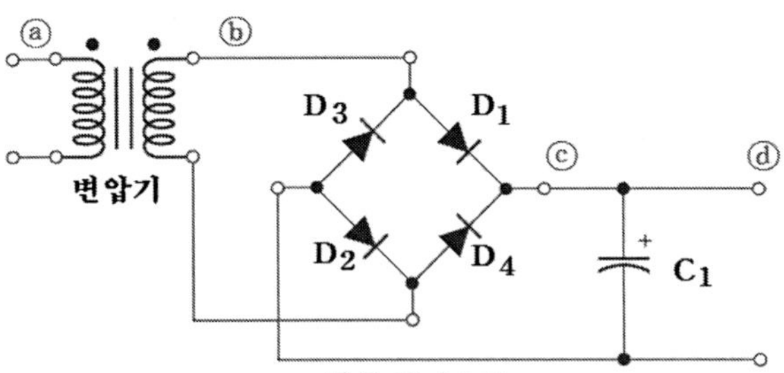

- ⓓ의 파형을 그리시오.

4) 정전압 IC 출력

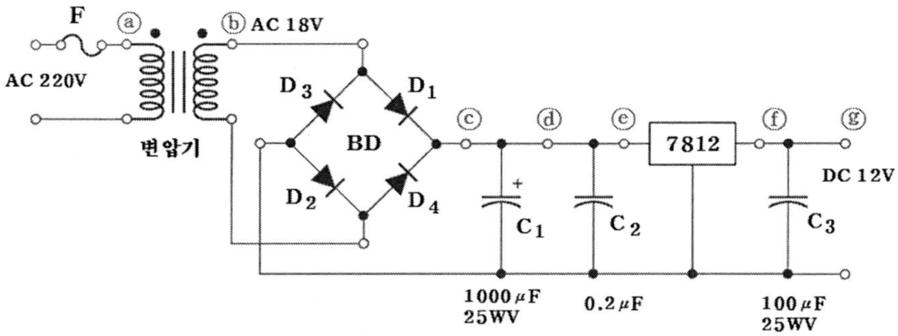

- ⓔ와 ⓕ의 파형을 그리시오.

5) LED 연결

- ⓖ에 다음과 같은 LED회로를 연결하였을 때, 저항 R과 LED에 흐르는 전류를 구하시오(단, R = 1kΩ이고 LED의 전압강하는 1.4v로 가정한다).

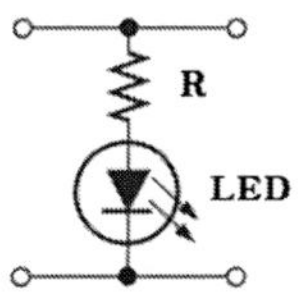

$$I_{LED} = \frac{12\text{v} - 1.8\text{v}}{1\text{k}\Omega} = \frac{10.2\text{v}}{1\text{k}\Omega} = 102[\text{mA}]$$

(4) 멀티심 시뮬레이션

1) 멀티심으로 회로를 그리시오.
2) ⓐ, ⓑ, ⓒ, ⓓ, ⓔ, ⓕ, ⓖ의 전압 파형과 값을 측정하시오.
3) ⓖ의 전류를 측정하시오.

(5) 만능기판 제작

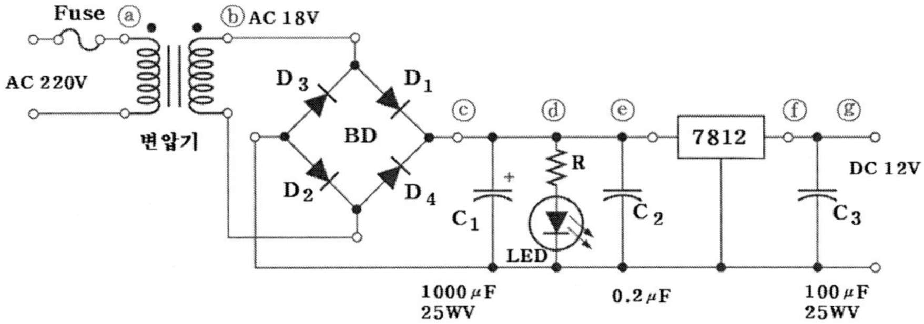

1) 부품배치도 그리기(부품면)

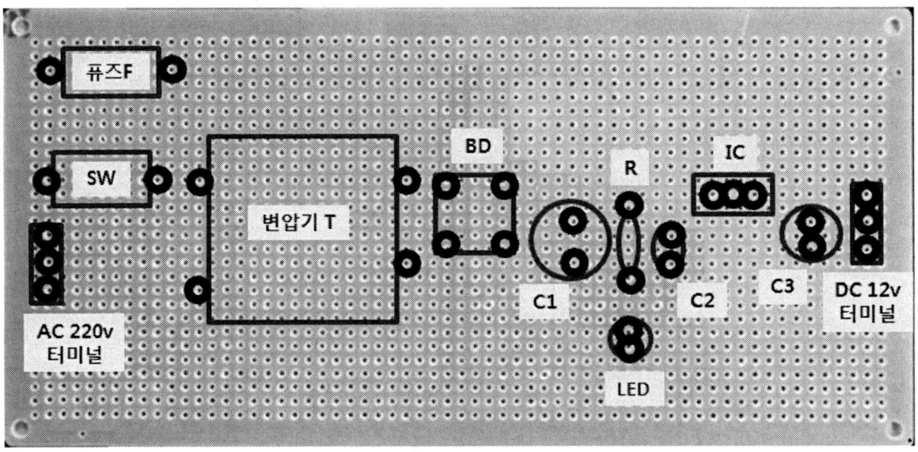

2) 배선도 그리기 (뒤면, 납땜할 면)

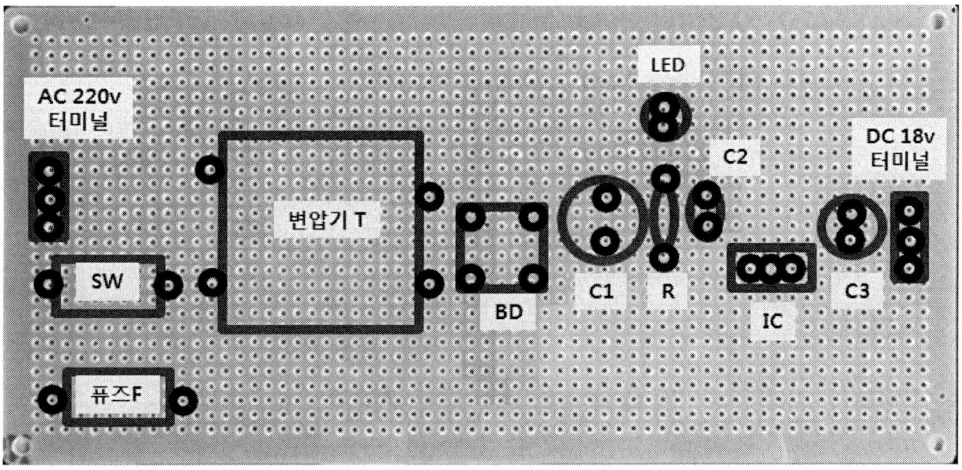

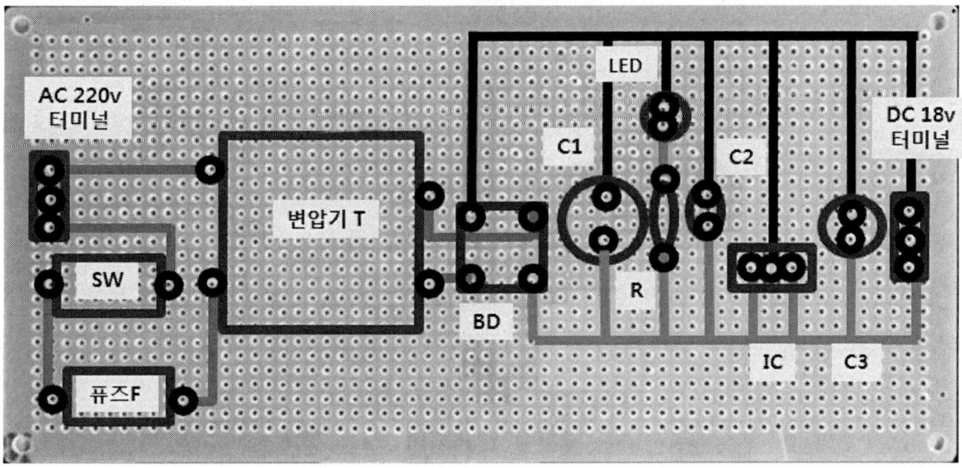

3) Soldering

(6) 실험 측정

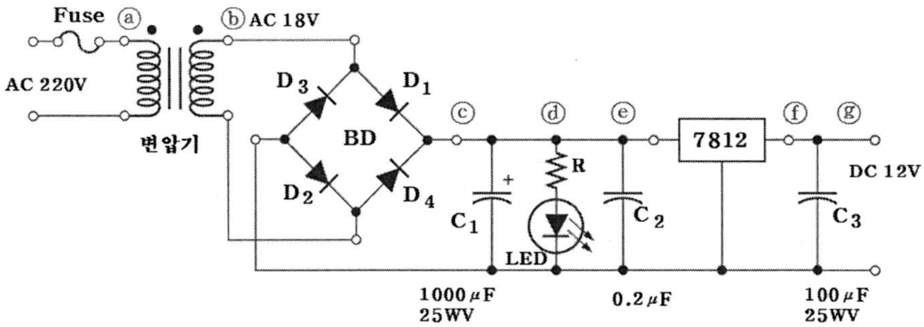

	ⓐ	ⓑ	ⓒ	ⓓ	ⓖ
계산 값					
시뮬레이션					
측정 값					
오차(%)					

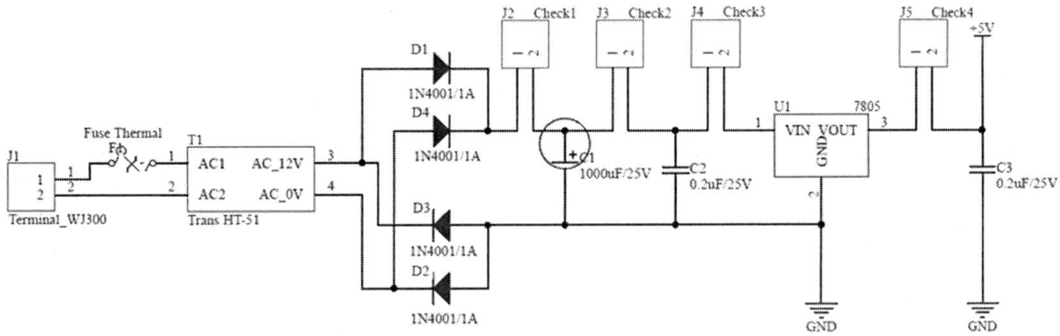
J2 Check1
J3 Check2
J4 Check3
J5 Check4
+5V
D1
1N4001/1A
D4
1N4001/1A
Fuse Thermal
F1
T1
J1
AC1
AC_12V
AC2
AC_0V
Terminal_WJ300
Trans HT-51
C1
1000uF/25V
C2
0.2uF/25V
U1
7805
VIN
VOUT
GND
C3
0.2uF/25V
D3
1N4001/1A
D2
1N4001/1A
GND
GND

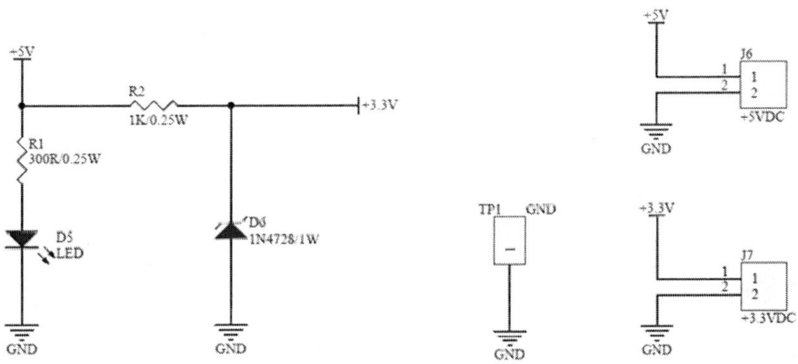
+5V
R2
1K/0.25W
+3.3V
R1
300R/0.25W
D5
LED
D6
1N4728/1W
GND
GND
TP1
GND
GND
+5V
J6
+5VDC
GND
+3.3V
J7
+3.3VDC
GND

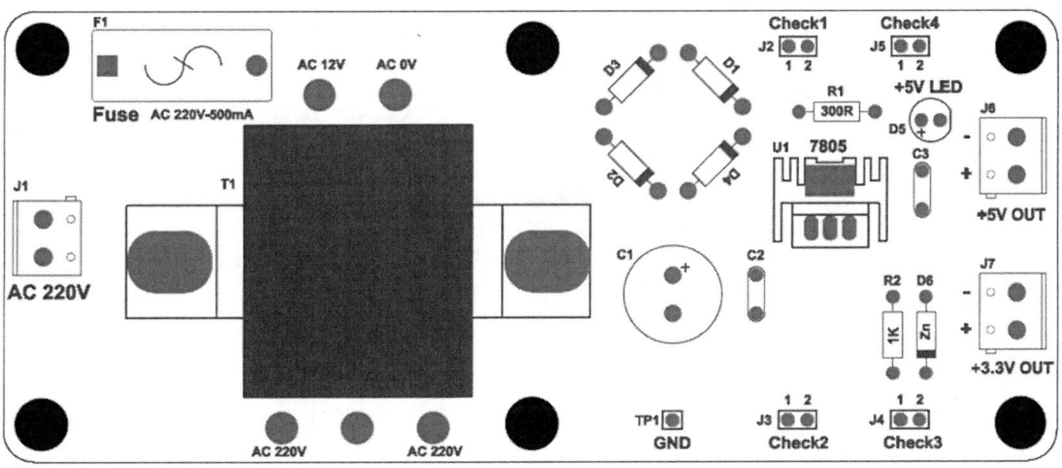
F1
Fuse
AC 220V-500mA
AC 12V
AC 0V
J1
T1
AC 220V
AC 220V
AC 220V
Check1
Check4
J2
J5
D3
D1
D2
D4
R1
300R
+5V LED
D5
J6
U1
7805
C3
+5V OUT
C1
C2
R2
D6
1K
Zn
J7
+3.3V OUT
TP1
GND
J3
Check2
J4
Check3

Chapter 5

특수목적 다이오드

5.1 제너 다이오드

정류용 다이오드는 항복영역에서 동작시키면 손상된다. 그러나 제너 다이오드는 항복영역에서도 동작되도록 만들어진 다이오드이다. 즉 항복영역에서 동작할 수 없는 일반적인 다이오드와는 달리 제너 다이오드는 항복영역에서 제 성능을 발휘하도록 되어 있다. 제작과정에서 불순물 도핑 준위를 변화시키면 제너 다이오드의 항복전압을 조절할 수 있다. 따라서 제너 다이오드를 항복 다이오드라고도 하며, 직류전압의 전압 안정화를 위한 회로에 사용된다.

(1) 제너 다이오드의 기호

제너 다이오드에 대한 기호를 그림 5.1에 나타내었다. 제너 다이오드의 단자는 각각 애노드(Anode)와 캐소드(Cathode)로 되어 있다. 제너 다이오드에서 제너동작은 전류의 방향이 캐소드에서 애노드로 흐를 때 일어난다.

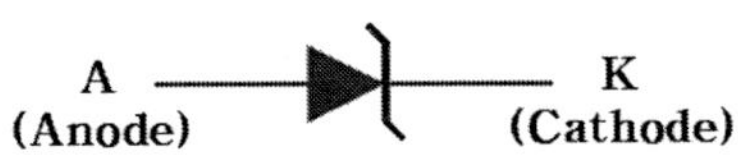

그림 5.1 제너 다이오드 기호

(2) 제너 다이오드의 전압-전류 특성

일반 정류 다이오드나 제너 다이오드는 순방향으로 바이어스 되면, 그림 5.2에 나타낸 전압-전류 특성곡선처럼 동일한 특성을 가진다. 그러나 역방향으로 바이어스 되면 정류 다이오드는 인가된 전압이 역방향 항복전압 V_{BR}을 넘으면, 전류는 급격히 증가하여 파괴되지만, 제너 다이오드는 인가된 전압이 역방향 제너전압 V_Z를 넘으면, 전류가 급격히 증가하여 출력전압이 제너전압 V_Z로 일정해진다.

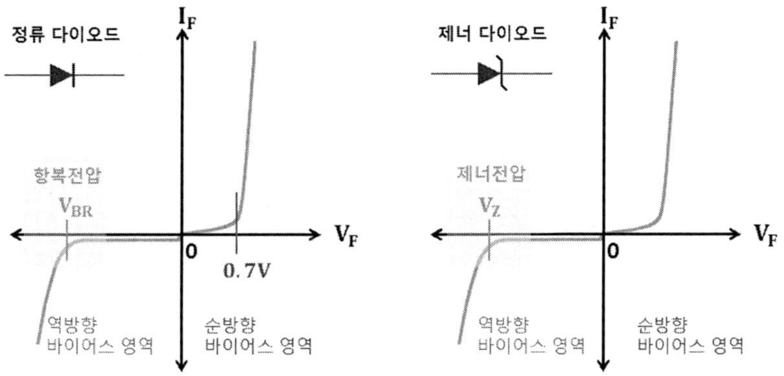

그림 5.2 정류 다이오드와 제너 다이오드의 특성 곡선 비교

(3) 에벌랜치 항복과 제너항복

제너 다이오드의 역방향 항복에는 애벌랜치 항복과 제너항복 두 가지 형태가 있다. 아주 높은 역방향 전압을 제너 다이오드에 인가시키면 애벌랜치 항복이 정류용 다이오드와 제너 다이오드 모두에서 발생된다. 제너항복(zener breakdown)은 제너 다이오드에서 낮은 역방향 전압을 인가시켰을 때 발생된다.

대략 5[v] 이하의 항복전압을 가지는 제너 다이오드는 주로 제너항복에 의해 동작하고, 5[v] 이상의 항복전압을 가지는 경우 보통 애벌랜치 항복(avalanche breakdown)에 의해 동작한다. 그러나 두 가지 형태 모두를 제너 다이오드라고 부른다. 상업적으로 이용되는 제너다이오드는 보통 1.8V에서 200[v]까지의 항복전압을 가진다.

(4) 제너 다이오드의 정전압 발생

제너다이오드가 소자 양단의 전압을 일정하게 유지시킬 수 있는 특성은 제너다이오드의 중요한 특징으로, 제너 다이오드는 역방향 전류의 정해진 범위 내에서 거의 일정한 전압(V_Z)을 유지하기 때문에 정전압조정 회로에 사용된다. 그림 5.3은 전원회로에서 리플을 제거하며 정전압을 만드는 예를 설명한 것으로 제너 다이오드에 제너 전압보다 큰 입력전압($V_{in} > V_Z$)이 병렬로 가해지면, 제너 다이오드 양단에는 일정한 전압 V_Z가 발생하는 것을 보여 준다. 그림 5.4는 정전압 발생에 따른 제너 다이오드의 종류이다.

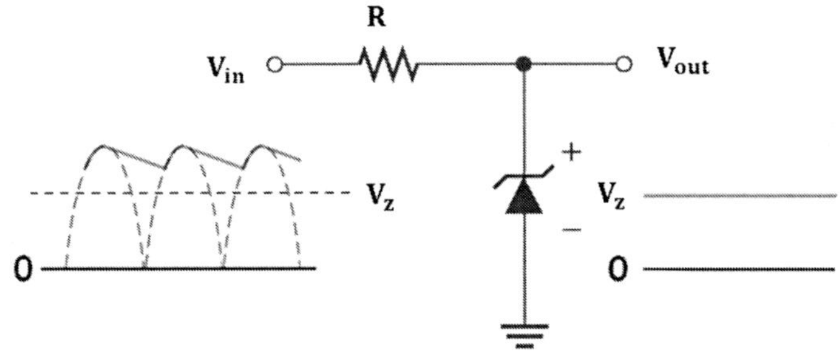

그림 5.3 제너 다이오드의 정전압 조정

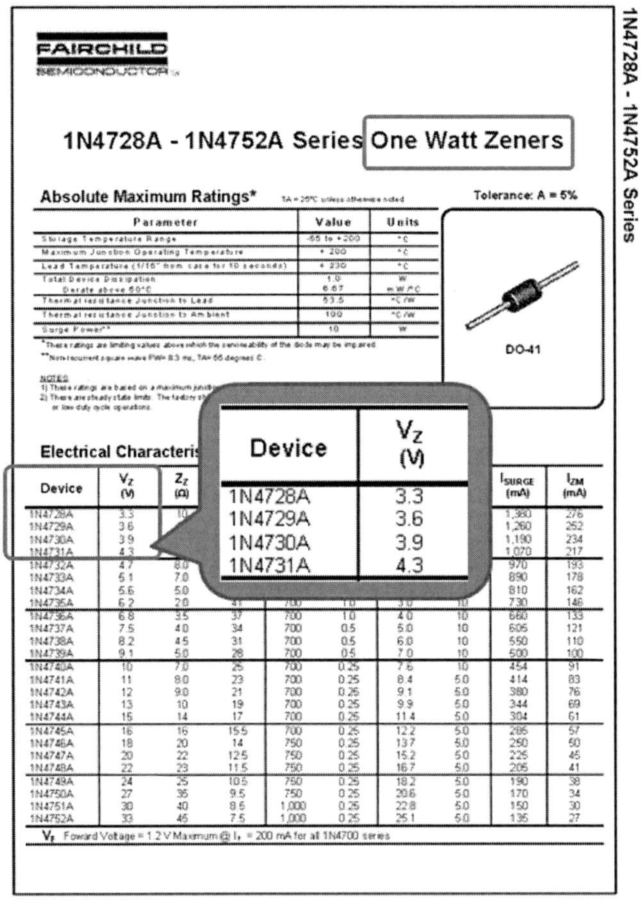

FAIRCHILD
SEMICONDUCTOR

1N4728A - 1N4752A Series

1N4728A - 1N4752A Series One Watt Zeners

Absolute Maximum Ratings* TA = 25°C unless otherwise noted

Tolerance: A = 5%

Parameter	Value	Units
Storage Temperature Range	-65 to +200	°C
Maximum Junction Operating Temperature	+ 200	°C
Lead Temperature (1/16" from case for 10 seconds)	+ 230	°C
Total Device Dissipation Derate above 50°C	1.0 6.67	W mW/°C
Thermal resistance Junction to Lead	53.5	°C/W
Thermal resistance Junction to Ambient	100	°C/W
Surge Power**	10	W

*These ratings are limiting values above which the serviceability of the diode may be impaired.
**Non-recurrent square wave PW= 8.3 ms, TA= 55 degrees C.

NOTES
1) These ratings are based on a maximum junction ...
2) These are steady state limits. The factory ...
or low duty cycle operations.

DO-41

Device	V_Z (V)
1N4728A	3.3
1N4729A	3.6
1N4730A	3.9
1N4731A	4.3

Electrical Characteris...

Device	V_Z (V)	Z_Z (Ω)						I_{SURGE} (mA)	I_{ZM} (mA)
1N4728A	3.3	10						1,380	276
1N4729A	3.6							1,260	252
1N4730A	3.9							1,190	234
1N4731A	4.3							1,070	217
1N4732A	4.7	8.0						970	193
1N4733A	5.1	7.0						890	178
1N4734A	5.6	5.0						810	162
1N4735A	6.2	2.0	41	700	1.0	3.0	10	730	146
1N4736A	6.8	3.5	37	700	1.0	4.0	10	660	133
1N4737A	7.5	4.0	34	700	0.5	5.0	10	605	121
1N4738A	8.2	4.5	31	700	0.5	6.0	10	550	110
1N4739A	9.1	5.0	28	700	0.5	7.0	10	500	100
1N4740A	10	7.0	25	700	0.25	7.6	10	454	91
1N4741A	11	8.0	23	700	0.25	8.4	5.0	414	83
1N4742A	12	9.0	21	700	0.25	9.1	5.0	380	76
1N4743A	13	10	19	700	0.25	9.9	5.0	344	69
1N4744A	15	14	17	700	0.25	11.4	5.0	304	61
1N4745A	16	16	15.5	700	0.25	12.2	5.0	285	57
1N4746A	18	20	14	750	0.25	13.7	5.0	250	50
1N4747A	20	22	12.5	750	0.25	15.2	5.0	225	45
1N4748A	22	23	11.5	750	0.25	16.7	5.0	205	41
1N4749A	24	25	10.5	750	0.25	18.2	5.0	190	38
1N4750A	27	35	9.5	750	0.25	20.6	5.0	170	34
1N4751A	30	40	8.5	1,000	0.25	22.8	5.0	150	30
1N4752A	33	45	7.5	1,000	0.25	25.1	5.0	135	27

V_F Forward Voltage = 1.2 V Maximum @ I_F = 200 mA for all 1N4700 series

©1997 Fairchild Semiconductor Corporation

그림 5.4 제너 다이오드의 종류

5.2 제너 다이오드의 응용

제너다이오드는 직류전원회로에서 정전압조정기로 사용된다.

(1) 입력전압의 변화에 따른 제너 정전압조정

제너다이오드는 정전압조정기로 많이 사용된다. 그림 5.5는 제너 정전압 조정기를 나타내고 있다. 입력전압이 제한된 범위 내에서 변화할 때 제너다이오드는 출력단자 양단의 전압을 거의 일정하게 유지한다. R은 직렬 전류제한 저항이다.

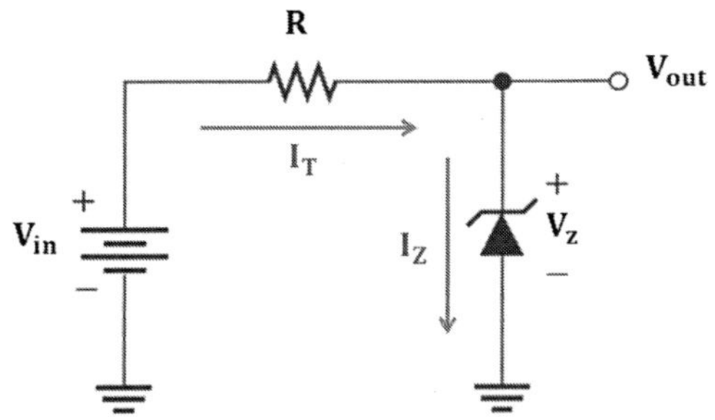

그림 5.5 제너 정전압 조정기

예제 5.1

입력전압 $V_{in}=12[\text{V}]$이고, 제너 다이오드의 역방향 항복전압 $V_Z=5[\text{V}]$일 때, 전류제한 저항과 부하저항이 각각 $R=100\Omega$과 $R_L=100\Omega$이라면, 제너 다이오드에 흐르는 전류 I_Z와 소모되는 전력 P_Z를 구하라.

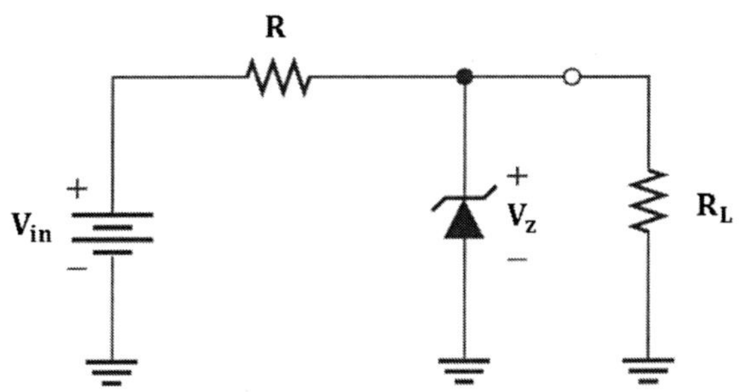

그림 5.6 5[V] 출력을 갖는 제너 정전압조정기

[풀이]

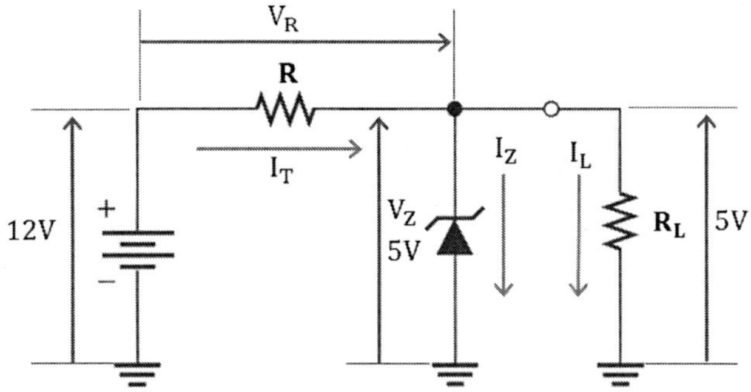

그림 5.7

① 전류제한 저항 양단에 발생하는 전압

$$V_R = V_{in} - V_Z$$

$$= 12[\mathrm{V}] - 5[\mathrm{V}] = 7[\mathrm{V}]$$

② 전류제한 저항에 흐는 전류

$$I_T = \frac{V_R}{R}$$

$$= \frac{7[\mathrm{V}]}{0.1[\mathrm{k}\Omega]} = 70[\mathrm{mA}]$$

③ 부하저항에 흐르는 전류

$$I_L = \frac{V_Z}{R_L}$$

$$= \frac{5[\mathrm{V}]}{0.1[\mathrm{k}\Omega]} = 50[\mathrm{mA}]$$

④ 제너 다이오드에 흐르는 전류

$$I_T = I_Z + I_L$$

$$I_Z = I_T - I_L$$

$$= 70[\mathrm{mA}] - 50[\mathrm{mA}] = 20[\mathrm{mA}]$$

⑤ 제너 다이오드에서 소모되는 전력

$$P_Z = V_Z \times I_Z$$

$$= 5[\mathrm{V}] \times 20[\mathrm{mA}] = 100[\mathrm{mW}]$$

■

(2) 부하 변화에 따른 제너 정전압조정

그림 5.8은 제너 다이오드와 병렬로 가변 부하저항을 연결한 제너 정전압 조정기를 나타낸 회로이다. 제너 다이오드는 R_L 양단에 거의 일정한 전압을 유지한다. 이것을 부하 전압변동률(load regulation)이라고 부른다.

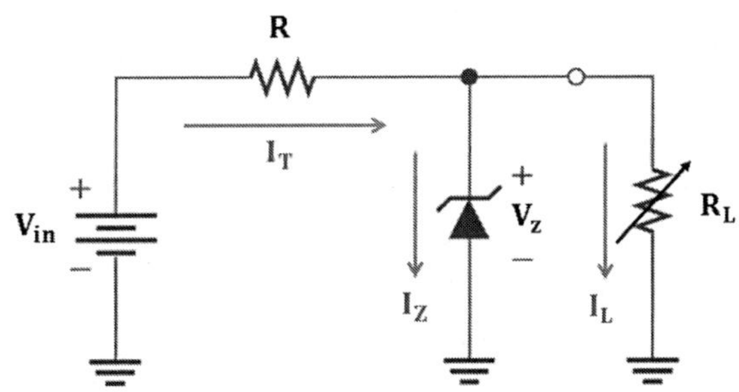

그림 5.8 가변 부하에 대한 제너 정전압조정

부하저항의 변동에 따른 제어 동작을 검토하기 위하여 앞의 예제 5.1에서 전류제한 저항 $R_L = 50\Omega$으로 변화시켜 구해보자.

전류제한 저항 양단에 발생하는 전압

$$V_R = V_{in} - V_Z$$

$$= 12[\mathrm{V}] - 5[\mathrm{V}] = 7[\mathrm{V}]$$

전류제한 저항에 흐는 전류

$$I_T = \frac{V_R}{R}$$

$$= \frac{7[\mathrm{V}]}{0.1[\mathrm{k}\Omega]} = 70[\mathrm{mA}]$$

부하저항에 흐르는 전류

$$I_L = \frac{V_Z}{R_L}$$

$$= \frac{5[\mathrm{V}]}{0.05[\mathrm{k}\Omega]} = 100[\mathrm{mA}]$$

제너 다이오드에 흐르는 전류

$$I_T = I_Z + I_L$$

$$I_Z = I_T - I_L$$

$$= 70[\mathrm{mA}] - 100[\mathrm{mA}] = -30[\mathrm{mA}]$$

그런데 $I_Z < 0$이 될 수 없으므로, 이 회로에서 제너 다이오드는 동작하지 않는다. 즉, 다음 그림과 같이 제너 다이오드가 개방(open)된 것과 같다.

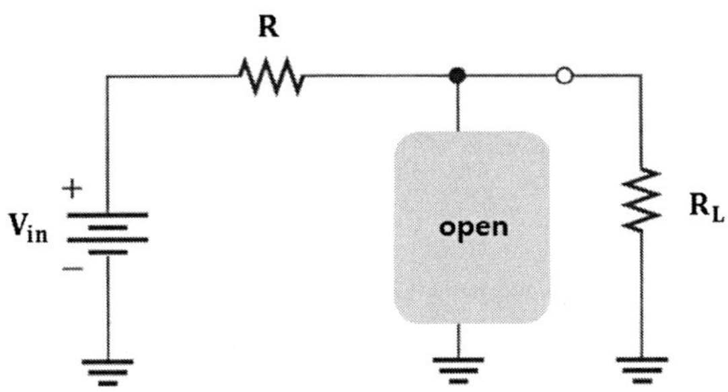

그림 5.9 제너 개방

그러므로 부하저항에 발생하는 출력 전압은 제너 전압인 5V가 나타나지 않고 R과 R_L의 전압 분배에 의하여 4V의 전압만 발생한다.

$$V_L = \frac{R_L}{R + R_L}$$

$$= \frac{50\Omega}{100\Omega + 50\Omega} \times 12[\mathrm{V}] = 4[\mathrm{V}]$$

제너 다이오드가 동작하려면 $I_Z > 0$되어야 하므로, 부하저항 값이 변하여 제너 다이오드에 흐르는 전류$I_Z = 0$가 되는 부하저항 값이 최대의 허용 범위가 될 것이다.

즉, $I_T = I_L$가 되는 부하 저항을 구하면 된다.

$$I_T = \frac{V_R}{R} \text{이고} \quad I_L = \frac{V_Z}{R_L} \text{이므로}$$

$$\frac{V_R}{R} = \frac{V_Z}{R_L}$$

$$R_L = \frac{V_Z}{I_T} = V_Z \times \frac{R}{V_R} = \frac{V_Z}{V_{in} - V_Z} \times R$$

예제 5.2

예제 5.1의 제너 다이오드 회로에서 부하저항의 최소값 $R_{L(\min)}$을 구하라.

[풀이]

① 전류제한 저항 양단에 발생하는 전압

$$V_R = V_{in} - V_Z$$

$$= 12[\mathrm{V}] - 5[\mathrm{V}] = 7[\mathrm{V}]$$

② 전류제한 저항에 흐는 전류

$$I_T = \frac{V_R}{R}$$

$$= \frac{7[\mathrm{V}]}{0.1[\mathrm{k}\Omega]} = 70[\mathrm{mA}]$$

③ 제너 다이오드에 흐르는 전류 I_Z가 0이 되게 하는 최소 부하저항 $R_{L(\min)}$

$$R_{L(\min)} = \frac{V_Z}{I_T}$$

$$= \frac{5[\mathrm{V}]}{70[\mathrm{mA}]} \simeq 72[\Omega]$$

부하저항 $R_L > 72\Omega$이면 제너 다이오드는 정전압기능을 할 수 있게 된다.
즉, $72\Omega \sim \infty$ 범위에서 정전압조정이 가능하다.

■

예제 5.3

$V_S = 10[\text{V}]$일 때 $V_Z = 6[\text{V}]$가 되는 제너다이오드를 사용하여 부하저항의 전압이 $V_L = 6[\text{V}]$이 되도록 하려고 한다.

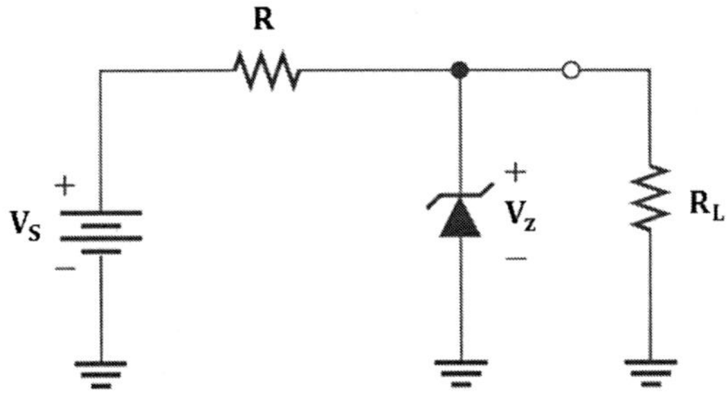

그림 5.10 예제 5.3

[풀이]

$R_L = 100[\Omega]$라면, $V_S > V_Z$이므로 부하저항 R_L에 흐르는 전류I_L은 다음과 같이 된다.

$$I_L = \frac{V_L}{R_L}$$

$$= \frac{6[\text{V}]}{100[\Omega]} = 60[\text{mA}]$$

만일 $R = 1[\text{k}\Omega]$이라면, $V_R = 4[\text{V}]$가 되고, 전류 I_R은 다음과 같다.

$$I_R = \frac{V_R}{R}$$

$$= \frac{4[\text{V}]}{1[\text{k}\Omega]} = 4[\text{mA}]$$

그러나, 이것은 $I_R = I_Z + I_L$이 되어야 하므로 부하저항에는 6[V]의 전압이 발생할 수 없음을 보여준다.

즉, $R_L = 100[\Omega]$인 부하에 6[V]의 전압이 발생되기 위해서는 저항 R을 통해 공급되는 전류가 60[mA] 이상이 되어야 함을 의미한다. 이 조건을 만족하기 위해서는 입력전압 V_S를 더 크게 하거나, V_S가 고정되어 있다면 저항 R값을 조정하여 전류가 많이 흐를 수 있도록 하여야 한다.

먼저, $V_S = 10[\mathrm{V}]$이고, $R = 10[\Omega]$인 경우를 고려하자.

$$I_R = \frac{V_R}{R}$$

$$= \frac{4[\mathrm{V}]}{10[\Omega]} = 400[\mathrm{mA}]$$

$$I_Z = I_R - I_L$$

$$= 400[\mathrm{mA}] - 60[\mathrm{mA}] = 340[\mathrm{mA}]$$

제너다이오드에서 소모되는 전력 P_Z는 다음과 같다.

$$P_Z = V_Z \times I_Z$$

$$= 6[\mathrm{V}] \times 340[\mathrm{mA}] = 2040[\mathrm{mW}]$$

이것은 공급되는 400[mA]의 전류 가운데 60[mA]만 부하에서 소모하고 나머지 340[mA]는 제너다이오드를 통해서 소모시켜야 되는 것을 의미한다. 전력의 효율성이 떨어지며, 구현을 위한 제너다이오드 정격이 2.05[W]이상이 되어야한다.

다음으로 $V_S = 10[\mathrm{V}]$이고, $R = 50[\Omega]$인 경우를 고려하자.

$$I_R = \frac{V_R}{R}$$

$$= \frac{4[\mathrm{V}]}{50[\Omega]} = 80[\mathrm{mA}]$$

$$I_Z = I_R - I_L$$

$$= 80[\mathrm{mA}] - 60[\mathrm{mA}] = 20[\mathrm{mA}]$$

제너다이오드에서 소모되는 전력 P_Z는 다음과 같다.

$$P_Z = V_Z \times I_Z$$

$$= 6[\mathrm{V}] \times 20[\mathrm{mA}] = 120[\mathrm{mW}]$$

이것은 공급되는 80[mA]의 전류 가운데 60[mA]만 부하에서 소모하고 나머지 20[mA]는 제너다이오드를 통해서 소모시키게 되고 전력의 효율성이 개선됨을 알 수 있다. 구현을 위한 제너다이오드 정격도 120[mW]이상이면 된다.

다만, 저항에서 소모되는 전력 P_R이 다음과 같으므로 0.5[W]이상의 저항을 사용해야 한다.

$$P_R = V_R \times I_R$$

$$= 4[\mathrm{V}] \times 80[\mathrm{mA}] = 320[\mathrm{mW}]$$

■

(3) 제너 다이오드의 진폭 제한작용

제너 다이오드는 정전압조정기 외에 전압의 진폭을 원하는 레벨로 제한할 수 있는 회로에 사용된다.

그림 5.11~13는 제너다이오드의 진폭 제한작용(limiting)을 하는 3가지 회로를 나타낸 것이다. 그림 5.11는 정해진 제너전압으로 신호전압의 정의 첨두 부분을 제한한 것을 나타낸다. 부의 반주기 동안에 제너다이오드는 순방향 바이어스 다이오드와 같이 동작하고, 부의 전압을 −0.7[V]로 제한한다.

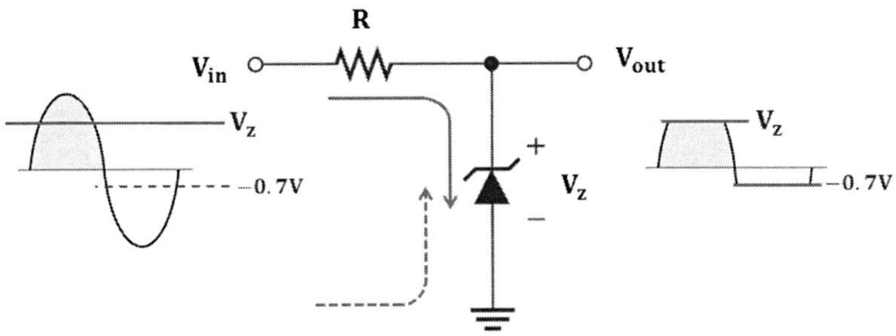

그림 5.11 정현파 입력전압에 대한 제너 제한 동작1

그림 5.12과 같이 제너다이오드의 방향을 바꾸었을 때 부의 첨두 부분은 정해진 제너 전압으로 제한되고, 정의 전압은 0.7[V]로 제한된다.

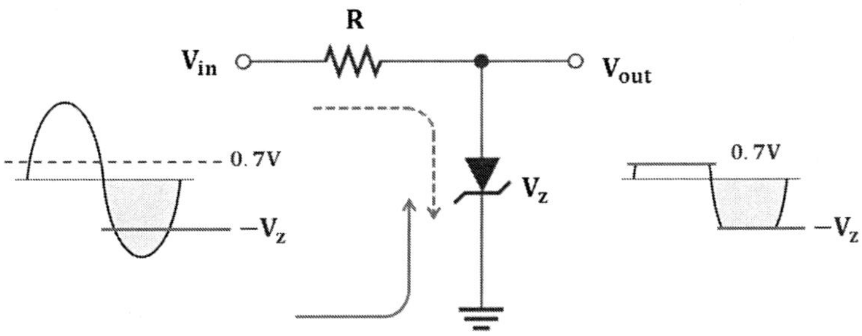

그림 5.12 정현파 입력전압에 대한 제너 제한 동작2

그림 5.13와 같이 두 개의 제너다이오드가 서로 반대 방향으로 연결되면 제너전압과 0.7[V]의 합으로 첨두값을 제한한다. 정의 반주기 동안에 D_2는 제너 리미터로서 기능하고, D_1은 순방향 바이어스 다이오드로서 기능을 한다. 부의 반주기 동안에는 제너다이오드가 반대의 역할로 동작한다.

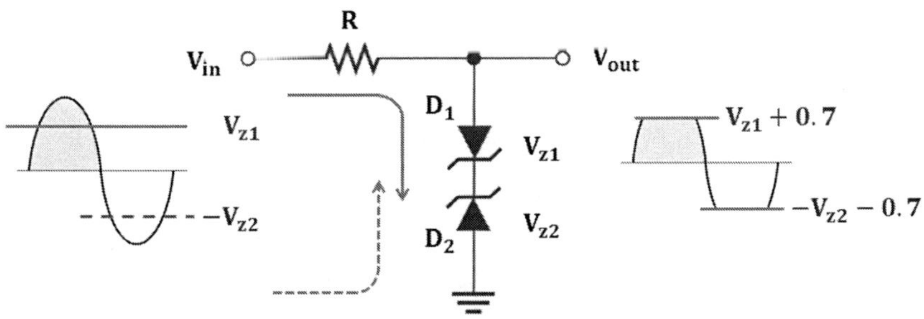

그림 5.13 정현파 입력전압에 대한 제너 제한 동작3

예제 5.4

$Z_1 = 3.3\,V$이고 $Z_2 = 5.1\,V$일 때, 그림 5.14에 나타낸 제너 제한회로에 대해 출력전압을 결정하라.

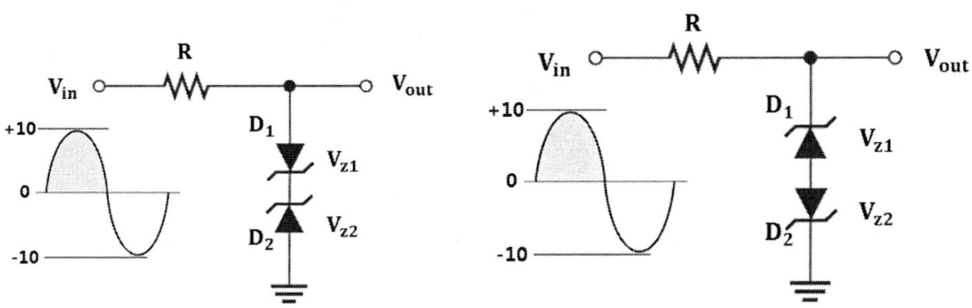

(a) (b)

그림 5.14 예제 5.4

[풀이]
그림 5.14에 출력전압의 결과를 나타내었다. 하나의 제너다이오드에서 항복이 일어날 때 다른 하나는 양단에 약 0.7[V]로 순방향 바이어스 된다.

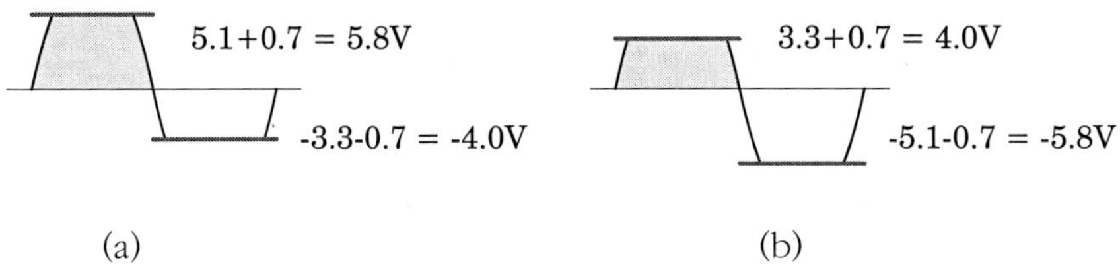

그림 5.15 회로의 출력파형

■

5.3 버랙터 다이오드

버랙터 다이오드는 다이오드의 접합면에 존재하는 접합 커패시턴스가 역방향 바이어스의 크기에 따라 변하는 가변 커패시턴스 다이오드이다. 버랙터 다이오드는 통신 시스템의 동조회로에 사용된다. 버랙터(varactor) 다이오드는 역방향 바이어스에서 동작하는 pn접합 다이오드로서 공핍층의 고유 커패시턴스가 최대가 되도록 불순물을 도핑한 것이다. 역방향 바이어스에 의해 넓어진 공핍층은 비전도 특성 때문에 유전체와 같은 작용을 한다. 그림 5.15에 나타낸 것처럼 p와 n영역은 커패시터 극판으로 작용한다.

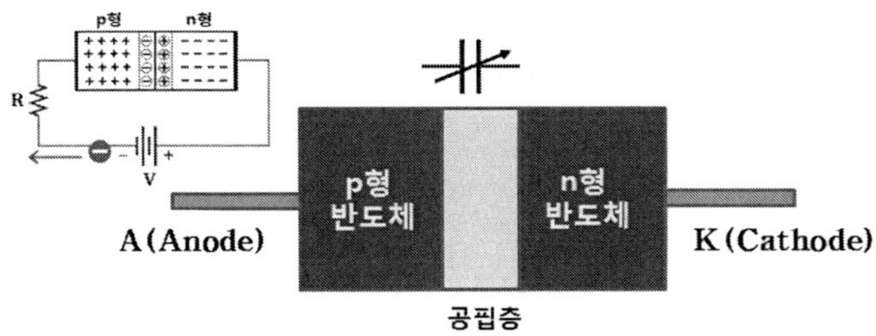

그림 5.16 역방향 바이어스된 버랙터 다이오드

(1) 버랙터 다이오드의 기본동작

커패시턴스는 극판 면적(A), 유전상수(ϵ) 그리고 유전체 두께(d)에 의해 결정되며, 다음 식으로 나타낼 수 있다.

$$C=\frac{A\times\epsilon}{d}$$

버랙터 다이오드에서 커패시턴스 크기는 pn 접합 부근의 도핑방법 및 다이오드 구조의 크기와 모양에 의해 결정된다. 일반적인 버랙터 커패시턴스는 수 pF~수백 pF의 범위이다.

(a) 역방향 바이어스 증가하면 커패시턴스 감소 (b) 역방향 바이어스가 감소하면 커패시턴스 증가

그림 5.17 버랙터 다이오드 커패시턴스는 역전압에 따라 변한다

버랙터 다이오드의 일반적인 기호는 그림 5.18과 같다.

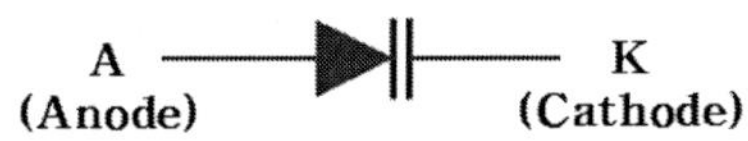

그림 5.18 버랙터 다이오드의 회로기호

(2) 응용

버랙터의 주요 응용분야는 동조회로이다. 버랙터를 이용하는 예로 TV 또는 상용 수신기의 전자동조기가 있다. 공진회로에서 사용할 경우, 버랙터는 가변 커패시터로 동작한다. 전압을 가변시켜 공진주파수를 조정할 수 있다.

$$f_r \cong \frac{1}{2\pi\sqrt{LC}}$$

5.4 광전자 소자

전류가 흐를 때 빛을 방출하는 발광 다이오드(LED)와 빛을 쏘이면 전류를 잘 흐르게 하는 광다이오드는 모두 광전자 소자라 한다. LED는 빛이 나게 하는데 사용하고 광다이오드는 빛을 검출하는데 주로 사용된다.

(1) 발광 다이오드

발광 다이오드는 순방향 바이어스 상태에서 n형 영역에 있는 자유전자가 pn접합을 넘어 p형 영역으로 이동하여 정공과 재결합 때 열과 빛의 형태로 에너지를 방출하는 성질을 이용한 것이다. 반도체에 첨가되는 불순물에 따라 발생되는 빛의 파장이 달라져서 빛의 색을 결정하게 된다. 발광 다이오드는 눈에 보이는 가시광선뿐만 아니라, 적외선 또는 자외선을 만들어 낼 수 있다.

그림 5.19는 발광 다이오드(light-emitting diode, LED)에 대한 회로기호이다.

그림 5.19 LED의 회로기호

빛을 발생하기 위하여 갈륨-비소(GaAs), 갈륨-비소-인(GaAsP) 또는 갈륨-인(GaP)을 반도체에 사용한다. GaAs LED는 가시광이 아닌 적외선(IR)을 방출하고, GaAsP는 빨간색 또는 노란색의 가시광선을 방출하며, GaP는 빨간색 또는 녹색 가시광선을 방출한다.

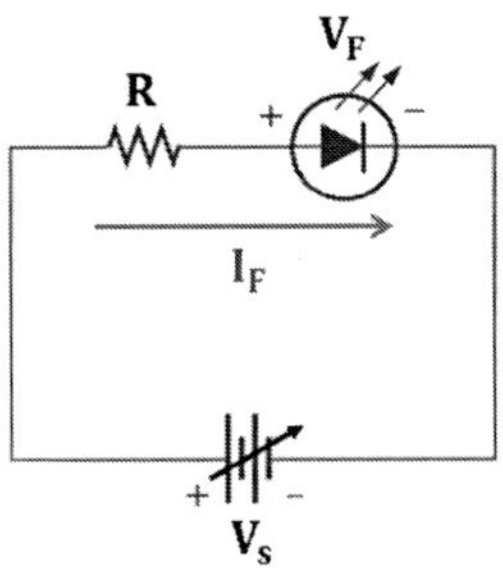

(a) 순방향 동작

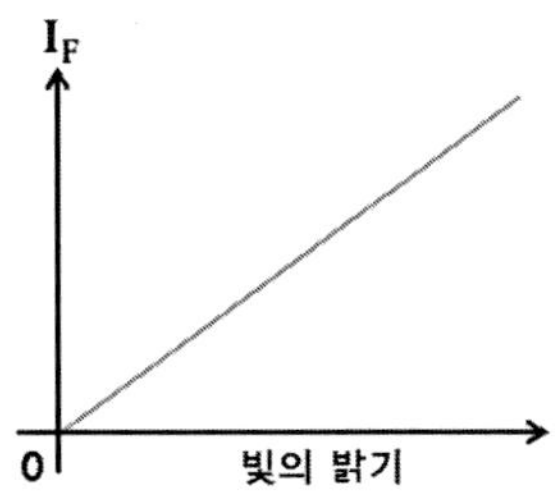

(b) 순방향 전류에 따른 일반적인 빛의 출력

그림 5.20 LED의 기본적인 동작

LED는 그림 5.20(a)와 같이 일반 다이오드처럼 순방향 바이어스를 가해주면 전류가 흐르고 빛을 방출한다. LED에 흐르는 전류 I_F를 증가시키면 그림 5.20(b)에 나타낸 것처럼 빛의 밝기도 점점 밝아진다.

LED 바이어스 LED 양단의 순방향 전압강하는 실리콘 다이오드의 경우보다 훨씬 크며 일반적으로 LED의 최대 V_F는 소자에 따라 다르나 보통 1.8~3.4[V] 정도이다.

표 5.1 LED의 전압강하

색상	전압강하 값
LED	1.8 ~ 2.3V
Orange	2.0 ~ 2.3V
Yellow	2.0 ~ 2.8V
Green	3.0 ~ 3.6V
Sky Blue	3.4 ~ 3.8V
Real Blue	3.4 ~ 3.8V
Pink	3.4 ~ 3.8V
White	3.4 ~ 4.0V

LED에 대한 역방향 항복은 실리콘 정류다이오드의 경우보다 훨씬 적다(일반적으로 3[V]~10[V]).

그림 5.22 전형적인 LED

(2) LED 세그먼트 디스플레이

여러 개의 LED를 그림 5.24와 같이 배열하면 숫자나 간단한 문자 등을 표시할 수 있다. 이러한 장치를 FND(Flexible Numeric Display)라고 하는데 7-세그먼트 디스플레이가 가장 일반적인 형태이다. LED로 각 세그먼트를 구성하고, 이 세그먼트의 조합에 의해 10진수, 영문자나 기호 등을 만들 수 있다. LED의 배열하는 방법에 따라 그림 5.25와 같이 양극공통(Common Anode)과 음극공통(Common Cathode)의 2가지 방식이 있다.

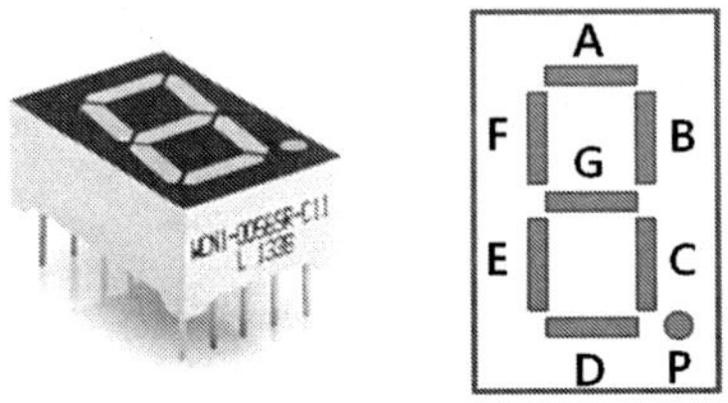

그림 5.23 7-세그먼트 LED 디스플레이

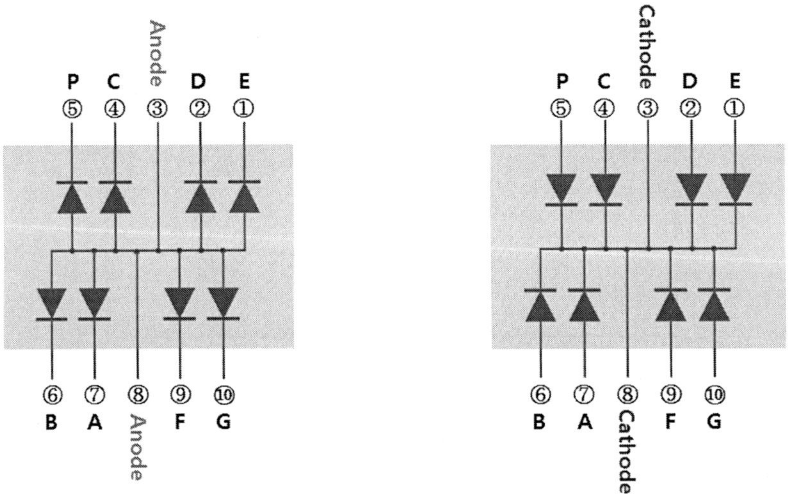

(a) 양극공통 (b) 음극공통

그림 5.24 FND

(3) 광다이오드

광 다이오드(photodiode)는 그림 5.25와 같이 역방향 바이어스를 가하여 동작시키는 pn접합소자이다. 여기에서 I_R은 역방향 전류이다. 광 다이오드는 pn접합에 빛이 들어올 수 있도록 물리 구조적인 창을 가지고 있다. 이 창을 통하여 광다이오드에 빛을 비추면 빛 밝기에 따라 내부 저항 값이 변하여 역방향으로 전류를 흐르게 한다.

그림 5.25는 광다이오드의 일반적인 기호를 나타낸 것이다.

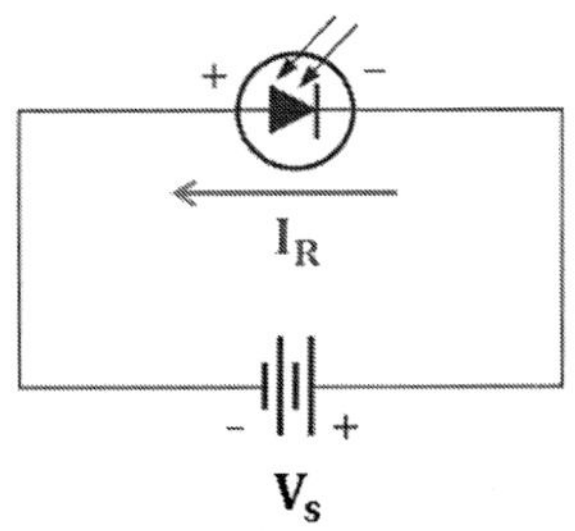

그림 5.25 광다이오드의 동작

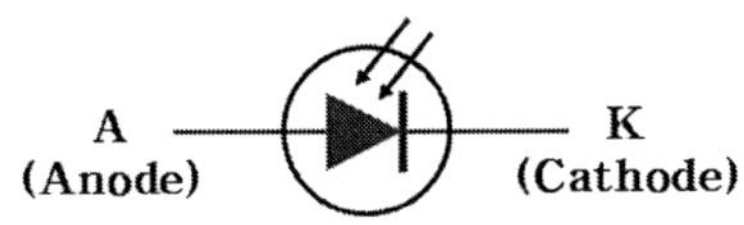

그림 5.26 광다이오드 일반적인 회로기호

5.5 정전류 조정 다이오드

제너 다이오드는 전압을 일정하게 유지하지만 정전류 조정 다이오드는 전류를 일정하게 유지하는 소자이다. 정전류 조정 다이오드의 기호를 그림 5.27에 나타내었다.

정전류 조정 다이오드는 순방향 바이어스에서 동작하고, 다이오드에 따라 1.5[V] - 6[V]까지의 순방향 전압에 대해 정해진 일정한 순방향 전류를 가진다. 일정한 순방향 전류를 정전류(regulator current)라고 부르고 I_P로 나타낸다.

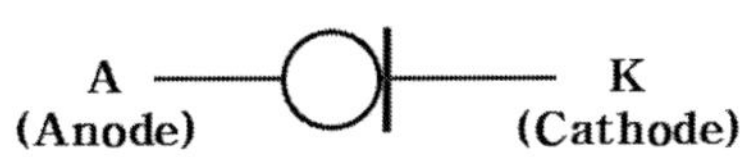

그림 5.27 정전류 조정 다이오드의 회로기호

5.6 쇼트키 다이오드

주로 고주파와 고주파 스위칭 응용에 사용되는 쇼트키 다이오드(Schottky diode)는 금, 은, 백금과 같은 금속과 반도체 영역(일반적으로 n형)을 결합시켜 만든다. 그러므로 일반적인 pn접합 다이오드가 아닌 달리 금속과 반도체 접합으로 이루어져 있다.

쇼트키 다이오드는 매우 빠른 스위칭 속도를 가지고 있어서 고주파 회로이나 빠른 속도로 정보를 처리하는 디지털회로에서 주로 사용된다.

그림 5.28은 쇼트키 다이오드의 회로기호이다.

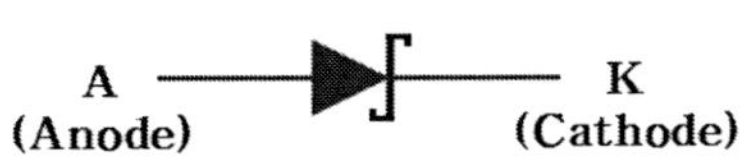

그림 5.28 쇼트키 다이오드 회로기호

5.7 핀 다이오드

핀 다이오드(pin diode)는 pn접합이 진성(i)영역에 의해 분리된 그림 5.29와 같은 구조로 되어있다. 역방향 바이어스가 되면 거의 일정한 커패시터처럼 동작하고, 순방향 바이어스 되면 전류제어 가변저항처럼 동작한다. 진성영역의 낮은 순방향 저항은 전류증가에 따라 감소한다.

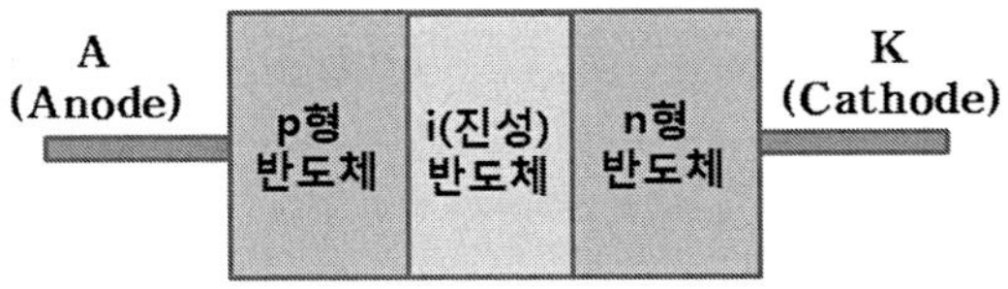

그림 5.29 핀 다이오드의 구조

핀 다이오드는 바이어스의 빠른 변화에 따라 동작하는 직류제어 마이크로파 스위치로서 사용된다. pn접합에서 정류되지 않는 특성으로 고주파 신호를 저주파 바이어스 변화에 따라 변조할 수 있다. 또한 핀 다이오드는 저항이 전류의 양에 의해 제어되기 때문에 감쇠기 응용분야에도 사용된다.

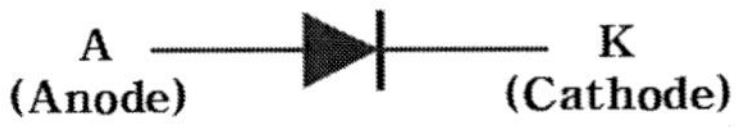

그림 5.30 핀 다이오드 회로기호

5.8 터널다이오드

터널다이오드(tunnel diode)는 부성저항 특성을 갖는 다이오드로 발진기와 마이크로파 증폭기 응용에 사용된다. 터널다이오드의 회로기호는 그림 5.31과 같다.

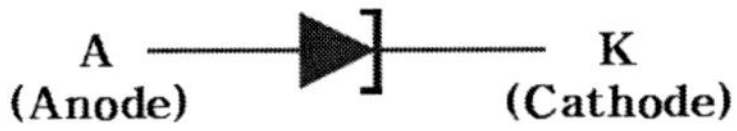

그림 5.31 터널다이오드의 기호

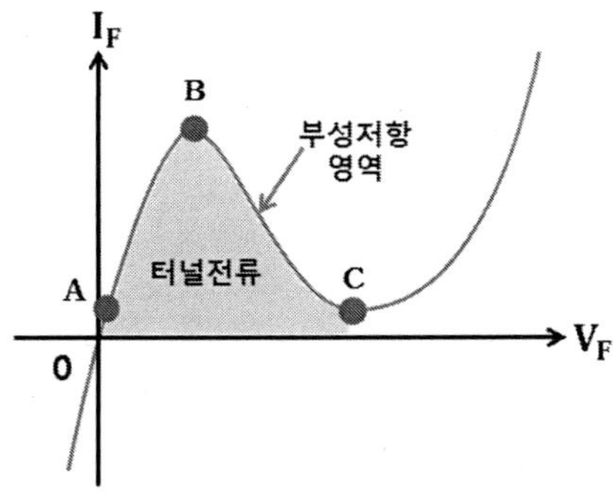

그림 5.32 터널다이오드 특성곡선

터널다이오드는 일반 정류다이오드보다 p영역과 n영역을 고농도로 도핑시킨 게르마늄과 갈륨-비소로 만들어지며, 이러한 고농도의 도핑은 매우 좁은 공핍층을 형성한다. 고농도의 도핑은 모든 역방향 바이어스의 전압에 대해 도통하게 하며, 따라서 일반 정류다이오드와 같은 항복효과가 나타나지 않고 그림 5.32와 같이 된다.

점A와 점B 사이에서 극단적으로 좁아진 공핍층은 매우 낮은 순방향 바이어스 전압에서 전자가 pn접합영역을 통과하게 되어 다이오드는 도체처럼 동작한다. 다시 점B에서 순방향 전압은 장벽을 만들기 시작하고, 전류는 순방향 전압을 지속적으로 증가시킴에 따라 감소하기 시작한다. 이것을 부성저항 영역(negative resistance region)이라고 한다.

$$R_F = \frac{\Delta V_F}{\Delta I_F}$$

이 효과는 옴의 법칙에 반대되는 현상으로 전압이 증가하면 전류도 증가한다. 점 C에서 다이오드는 일반 순방향 바이어스된 다이오드로 작용한다.

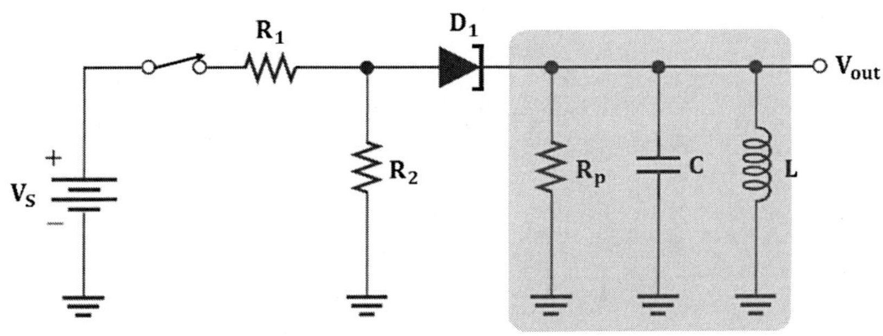

그림 5.33 기본적인 터널다이오드 발진기

그림 5.33은 터널다이오드를 사용하여 발진기 회로를 구성한 것이다.

5.9 레이저 다이오드

빛이 유도방출에 의해 증폭되는 것을 레이저(laser)라고 한다. 레이저의 광은 색의 혼합이 없는 단일색으로 이루어진 단색광(monochromatic)이며, 코히어런트 광(coherent light)이라고 부른다. 광대역 파장으로 이루어진 비간섭성 광(incoherent light)에 비해 단일파장 또는 협대역 파장이다. 레이저 다이오드의 회로기호는 그림 5.34과 같다.

그림 5.34 레이저 다이오드의 회로기호

5.10 특수목적 다이오드에 대한 기호의 요약

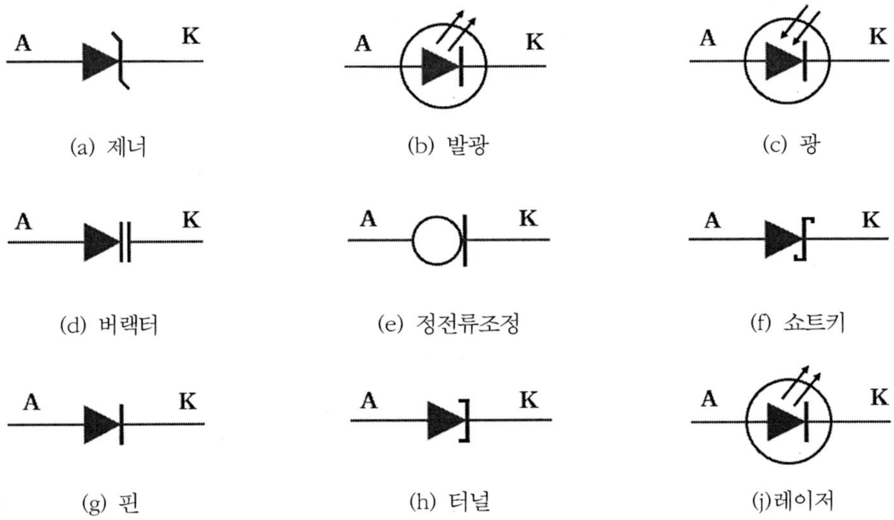

그림 5.35 다이오드 기호

5.11 제너 다이오드(Diode) 회로 시뮬레이션

멀티심(MultiSim)을 이용하여 제너 다이오드의 I회로를 해석한다.

실습 5-1 Multimeter를 사용한 다이오드 회로 시뮬레이션

(1) 회로구성

4장의 전원회로에서 사용한 정류IC 7812 대신에 Select a Component에서 역방향 항복전압이 12[V]인 제너 다이오드 1N4742와 전류제한 저항을 선택한다. 저항은 10Ω, 허용오차 10%로 설정하다.

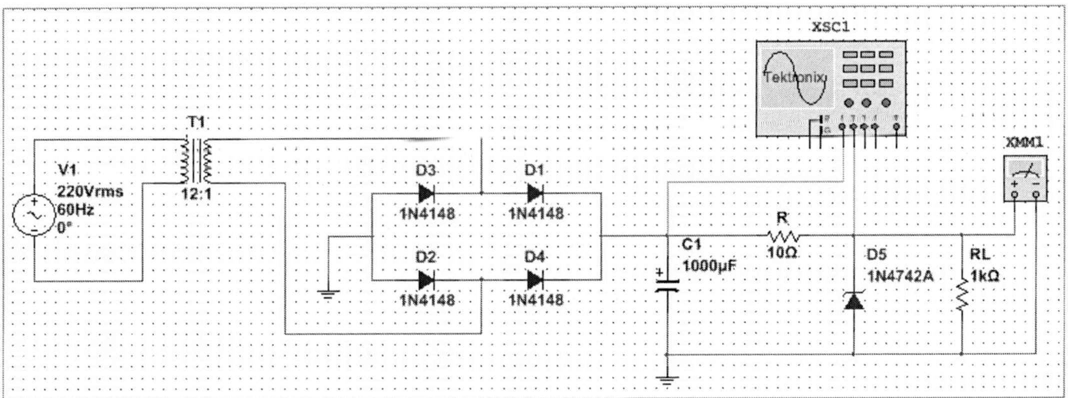

그림 5.36

(2) 시뮬레이션

① 툴바에서 Run(F5) 실행

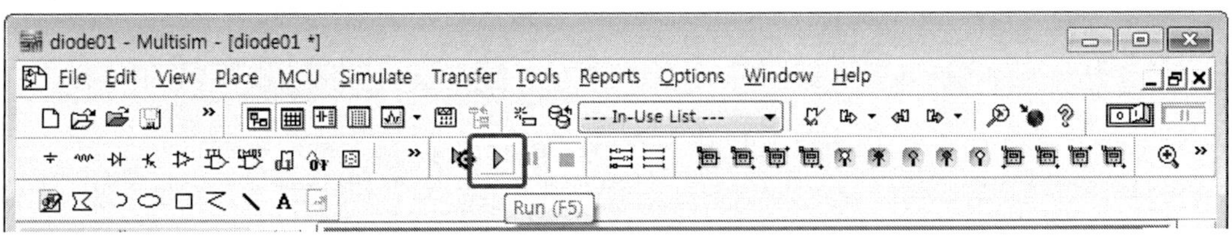

그림 5.37

② 결과 확인

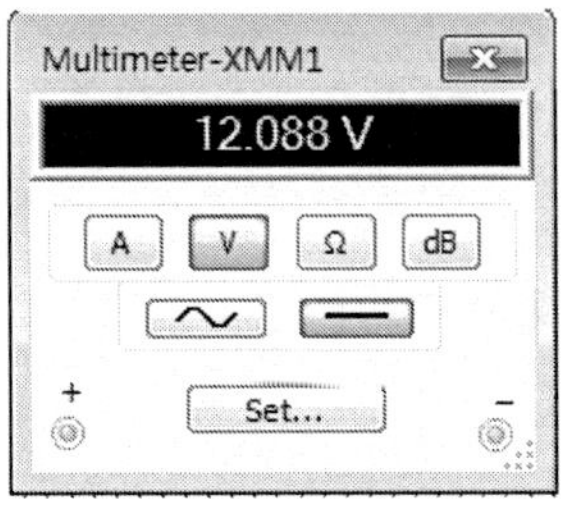

그림 5.38 제너 다이오드 멀티미터 출력

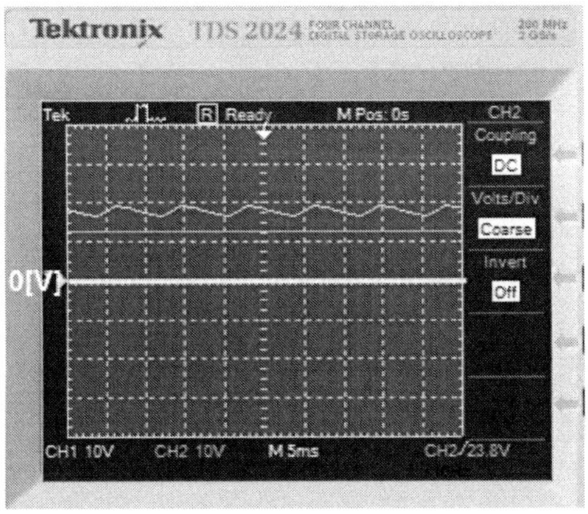

그림 5.39

실습 5-2 제너 다이오드의 진폭 제한작용

(1) 회로구성

Select a Component에서 역방향 항복전압이 12[V]인 제너 다이오드 1N4742와 역방향 항복 전압이 5.1[V]인 제너 다이오드 1N4733과 전류제한 저항을 선택한다. 저항은 10Ω, 허용오차 10%로 설정한다.

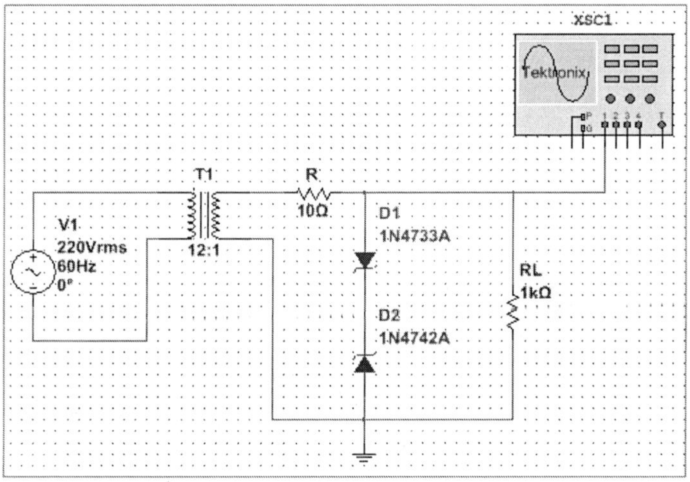

그림 5.40

(2) 시뮬레이션

① 툴바에서 Run(F5) 실행

② 결과 확인

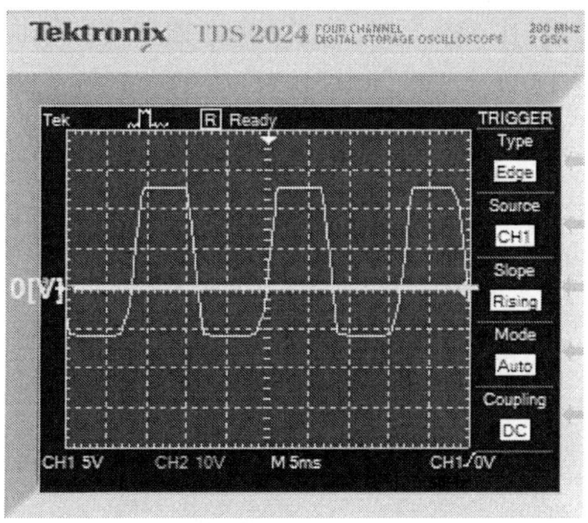

그림 5.41

Chapter 6

접합 트랜지스터

전기적 신호를 증폭하기 위하여 1960년대 중 후반까지 주로 진공관을 많이 사용하였는데 진공관은 증폭과정이 간단하고 이상적인 증폭이 가능하지만 전력소모가 크고, 열로 인하여 수명이 짧으며, 많은 공간을 차지하는 단점을 가지고 있었다.

이러한 진공관의 단점을 해결하기 위하여 1951년에 Shockley가 반도체를 이용하여 접합 트랜지스터를 처음으로 발명하였다. 트랜지스터는 반도체로 만들어지므로 소형이고 경량이며, 많은 트랜지스터를 넣은 집적회로(Integrated Circuit : IC)와 같은 제작도 가능하다.

이 장에서는 자유전자와 정공을 동시에 이용하는 쌍극성 접합 트랜지스터(bipolar junction transistor : BJT)의 물리적 구조와 동작에 대하여 설명한다.

6.1 트랜지스터의 물리적 구조

트랜지스터의 물리적 접합 구조를 간단하게 나타내면 그림 6.1과 같이 Si 기초 위에 이미터(emitter), 베이스(base), 컬렉터(collector)의 3가지의 반도체 영역이 pn접합으로 이루어진 구조로 되어 있다.

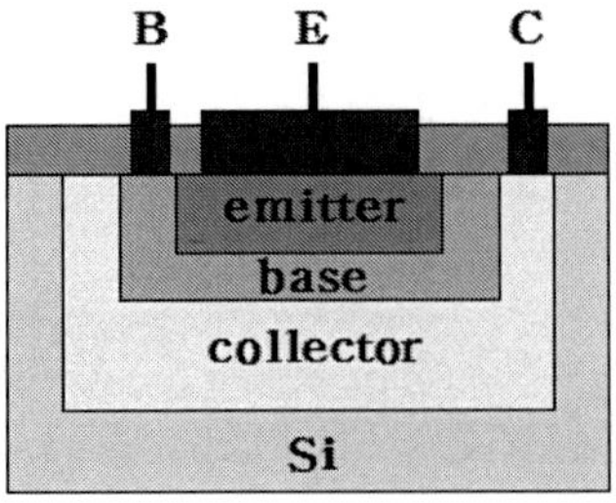

그림 6.1 트랜지스터의 물리적 접합구조

접합 트랜지스터는 그림 6.2와 같이 npn와 pnp 접합의 2가지 구조로 되어있다. 접합 트랜지스터의 물리적인 구조를 npn접합을 기준으로 설명하면, 구조적 형태는 그림 6.2(a)과 같다. 이미터(emitter: E)는 베이스 쪽으로 전자들을 투입시키거나 방출시키는 역할을 하기 위하여 두껍게 도핑(doping)되어 있으며, 베이스(base: B)는 얇게 도핑되어 있으며 그 두께 또한 매우 얇다. 또한 컬렉터(collector: C)는 도핑 레벨이 이미터와 베이스 사이의 중간 정도로, 컬렉터라는 이름이 붙여진 것은 베이스로부터 전자들을 모으기 때문이며 이미터나 베이스보다 훨씬 더 큰 부피를 갖고 있다. 즉 컬렉터는 다른 2개보다 영역이 커서 보다 많은 열을 소모할 수 있게 된다. 그림 3.2(b)는 트랜지스터 pnp형의 구조를 나타내고 있다.

그림 6.3은 npn과 pnp 트랜지스터에 대한 회로기호이다.

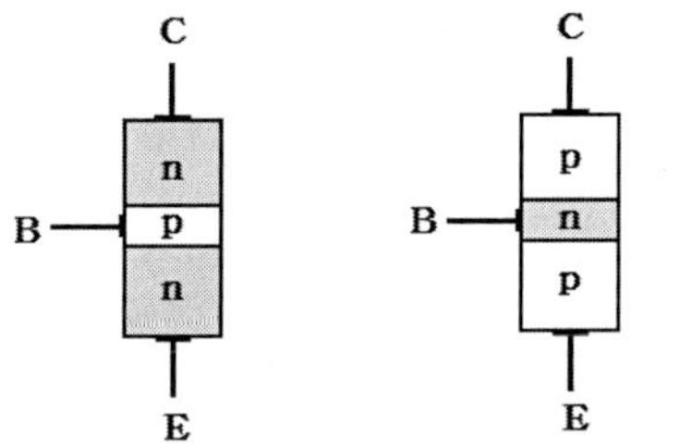

(a) npn type (b) pnp type

그림 6.2 접합 트랜지스터의 2가지 구조

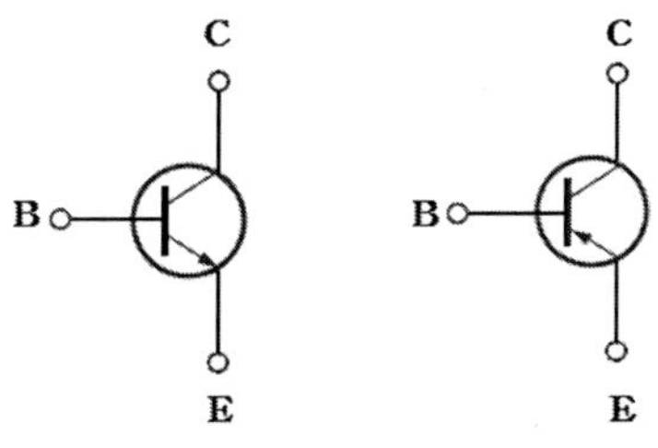

(a) npn (b) pnp

그림 6.3 접합 트랜지스터의 회로기호

그림 6.2와 같은 접합 트랜지스터는 구조적으로 두 개의 접합을 갖는다. 즉 하나는 이미터와 베이스 사이에 있고, 또 다른 하나는 베이스와 컬렉터 사이에 있다. 이것은 한 개의 트랜지스터는 두 개의 다이오드의 연결과 유사하다.

그러므로 컬렉터-베이스 사이의 다이오드를 간단히 "컬렉터 다이오드(collector diode)"라 부르며, 이미터-베이스 사이의 다이오드를 "이미터 다이오드(emitter diode)"라고도 부른다. 그리고 그림 6.3은 트랜지스터의 기호를 나타내고 있으며, 이미터의 화살표는 전류의 흐름을 나타낸다.

6.2 트랜지스터의 전압전류 표현

트랜지스터를 공부하기 위하여 트랜지스터를 중심으로 한 각 단자의 전압과 전류의 표현과 관계를 살펴보자. 표 6.1은 트랜지스터의 직류, 교류(실효값), 교류(순시값)을 표현하는 기호들이다.

의미	기호		
	직류	교류(실효값)	교류(순시값)
베이스 전류	I_B	I_b	i_b
컬렉터 전류	I_C	I_c	i_c
이미터 전류	I_E	I_e	i_e
베이스-이미터 전압	V_{BE}	V_{be}	v_{be}
컬렉터-베이스 전압	V_{CB}	V_{cb}	v_{cb}
컬렉터-이미터 전압	V_{CE}	V_{ce}	v_{ce}

표 6.1 전압전류 기호 표현

그림 6.4와 같은 npn 트랜지스터 회로에서 각 단자에서의 전기적 값들을 고려하자.

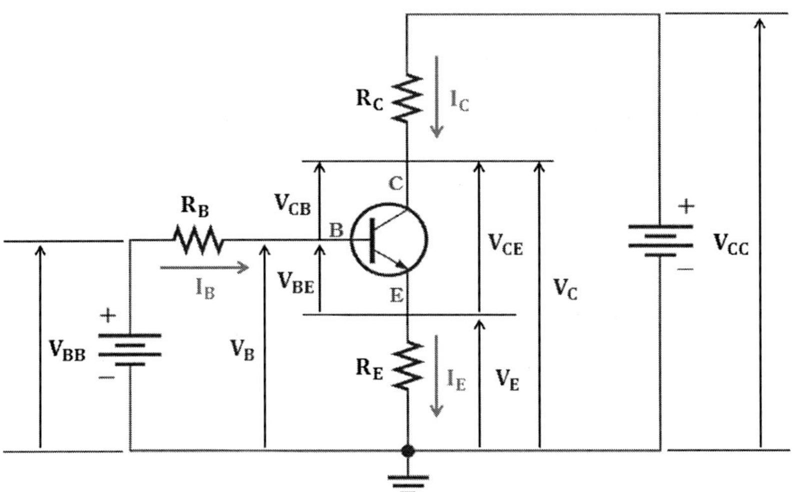

그림 6.4 트랜지스터 회로

기호	기준	목표	직류
V_{BE}	이미터에서	베이스까지	직류전압
V_{CB}	베이스에서	컬렉터까지	직류전압
V_{CE}	이미터에서	컬렉터까지	직류전압
V_B	GND에서	베이스까지	직류전압
V_C	GND에서	컬렉터까지	직류전압
V_E	GND에서	이미터까지	직류전압

표 6.2 트랜지스터 각 단자의 전압표현

기호	의미	비고
V_{CC}	컬렉터-이미터 diode bias 전압	역방향 bias
V_{BB}	베이스-이미터 diode bias 전압	순방향 bias
I_B	베이스 전류	
I_C	컬렉터 전류	$I_C = \beta_{DC} I_B$
I_E	이미터 전류	$I_E = I_C + I_B$

표 6.3 트랜지스터 각 단자의 전압원과 전류표현

그림 6.5의 회로로부터 다음과 같은 관계가 성립되는 것을 알 수 있다.

$$V_{BE} = V_B - V_E \tag{6.1}$$

$$V_{CE} = V_C - V_E$$

$$V_{CB} = V_C - V_B$$

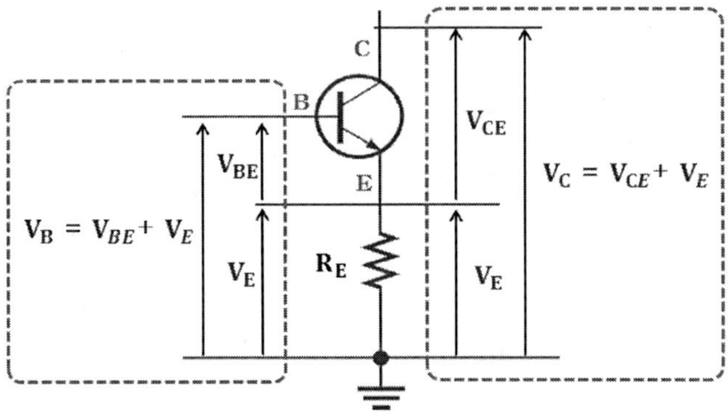

그림 6.5 V_B와 V_C 관계

또한, 식(6.1)의 V_C는 다음과 같이 구하여진다.

$$V_C = V_{CC} - R_C \times I_C \tag{6.2}$$

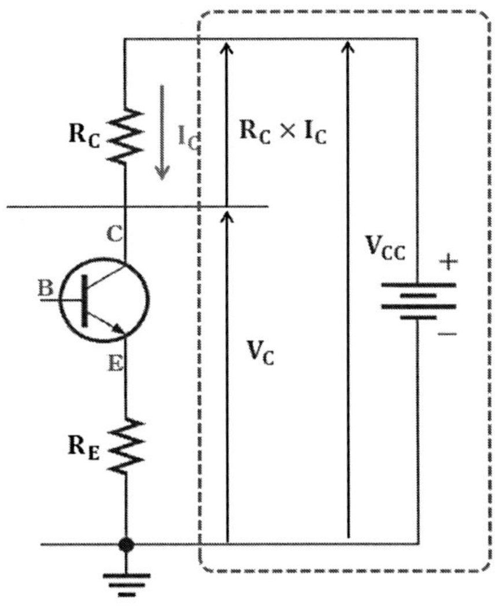

그림 6.6 V_{CC}와 V_C 관계

6.3 트랜지스터의 바이어스

모든 반도체 소자들은 전원을 공급하여 동작 시키는 능동(active device)이다. 접합 트랜지스터도 사용하기 위해서는 직류전원을 사용하여 바이어스(bias)하여야 한다. 앞에서 설명한 것처럼 접합 트랜지스터는 베이스-컬렉터 사이의 다이오드인 BC다이오드와 베이스-이미터 사이의 다이오드인 BE다이오드로 구성되며, 각각의 다이오드에 바이어스가 필요하다.

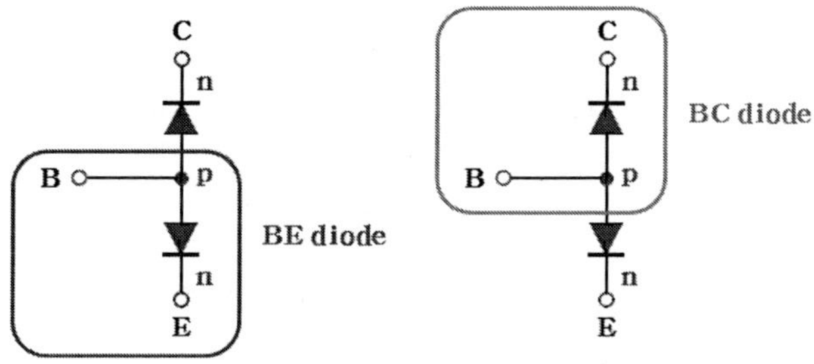

그림 6.7 npn 트랜지스터의 다이오드 등가회로 표현

각각의 다이오드에 대한 바이어스 방법은 표 6.4와 같이 4가지 조합이 가능하다.

	BE diode	BC diode
①	순방향 bias	순방향 bias
②	순방향 bias	역방향 bias
③	역방향 bias	순방향 bias
④	역방향 bias	역방향 bias

표 6.4 트랜지스터의 바이어스 방법

그러나 접합 트랜지스터가 동작하기 위해서는 BE 다이오드는 순방향으로 바이어스되고, BC 다이오드는 역방향으로 바이어스 되어야만 한다.

그림 3.8과 3.9는 각각 npn 트랜지스터와 pnp 트랜지스터의 바이어스 방법을 나타낸다.

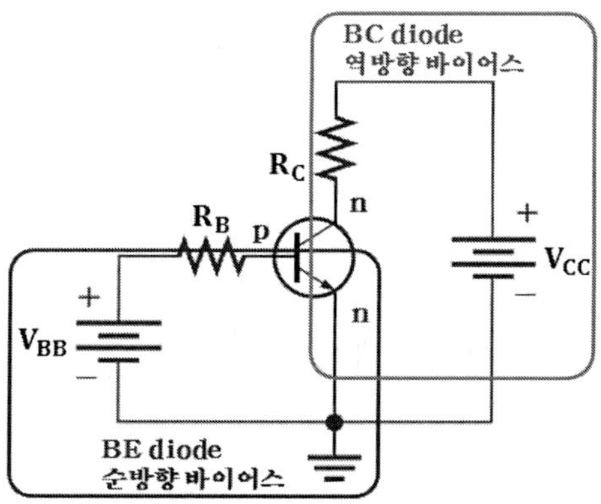

그림 6.8 npn 트랜지스터의 바이어스

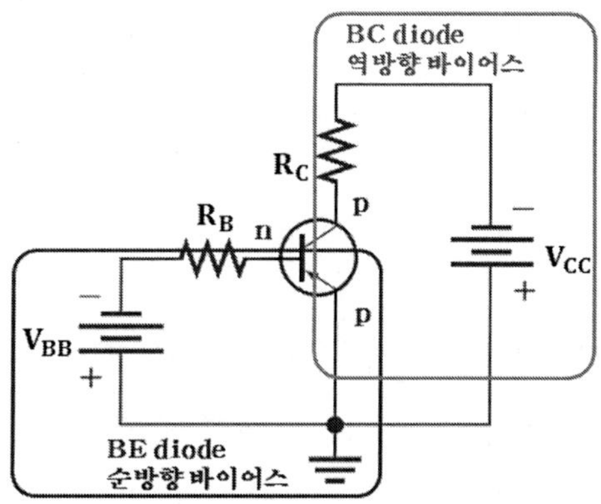

그림 6.9 pnp 트랜지스터의 바이어스

접합 트랜지스터가 BE 다이오드에 순방향 바이어스되고, BC 다이오드에 역방향 바이어스가 공급되면, 그림 6.10과 같이 전자가 이동하게 된다.

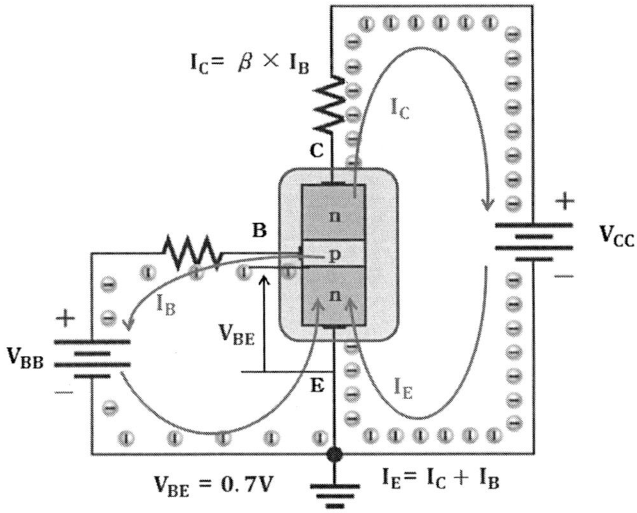

그림 6.10 접합 트랜지스터의 전자이동

베이스-이미터 다이오드가 순방향으로 바이어스 되어 있으므로, 공핍층 각각에 대한 전위장벽(barrier potential)은 실리콘(Si) 트랜지스터의 경우 25℃에서 0.7[V]가 발생하여 베이스-이미터 사이의 전압은 0.7[V]가 된다. 게르마늄(Ge) 트랜지스터의 경우는 0.3[V]가 된다.

$$V_{BE} = 0.7[V] \tag{6.3}$$

또한 그림 6.10으로부터 이미터 전류 I_E는 베이스 전류 I_B와 컬렉터 전류 I_C를 합친 것 같음을 알 수 있으며, 더욱이 베이스 전류 I_B는 I_C에 비해 매우 적은 값으로 $I_E \cong I_C$로 표시할 수 있다.

$$I_E = I_C + I_B \tag{6.4}$$

한편 베이스 전류 I_B와 컬렉터 전류 I_C 사이에는 일정한 비율을 가지게 되는데, 이것은 컬렉터 전류 I_C는 베이스 전류 I_B가 전류 증폭되어 나타나기 때문이다. 베이스 전류 I_B가 직류 증폭되는 비율을 직류 전류 이득이라 하고 β_{DC} 또는 h_{FE}로 나타내며, 다음과 같은 관계를 갖는다.

$$I_C = \beta_{DC} \times I_B \tag{6.5}$$

6.4 트랜지스터의 이상적인 특성

베이스-이미터 사이는 이상적인 다이오드로 동작하며, 켈렉터와 이미터 사이는 베이스 전류 I_B에 의한 종속전류원 $\beta_{DC} I_B$가 있는 것으로 그림 6.11과 같이 고려할 수 있다. 또한, 이미터 전류는 베이스 전류와 컬렉터 전류의 합으로 표현된다.

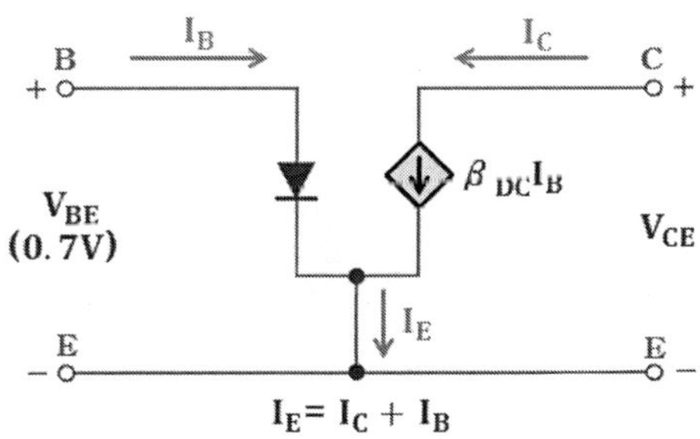

그림 6.11 트랜지스터의 이상적인 직류등가회로

6.5 트랜지스터의 회로 해석

접합 트랜지스터를 동작시키기 위하여 BE 다이오드에 순방향 바이어스, BC 다이오드에 역방향 바이어스가 공급하는 그림 6.12와 같은 기본 바이어스 회로에 대하여 각 부분에 대한 전압과 전류를 해석하여 보자.

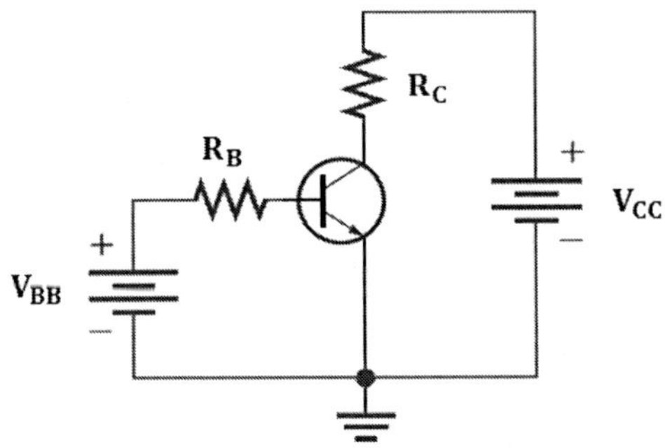

그림 6.12 기본 트랜지스터 회로

V_B, V_C, V_E, V_{BE}, V_{CB}, V_{CE}, I_B, I_C, I_E를 구하기 위하여 그림 6.13에 그림 6.13과 같이 각 부분을 나타낸다.

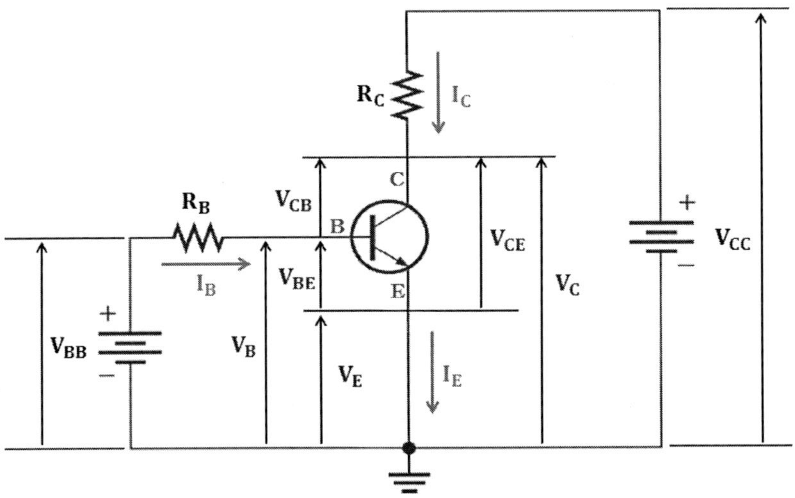

그림 6.13 기본 트랜지스터 회로의 전압과 전류 표현

이미터가 접지되어 있으므로 V_E는 다음과 같이 된다.

$$V_E = 0$$

베이스-이미터 사이가 그림 6.14와 같이 순방향으로 바이어스 되어 있고, $V_{BB} > 0.7[\mathrm{V}]$이면, $V_{BE} = 0.7[\mathrm{V}]$이 된다.

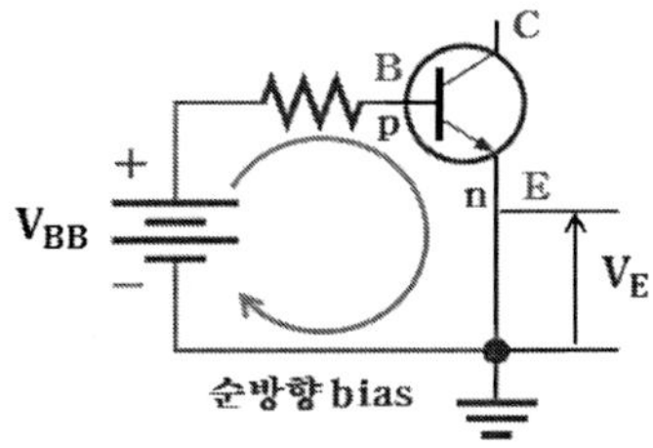

그림 6.14 BE 순방향 bias

이미터가 접지되어 있으므로 $V_B = V_{BE}$이다.

$$V_B = V_{BE} = 0.7[\mathrm{V}]$$

베이스 전류 I_B는 그림 6.15와 같이 베이스 저항 R_B를 통해 베이스 전압원 V_{BB}와 베이스 전압 V_B 사이에 흐르는 전류이므로 다음과 같이 된다.

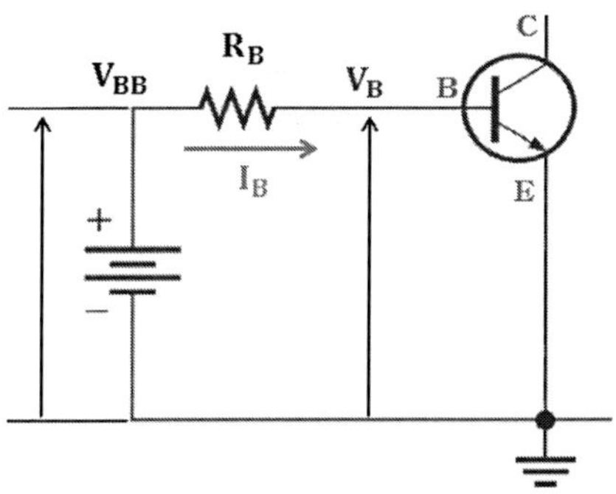

그림 6.15 R_B에 흐르는 전류

$$I_B = \frac{V_{BB} - V_B}{R_B} \quad \text{또는} \quad I_B = \frac{V_{BB} - V_{BE}}{R_B} \tag{6.6}$$

컬렉터 전류I_C는 식(6.5)로부터 다음과 같이 된다.

$$I_C = \beta_{DC} \times I_B$$

이미터 전류 I_E는 식(6.4)로부터 다음과 같이 된다.

$$I_E = I_C + I_B$$

일반적으로 $I_C \gg I_B$이므로, $I_E \cong I_C$로 고려할 수 있다.

그림 6.16에 나타낸 것과 같이 V_{CC} 는 저항 R_C 양단의 전압 $R_C \times I_C$과 V_C를 더한 것과 같다. 즉, $V_{CC} = R_C \times I_C + V_C$이다.

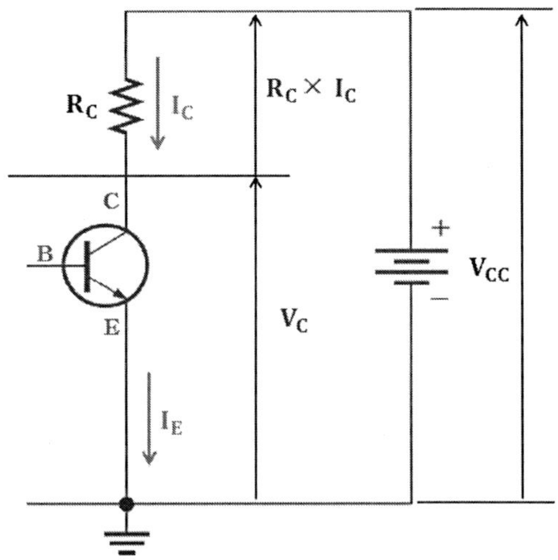

그림 6.16 V_{CC}와 V_C의 관계

그러므로 컬렉터 전압 V_C은 다음과 같이 구할 수 있다.

$$V_C = V_{CC} - R_C \times I_C \tag{6.7}$$

이미터가 접지되어 있으므로 V_{CE}는 다음과 같이 된다.

$$V_{CE} = V_C$$

그림 6.17로부터 V_{CE}는 다음과 같이 된다.

$$V_{CB} = V_{CE} - V_{BE} \tag{6.8}$$

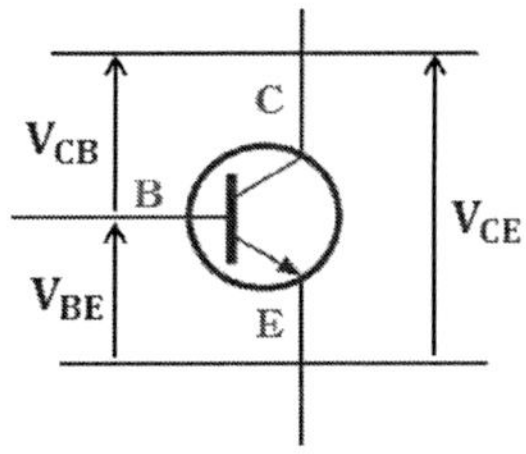

그림 6.17 $V_{CE} = V_{CB} \pm V_{BE}$

<table>
<tr><th>순서</th><th>회로값</th><th>공식</th><th>비고</th></tr>
<tr><td>①</td><td>V_{BE}</td><td>$V_{BE} = 0.7[\mathrm{V}]$</td><td rowspan="3">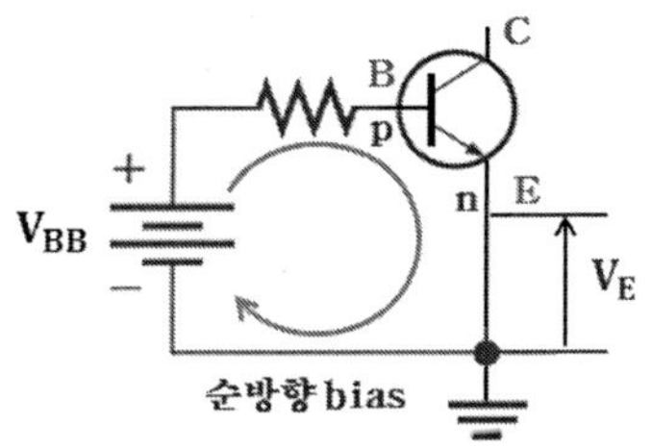</td></tr>
<tr><td>②</td><td>V_E</td><td>$V_E = 0$</td></tr>
<tr><td>③</td><td>V_B</td><td>$V_B = V_{BE}$</td></tr>
<tr><td>④</td><td>I_B</td><td>$I_B = \dfrac{V_{BB} - V_{BE}}{R_B}$</td><td rowspan="3">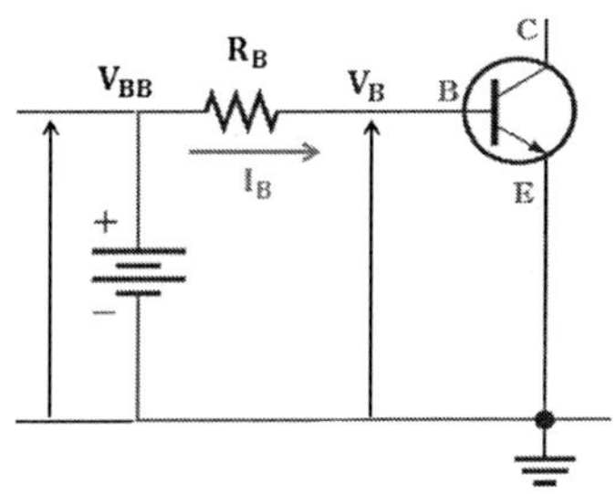</td></tr>
<tr><td>⑤</td><td>I_C</td><td>$I_C = \beta_{DC} \times I_B$</td></tr>
<tr><td>⑥</td><td>I_E</td><td>$I_E = I_C + I_B$</td></tr>
<tr><td>⑦</td><td>V_C</td><td>$V_C = V_{CC} - R_C \times I_C$</td><td rowspan="3">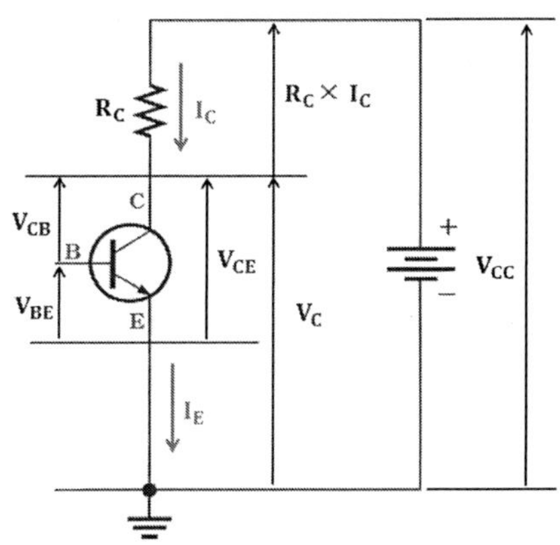</td></tr>
<tr><td>⑧</td><td>V_{CE}</td><td>$V_{CE} = V_C$</td></tr>
<tr><td>⑨</td><td>V_{CB}</td><td>$V_{CB} = V_{CE} - V_{BE}$</td></tr>
</table>

예제 6.1

그림 6.18 회로에서 $V_{BB}=5[V]$, $V_{CC}=10[V]$, $R_B=10[k\Omega]$, $R_C=100[\Omega]$이고, $\beta_{DC}=100$일 때, V_B, V_C, V_E, V_{BE}, V_{CB}, V_{CE}, I_B, I_C, I_E를 구하라(단 트랜지스터는 상온 선형영역에서 동작한다고 가정한다).

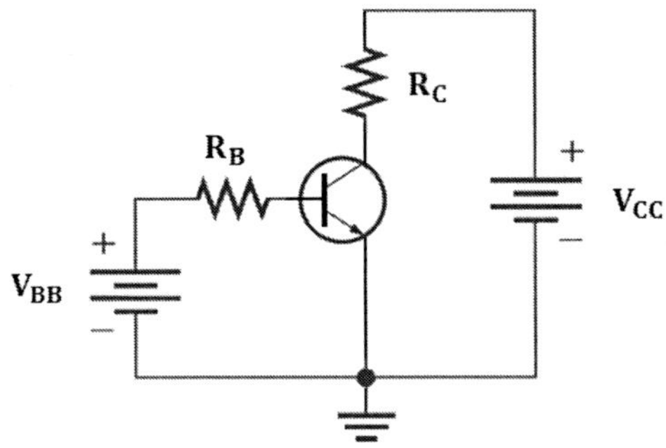

그림 6.18 기본 트랜지스터 회로

[풀이]

① $V_{BE} = 0.7[V]$

② $V_E = 0$

③ $V_B = V_{BE} = 0.7V]$

④ $I_B = \dfrac{V_{BB}-V_B}{R_B} = \dfrac{V_{BB}-V_{BE}}{R_B}$

$= \dfrac{5[V]-0.7[V]}{10[k\Omega]} = 0.43[mA]$

⑤ $I_C = \beta_{DC} \times I_B$

$= 100 \times 0.43[mA] = 43[mA]$

⑥ $I_E = I_C + I_B$

$= 43[mA] + 0.43[mA] = 43.43[mA]$

⑦ $V_C = V_{CC} - R_C \times I_C$

$= 10[\mathrm{V}] - 100[\Omega] \times 43[\mathrm{mA}] = 5.7[\mathrm{V}]$

⑧ $V_{CE} = V_C$

$= 5.7[\mathrm{V}]$

⑨ $V_{CB} = V_C - V_B$

$= 5.7[\mathrm{V}] - 0.7[\mathrm{V}] = 5[\mathrm{V}]$

■

6.6 트랜지스터의 특성과 파라미터

(1) 전류증폭율

직류 컬렉터 전류 I_C와 직류 이미터 전류 I_B의 비는 β_{DC}로 나타낸다. β_{DC}는 규격표에서 하이브리드 파라미터 h_{FE}로 표시되며, 전류증폭률 또는 직류 전류이득이라 한다.

$$\beta_{DC} = \frac{I_C}{I_B} \tag{6.9}$$

교류에 대한 β_{ac}는 다음과 같이 정의되며, Δ는 변화량을 나타낸다. 규격표에는 h_{fe}로 표시된다.

$$\beta_{ac} = \frac{\Delta I_c}{\Delta I_b} \tag{6.10}$$

▶ 증폭률 α와 증폭률 β의 관계

이미터 전류와 베이스 전류에 대한 컬렉터 전류의 증폭률 α와 증폭률 β는 $I_E = I_C + I_B$에 의하여 다음과 같은 관계가 성립한다.

$$\alpha = \frac{\beta}{\beta+1} \tag{6.11}$$

$$\beta = \frac{\alpha}{1-\alpha} \tag{6.12}$$

예제 6.2

전류증폭율 $\alpha = 0.98$일 때, 전류증폭율 β를 계산하시오.

[풀이]

$$\beta = \frac{0.98}{1-0.98} = 49$$

■

(2) 컬렉터 특성곡선

트랜지스터는 내부적으로 2개의 다이오드가 있는 것과 같다. 그러므로 트랜지스터의 특성곡선은 다이오드의 특성곡선과 밀접한 관계가 있다. 트랜지스터의 바이어스에서 베이스-이미터 접합에 대한 이미터 다이오드는 순방향 바이어스로 $V_{BE} = 0.7$[V]가 된다. 또한 컬렉터 다이오드는 역방향 바이어스로 가해지므로 다이오드의 특성곡선의 역방향 바이어스로 설명된다.

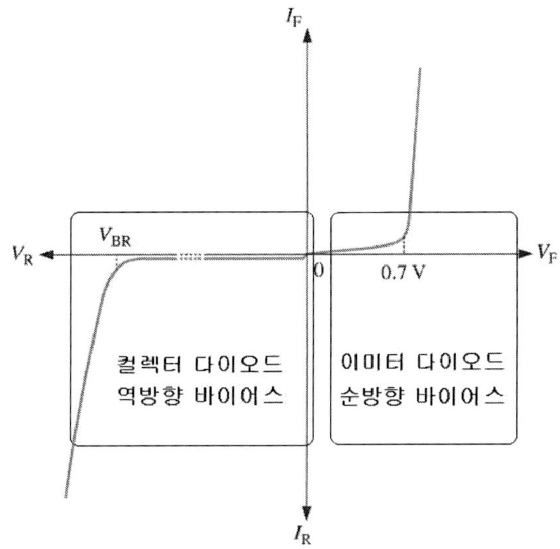

그림 6.19 트랜지스터의 특성곡선

트랜지스터의 컬렉터 다이오드의 특성을 그림 6.20의 회로를 이용하여 측정해 본다.

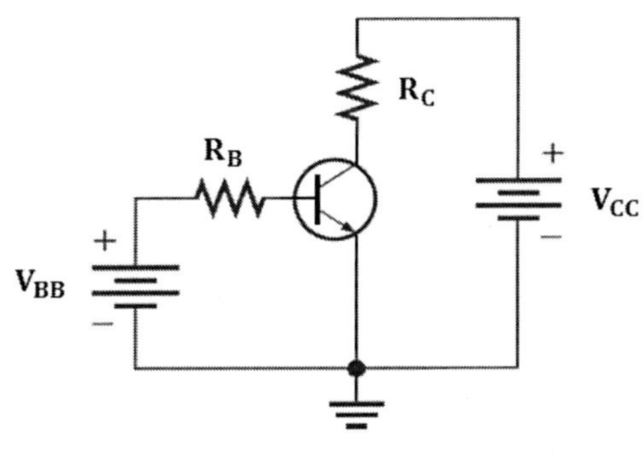

그림 6.20 트랜지스터 bias 회로

베이스 전압원 V_{BB}를 0[V]에서부터 조금씩 증가시키면, 베이스 전류 I_B는 0[mA]에서부터 증가하게 된다. 이때 컬렉터 전류 I_C는 베이스 전류 I_B에 따라 변하게 되며 그림 6.21과 같이 된다. 컬렉터의 특성은 선형 활성영역(linear active region), 차단영역(cutoff region), 포화영역(saturation region)인 세 부분의 영역으로 나누어진다.

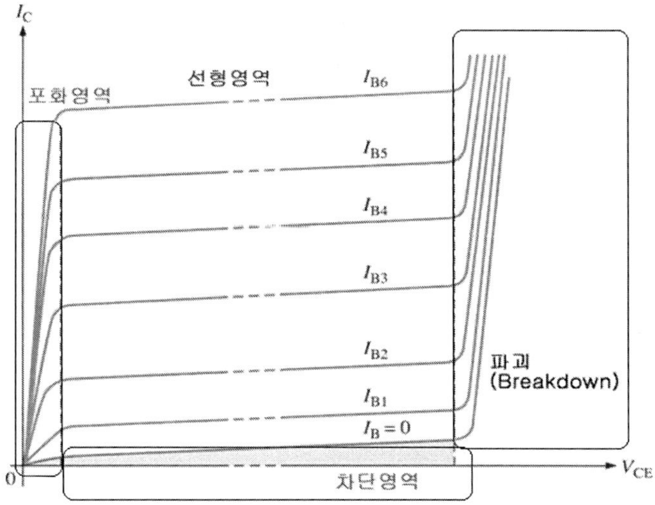

(단, $0 < I_{B1} < I_{B2} < \cdots < I_{B6}$)

그림 6.21 컬렉터 특성곡선

포화영역에서는 베이스 전류와 무관하게 최대의 컬렉터 전류가 흐르며, $I_B = 0$이면 트랜지스터는 차단(cutoff)되어 컬렉터 전류는 0이 된다. 선형영역에서는 베이스 전류와 컬렉터 전류가 일정한 비율을 가지게 되어 $I_C = \beta I_B$가 성립하게 된다.

트랜지스터가 포화영역과 차단영역에서 동작되도록 하면 스위치와 같이 on-off 동작을 하게 된다. 선형영역에서는 입력된 베이스 전류에 대하여 컬렉터 전류가 일정하게 커지게 되므로 선형 증폭기로 사용할 수 있다.

(3) 차단전압

그림 6.22의 회로에서 베이스 전류 I_B가 0이면, 트랜지스터는 개방되고, 컬렉터 전류 I_C가 흐르지 못하게 되어 컬렉터 전압 V_C는 V_{CC}의 전압이 된다.

즉, V_{CE}에서의 차단 전압은 다음과 같이 된다.

$$V_{CE(cutoff)} = V_{CC} \tag{6.13}$$

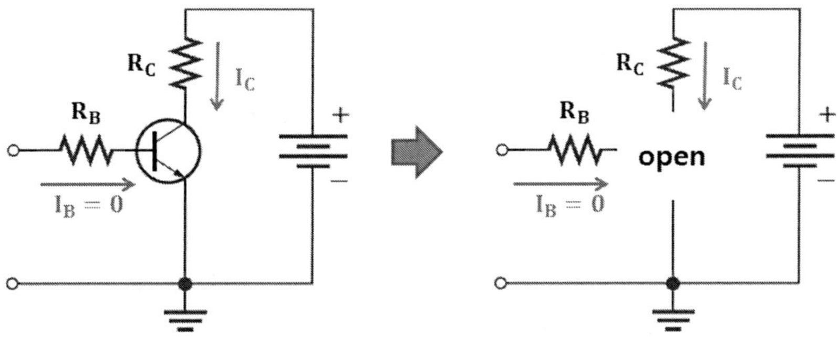

그림 6.22 트랜지스터 차단

(4) 포화전류

그림 6.20의 회로에서 베이스-이미터 다이오드에 순방향으로 바이어스 되고 베이스 전류 I_B가 증가하면 컬렉터 전류 I_C가 증가하게 된다. 이 컬렉터 전류에 의하여 컬렉터 저항 R_C 양단의 전압이 증가하게 되며, $V_{CE} = V_{CC} - R_C I_C$이므로 V_{CE}의 전압은 감소하게 된다. 전압원 V_{CC}가 일정한 상태에서 컬렉터 전류 I_C가 계속 증가하면, 그림 6.24와 같이 V_{CE}가 0에 가깝게 된다. 이때의 컬렉터 전류를 포화전류 $I_{C(sat)}$이라고 한다.

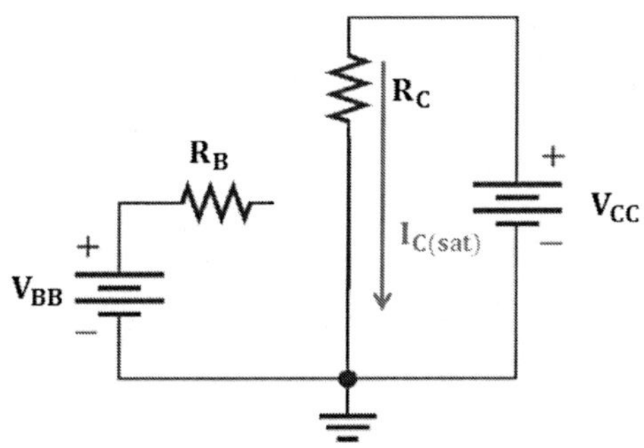

그림 6.23 트랜지스터 포화

$$I_{C(sat)} = \frac{V_{CC}}{R_C} \tag{6.14}$$

포화영역에서는 베이스 전류 I_B가 증가하여도 컬렉터 전류 I_C는 더 이상 증가하지 못하게 되며 $I_C \neq \beta I_B$가 된다.

예제 6.3

그림 6.20의 회로에서 $V_{BB} = 5[V]$, $V_{CC} = 10[V]$, $R_B = 1[k\Omega]$, $R_C = 100[\Omega]$이고, $\beta_{DC} = 100$일 때 컬렉터 전류를 구하라.

[풀이]

트랜지스터가 선형영역에서 동작한다고 가정하고, 베이스 전류, 컬렉터 전류, 켈렉터-이미터 전압을 각각 구해 보면 다음과 같다.

$$I_B = \frac{5[V] - 0.7[V]}{1[k\Omega]}$$

$$= 4.3[mA]$$

$$I_C = \beta_{DC} \times I_B$$

$$= 100 \times 4.3[mA] = 430[mA]$$

$$V_{CE} = V_{CC} - R_C \times I_C$$

$$= 10[V] - 100[\Omega] \times 430[mA] = -33[V]$$

$V_{CE} = -33[V]$의 값이 될 수 없으므로, 이 회로는 $I_C = \beta I_B$를 만족할 수 없는 포화상태에 있음을 알 수 있다.

그러므로 컬렉터 전류는 포화전류가 흐르게 된다.

$$I_{C(set)} = \frac{V_{CC}}{R_C}$$

$$= \frac{10[V]}{100[\Omega]} = 100[mA]$$

■

예제 6.4

예제 6.3에서 트랜지스터가 선형영역에서 동작하도록 R_B를 결정하라.

[풀이]
켈렉터-이미터 전압이 0일 때, 포화영역이 시작되므로 이때의 켈렉터 전류를 구한다.

$$V_{CE}=0$$

$$I_{C(set)}=\frac{V_{CC}}{R_C}$$

$$=\frac{10[\mathrm{V}]}{100[\Omega]} = 100[\mathrm{mA}]$$

선형영역에서 $I_C=\beta I_B$이 만족하므로

$$I_B=\frac{I_{C(set)}}{\beta}$$

$$=\frac{100[\mathrm{mA}]}{100} = 1[\mathrm{mA}]$$

베이스 전류가 1[mA]이하로 발생되어야 한다.

$$R_B=\frac{4.3[\mathrm{V}]}{1[\mathrm{mA}]} = 4.3[\mathrm{k\Omega}]$$

그러므로 트랜지스터가 선형영역에서 동작하려면 베이스 저항 $R_B > 4.3[\mathrm{k\Omega}]$이어야 한다.

■

(5) 특성방정식

회로의 특성을 나타내기 위하여 컬렉터-이미터 전압 V_{CE}과 컬렉터 전류 I_C와의 관계를 나타낸 식을 특성방정식이라 한다.

그림 6.24의 회로의 특성 방정식은 다음과 같다.

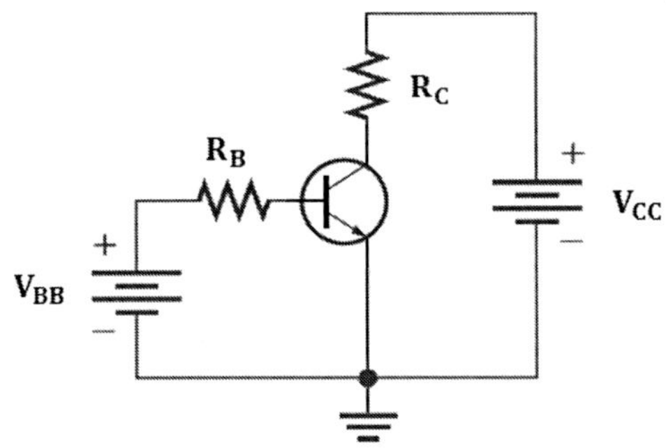

그림 6.24 트랜지스터 bias 회로

$$V_{CE} = V_{CC} - R_C I_C \qquad (6.15)$$

(6) 직류부하선

특성방정식에서 컬렉터-이미터 전압 V_{CE}과 컬렉터 전류 I_C을 각각 x-y축으로 그래프를 그리면 그림 6.25과 같이 된다.

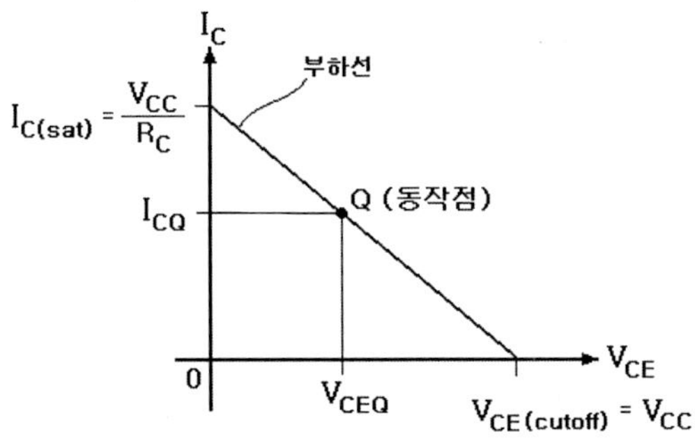

그림 6.25 직류부하선과 동작점Q

이 그래프에서 컬렉터-이미터 전압 V_{CE}과 컬렉터 전류 I_C은 양의 값만을 가지므로 2차원 평면의 1사분면에만 그래프가 그려지게 되는데 이 직선을 직류부하선이라 한다. 이 직선 위에는 트랜지스터의 동작을 나타내는 동작점(Quiescent point : Operating point : Q)이 존재하게 된다. 즉, 컬렉터 전압원과 컬렉터 전류와의 관계를 나타내는 특성방정식에 의하여 결정되는 직류 부하선과 트랜지스터 회로의 베이스 전류와 결합하게 되면 동작점이 결정된다.

그리고 직류부하선과 동작점Q가 주어지면 트랜지스터 바이어스 회로를 설계할 수 있다.

예제 6.5

예제 6.1에서 특성방정식과 차단전압, 포화전류을 구하고 직류부하선을 그리시오.

[풀이]

식(6.15)로부터 특성방정식은 다음과 같다.

$$V_{CE} = 10 - 100 \times I_C$$

포화전류는 다음과 같이 구해진다.

$$I_{C(sat)} = \frac{V_{CC}}{R_C}$$

$$= \frac{10[\mathrm{V}]}{100[\Omega]} = 100[\mathrm{mA}]$$

차단전압은 다음과 같다.

$$V_{CE(cutoff)} = V_{CC} = 10[\mathrm{V}]$$

부하선의 동작점 Q는 트랜지스터가 선형영역에서 동작할 경우이므로, I_{BQ}, I_{CQ}, V_{CEQ}는 다음과 같이 된다.

$$I_{BQ} = \frac{V_{BB} - V_{BE}}{R_B}$$

$$= \frac{5[\mathrm{V}] - 0.7[\mathrm{V}]}{10[k\Omega]} = 0.43[\mathrm{mA}]$$

$$I_{CQ} = \beta_{DC} \times I_{BQ}$$

$$= 100 \times 0.43[\mathrm{mA}] = 43[\mathrm{mA}]$$

$$V_{CQ} = V_{CC} - R_C \times I_{CQ}$$

$$= 10[\mathrm{V}] - 100[\Omega] \times 43[\mathrm{mA}] = 5.7[\mathrm{V}]$$

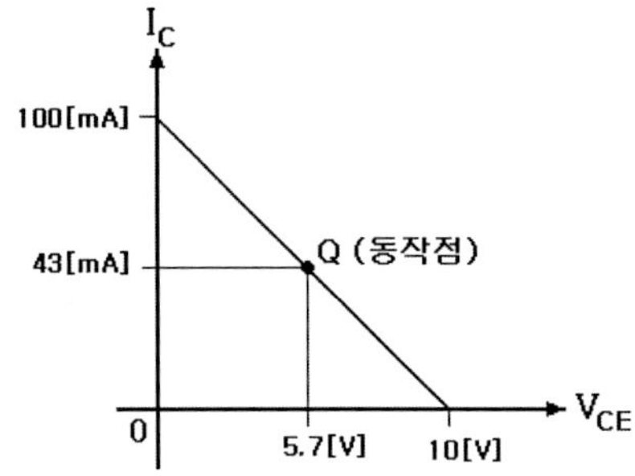

그림 6.26 직류부하선

■

예제 6.6

그림 6.27에 주어진 직류부하선과 동작점을 이용하여 고정바이어스를 갖는 트랜지스터의 특성 방정식을 구하고 그림 6.28과 같은 회로를 설계하라. 단 $\beta_{DC} = 80$이다.

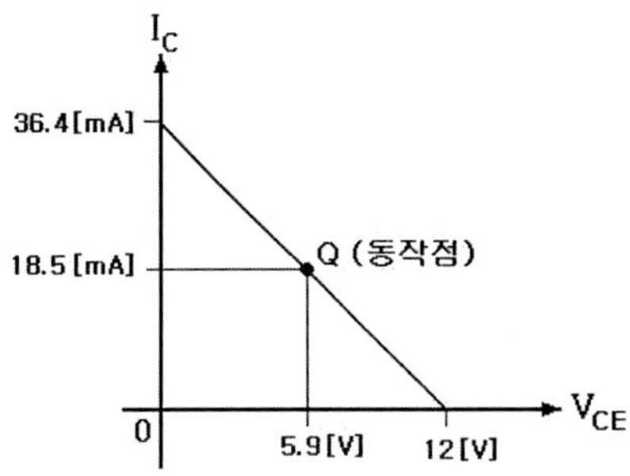

그림 6.27 예제 6.6

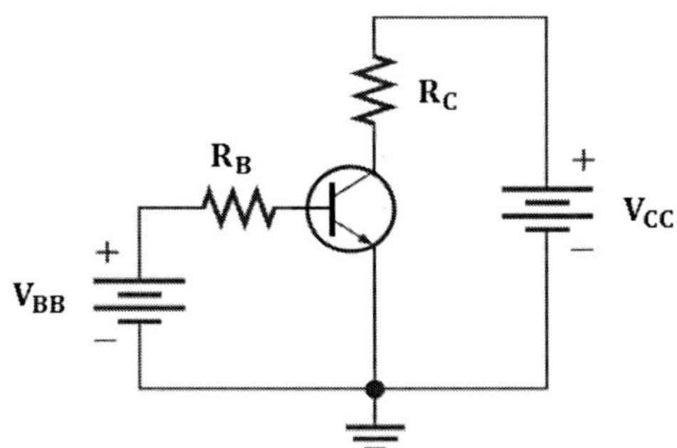

그림 6.28 트랜지스터 bias 회로

[풀이]

그림 6.27의 직류 부하선에서 차단전압은 12[V]이고 컬렉터 포화전류는 36.4[mA]이고, 동작점 Q에서의 컬렉터 전류와 컬렉터-이미터 전압은 각각 $I_{CQ} = 18.5[\mathrm{mA}]$, $V_{CEQ} = 5.9[\mathrm{V}]$이다.

$I_{C(sat)} = \dfrac{V_{CC}}{R_C}$이므로, 컬렉터 저항 R_C는 다음과 같이 된다.

$$R_C = \frac{V_{CC}}{I_{C(sat)}}$$

$$= \frac{12[\mathrm{V}]}{36.4[\mathrm{mA}]} = 329.6[\Omega]$$

$$\cong 330[\Omega]$$

특성방정식은 $V_{CE} = V_{CC} - R_C \cdot I_C$이므로, 다음과 같이 된다.

$$V_{CE} = 12 - 330 I_C$$

$I_{CQ} = 18.5[\mathrm{mA}]$이고, $\beta_{DC} = 80$이므로, $I_{CQ} = \beta_{DC} \cdot I_{BQ}$에 의하여,

$$I_{BQ} = \frac{I_{CQ}}{\beta}$$

$$= \frac{18.5[\mathrm{mA}]}{80} = 0.23[\mathrm{mA}]$$

만일, $V_{BB} = 5[\mathrm{V}]$라면, $I_B = \dfrac{V_{BB} - V_{BE}}{R_B}$에 의하여, R_B를 구할 수 있다.

$$R_B = \frac{V_{BB} - V_{BE}}{I_B}$$

$$= \frac{4.3}{0.23[\mathrm{mA}]} = 18.7[\mathrm{k\Omega}]$$

R_B의 저항을 실제 저항값과 가장 가까운 $18[\mathrm{k\Omega}]$로 결정하면,

$$I_{BQ} = \frac{4.3[\mathrm{V}]}{18[\mathrm{k\Omega}]} = 0.24[\mathrm{mA}]$$

$$I_{CQ} = 80 \times 0.24[\mathrm{mA}] = 19.2[\mathrm{mA}]$$

$$V_{CEQ} = 12[\mathrm{V}] - 330[\Omega] \times 19.2[\mathrm{mA}] = 5.7[\mathrm{V}]$$

그러므로 설계된 회로는 그림 6.28에서 $V_{CC}=12[\mathrm{V}]$, $V_{BB}=5[\mathrm{V}]$, $R_C=330[\Omega]$, $R_B=18[\mathrm{k}\Omega]$이 적절하다.

■

6.7 트랜지스터의 증폭 동작

트랜지스터의 동작점 Q가 선형영역에 있게 되면 트랜지스터 회로는 증폭 동작을 하게 된다. 그림 6.29 회로는 직류 바이어스가 되어있는 트랜지스터의 베이스에 교류신호를 직렬로 연결하여 입력한 회로이다. 베이스에 입력된 교류 신호는 그림 6.30과 같이 직류 부하선에서 동작점을 중심으로 컬렉터 전류로 증폭된다.

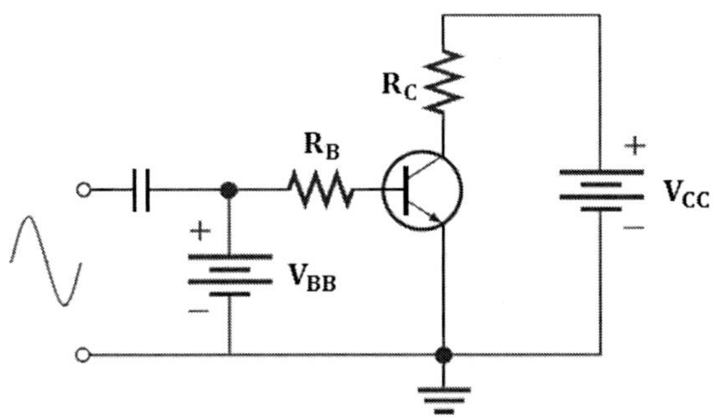

그림 6.29 트랜지스터 증폭기 회로

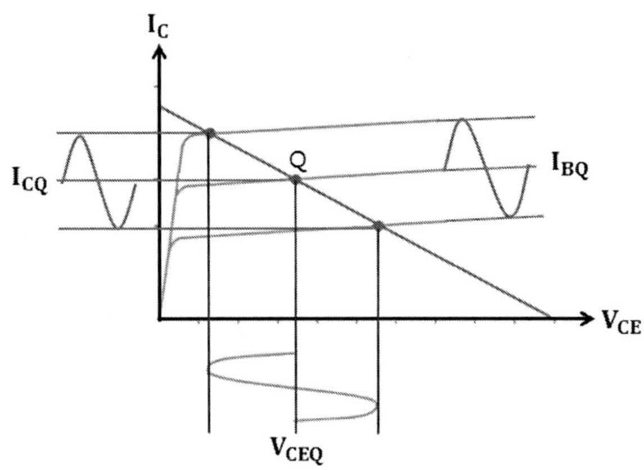

그림 6.30 직류 부하선에서의 증폭

6.8 트랜지스터의 정격

트랜지스터를 선형 증폭기로 사용할 수 있는 영역은 제한되어 있다. 그림 6.21에 나타낸 것처럼 포화영역과 차단영역을 제외하고 활성영역에서 선형증폭기로 사용이 가능하다.

트랜지스터의 선형동작 영역에서 최대정격을 나타낸 것으로 트랜지스터는 최대정격을 넘지 않아야 출력의 왜곡이 최소화가 보장된다. 동작영역의 범위는 일반적으로 트랜지스터 규격표에 명시되어 있다.

최대정격을 벗어나면 트랜지스터는 정상적으로 동작이 되지 않고 파괴된다. 그러므로 회로 설계에서 동작점이 최대정격 이내에 반드시 위치하도록 하여야 한다. 그림 6.29 트랜지스터의 최대 소모전력은 다음 식과 같다.

$$P_{Cmax} = I_C V_{CE} \tag{6.16}$$

6.9 트랜지스터의 규격표

트랜지스터 제조회사는 규격표를 이용하여 제품에 대한 정보를 사용자에게 전달하므로 규격표에 나타나는 정보들을 제대로 파악하고 이해하는 것은 매우 중요하다.

그림 6.31는 2N3903과 2N3904 npn 트랜지스터의 규격표 일부를 나타낸 것으로, 최대 컬렉터-이미터 전압 V_{CEO}는 40V이다. V_{CEO}는 베이스를 개방(open)시킨 상태에서 컬렉터와 이미터 사이의 측정전압을 의미한다. 여기서는 이를 명백하게 하기위해 $V_{CE(\max)}$로 표기하며, 최대 컬렉터 전류 I_C는 200mA이다. 규격표에서 직류 전류이득(β_{DC})은 h_{FE}로 표시되며, h_{FE}의 최소값은 규격표의 ON 특성항목에 표시되어 있다. 직류 전류이득은 일정하지 않고 컬렉터 전류 또는 온도의 변화 등에 따라 변화한다.

2N3903
2N3904

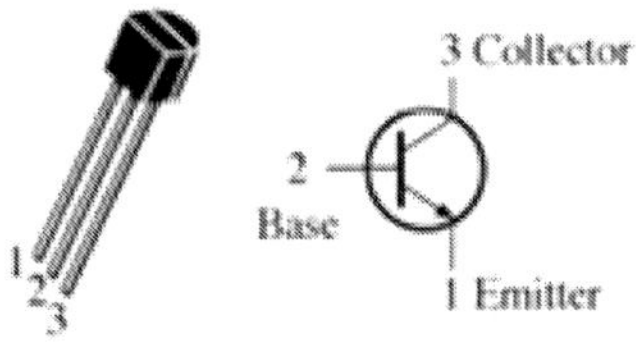

General-Purpose Transistors

NPN Silicon

Maximum Ratings

Rating	Symbol	Value	Unit
Collector-Emitter voltage	V_{CEO}	40	V dc
Collector-Base voltage	V_{CBO}	60	V dc
Emitter-Base voltage	V_{EBO}	6.0	V dc
Collector current — continuous	I_C	200	mA dc
Total device dissipation @ $T_A = 25°C$ Derate above 25°C	P_D	625 5.0	mW mW/C°
Total device dissipation @ $T_C = 25°C$ Derate above 25°C	P_D	1.5 12	Watts mW/C°
Operating and storage junction Temperature range	T_J, T_{stg}	–55 to +150	°C

Thermal Characteristics

Characteristic	Symbol	Max	Unit
Thermal resistance, junction to case	$R_{\theta JC}$	83.3	C°/W
Thermal resistance, junction to ambient	$R_{\theta JA}$	200	C°/W

Electrical Characteristics ($T_A = 25°C$ unless otherwise noted.)

Characteristic		Symbol	Min	Max	Unit
OFF Characteristics					
Collector-Emitter breakdown voltage ($I_C = 1.0$ mA dc, $I_B = 0$)		$V_{(BR)CEO}$	40	–	V dc
Collector-Base breakdown voltage ($I_C = 10$ μA dc, $I_E = 0$)		$V_{(BR)CBO}$	60	–	V dc
Emitter-Base breakdown voltage ($I_E = 10$ μA dc, $I_C = 0$)		$V_{(BR)EBO}$	6.0	–	V dc
Base cutoff current ($V_{CE} = 30$ V dc, $V_{EB} = 3.0$ V dc)		I_{BL}	–	50	nA dc
Collector cutoff current ($V_{CE} = 30$ V dc, $V_{EB} = 3.0$ V dc)		I_{CEX}	–	50	nA dc
ON Characteristics					
DC current gain ($I_C = 0.1$ mA dc, $V_{CE} = 1.0$ V dc)	2N3903 2N3904	h_{FE}	20 40	– –	–
($I_C = 1.0$ mA dc, $V_{CE} = 1.0$ V dc)	2N3903 2N3904		35 70	– –	
($I_C = 10$ mA dc, $V_{CE} = 1.0$ V dc)	2N3903 2N3904		50 100	150 300	
($I_C = 50$ mA dc, $V_{CE} = 1.0$ V dc)	2N3903 2N3904		30 60	– –	
($I_C = 100$ mA dc, $V_{CE} = 1.0$ V dc)	2N3903 2N3904		15 30	– –	
Collector-Emitter saturation voltage ($I_C = 10$ mA dc, $I_B = 1.0$ mA dc) ($I_C = 50$ mA dc, $I_B = 5.0$ mA dc)		$V_{CE(sat)}$	– –	0.2 0.3	V dc
Base-Emitter saturation voltage ($I_C = 10$ mA dc, $I_B = 1.0$ mA dc) ($I_C = 50$ mA dc, $I_B = 5.0$ mA dc)		$V_{BE(sat)}$	0.65 –	0.85 0.95	V dc

그림 6.31 트랜지스터의 규격표

6.10 접합 트랜지스터 회로 시뮬레이션

멀티심(MultiSim)을 이용하여 트랜지스터의 I회로를 해석한다.

실습 6-1 접합 트랜지스의 IV특성 시뮬레이션

(1) 회로구성

Select a Component에서 Transistors의 npn 트랜지스터인 2N3904를 선택한다. 멀티심 창의 오른쪽에 있는 계측기 모음(Instrument Tool Bar)에서 'IV analyzer'를 선택하여 다음 그림과 같이 회로를 구성한다.

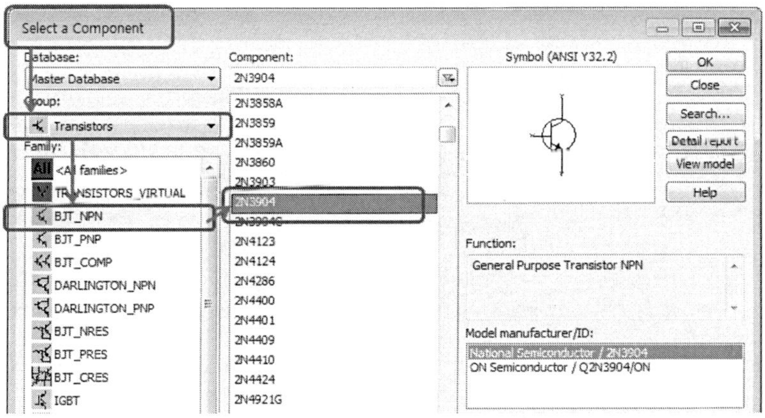

그림 6.32

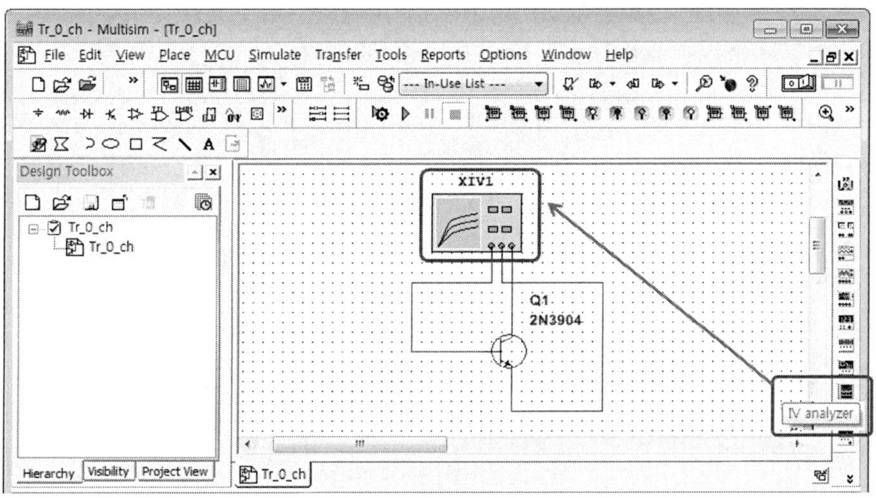

그림 6.33

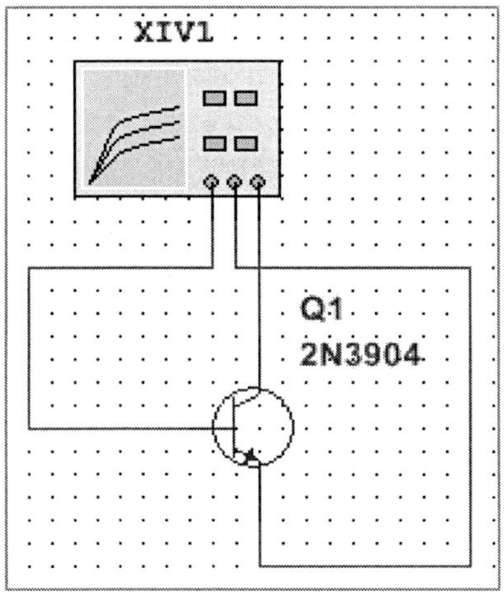

그림 6.34

(2) 시뮬레이션

① 툴바에서 Run(F5) 실행

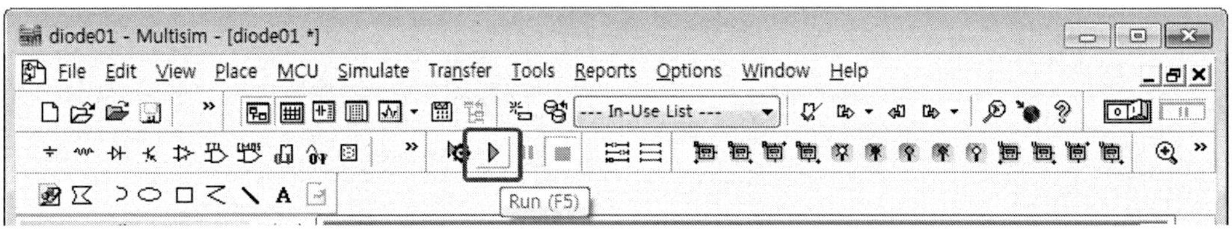

그림 6.35

② 결과 확인

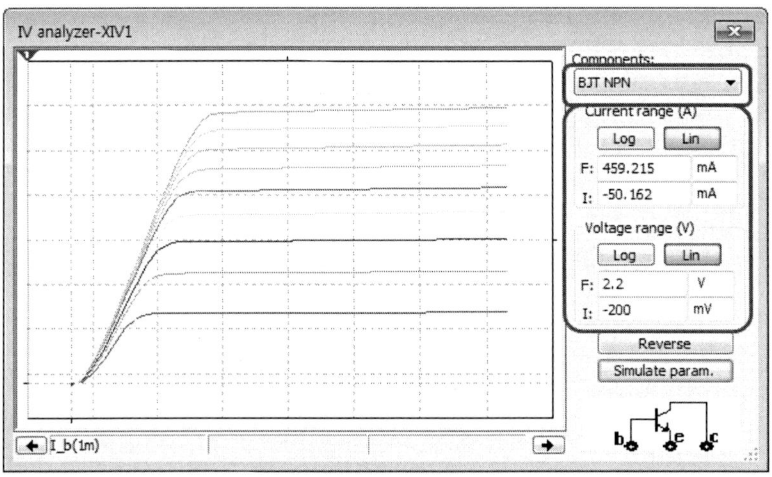

그림 6.36

실습 6-2 접합 트랜지스터 해석 시뮬레이션

(1) 회로구성

Select a Component에서 Transistors의 npn 트랜지스터인 2N3904를 선택한다. 멀티심 창의 오른쪽에 있는 계측기 모음(Instrument Tool Bar)에서 'Measurement probe'를 선택하여 트랜지스터의 B, C, E에 설치하고 다음 그림과 같이 회로를 구성한다.

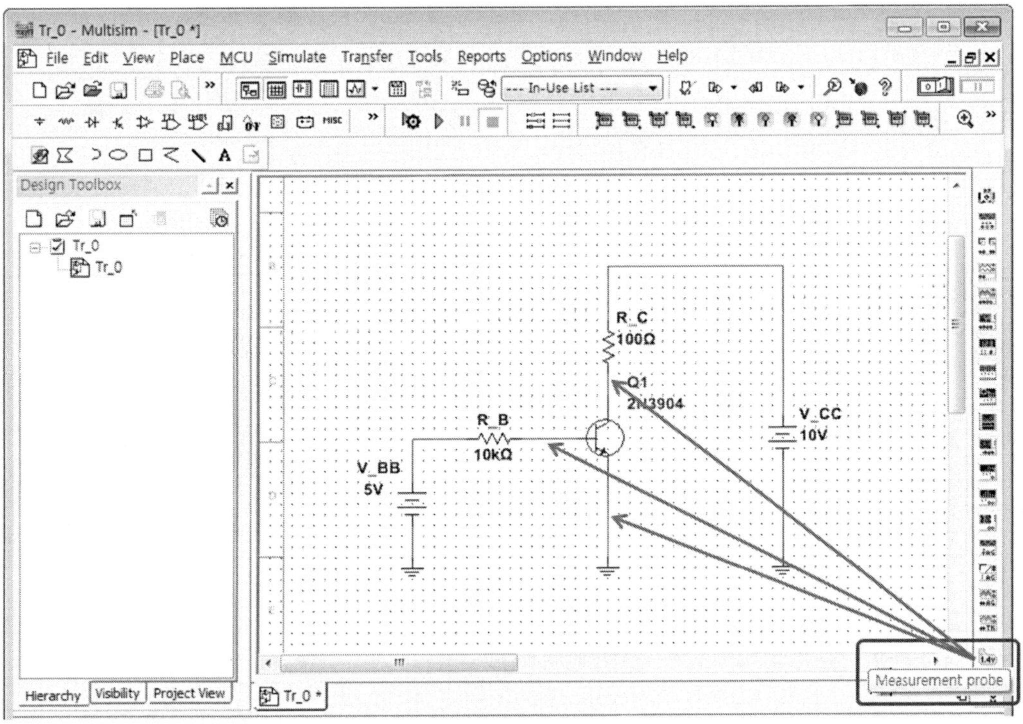

그림 6.37

(2) 시뮬레이션

① 툴바에서 Run(F5) 실행

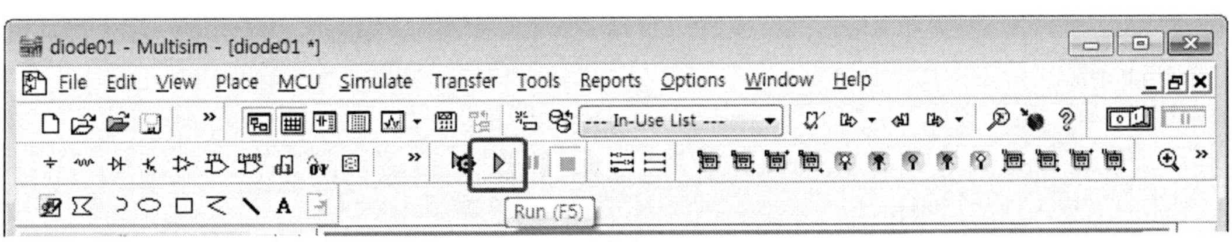

그림 6.38

② 결과 확인

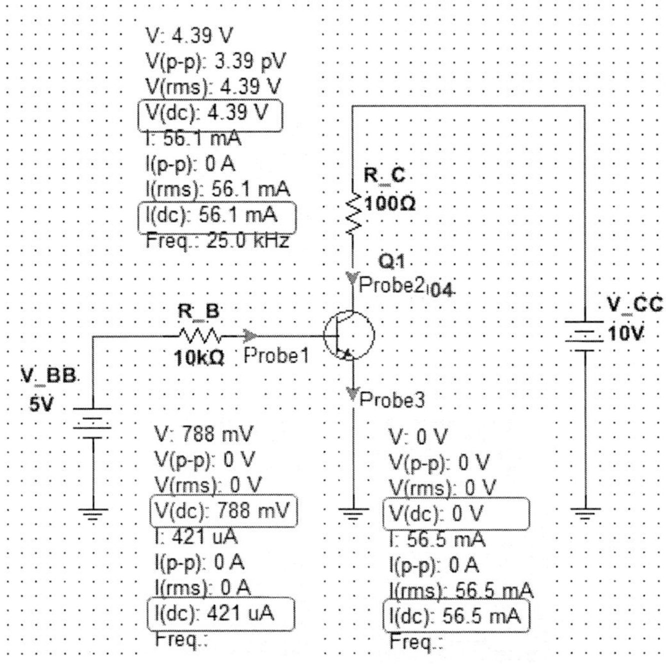

그림 6.39

(3) 검토1

순서	회로값	측정값	단위	비고
①	V_B			
②	V_E			
③	V_{BE}			계산
④	I_B			
⑤	I_C			
⑥	I_E			
⑦	V_C			
⑧	V_{CE}			계산
⑨	V_{CB}			계산
⑩	β			계산

(4) 검토2 : 트랜지스터 차단를 위하여 $V_{BB} = 0[\mathrm{V}]$

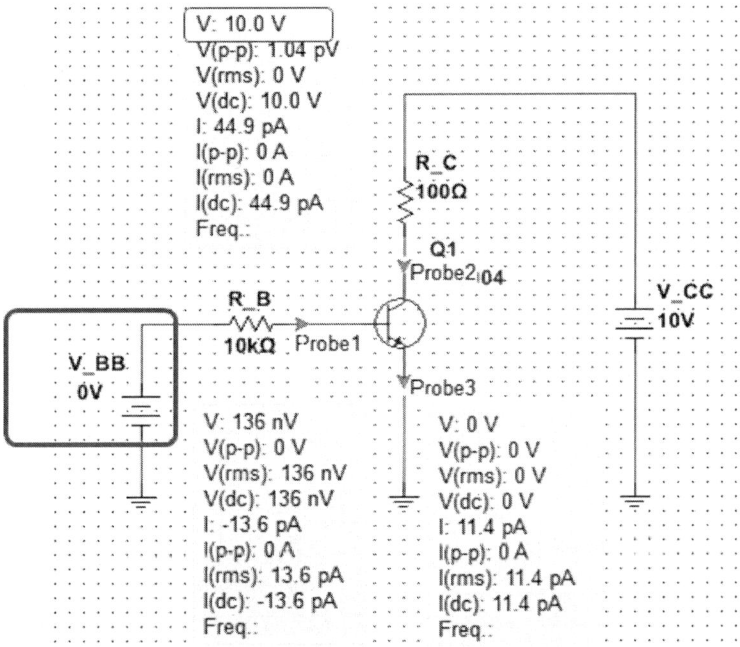

(5) 검토3 : 트랜지스터 포화를 위하여 $R_B = 0.1[\Omega]$

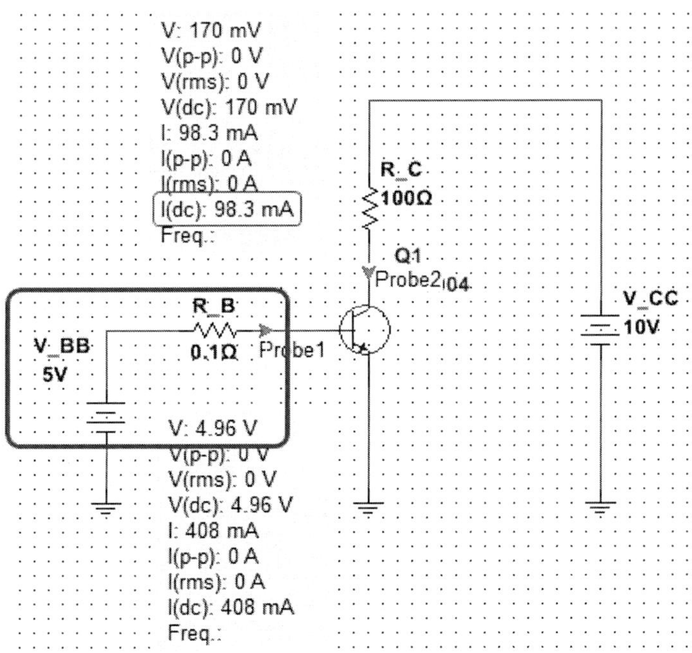

Chapter 7

트랜지스터의 바이어스 해석

트랜지스터의 중요한 활용인 증폭기를 해석하거나 설계하기 위해서는 트랜지스터의 직류해석과 동작점의 특성 및 교류응답 등에 대한 지식들이 필요하다.

이 장에서는 트랜지스터를 증폭기로 사용하기 위하여 일반적으로 가장 많이 사용되는 4가지 직류 바이어스 방법을 학습한다.

이러한 회로분석에는 6장에서 설명한 다음과 같은 중요한 기본 관계식이 사용된다.

$$V_{BE} = 0.7[\mathrm{V}] \tag{7.1}$$

$$I_C = \beta \cdot I_B \tag{7.2}$$

$$I_E = I_C + I_B \text{ 또는 } I_E \cong I_C \tag{7.3}$$

7.1 고정 바이어스 회로(베이스 바이어스 회로)

트랜지스터의 바이어스 방법 가운데 가장 간단한 바이어스 방법은 고정 바이어스 방법이다. 고정 바이어스 방법은 BE 다이오드에 고정된 바이어스를 통해 일정한 베이스 전류를 발생시키기 때문에 베이스 바이어스라고도 한다.

먼저 그림 7.1과 같은 고정 바이어스 회로에 대해 살펴보자.

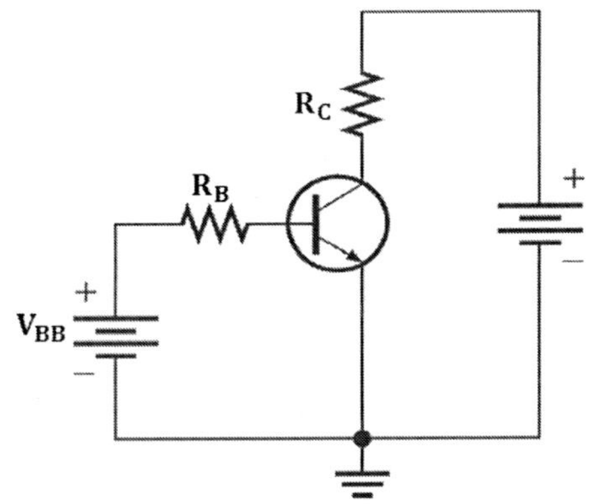

그림 7.1 베이스 바이어스

트랜지스터 회로의 해석은 npn형을 중심으로 이루어지며, pnp형의 해석은 npn형의 해석에서 전류의 방향과 전압의 극성만 반대로 고려하면 된다.

또한 그림 7.1의 회로에서 베이스 전압원 V_{BB}와 컬렉터 전압원 V_{CC}를 동일한 전압을 사용한다면, 즉, $V_{BB}=V_{CC}$이면, 그림 7.2와 같이 표현할 수 있다.

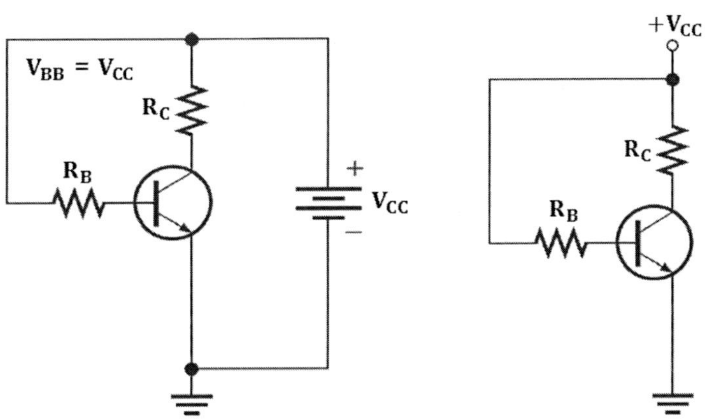

그림 7.2 $V_{BB}=V_{CC}$인 베이스 바이어스 회로

▶ 베이스 바이어스 회로의 해석

트랜지스터 회로를 해석한다는 것은 트랜지스터를 중심으로 트랜지스터의 베이스, 이미터, 컬렉터 각각의 전압과 전류들, 즉, V_B, V_C, V_E와 I_B, I_C, I_E 그리고 V_{BE}, V_{CB}, V_{CE}를 구하고, 특성방정식과 부하선 및 동작점 등을 구하는 것을 의미한다.

그림 7.1의 회로에서 트랜지스터를 중심으로 베이스, 이미터, 켈렉터의 전압과 전류들을 회로에 나타내면, 그림 7.3과 같이 된다.

베이스 바이어스의 해석은 6.5절에서 다룬 기본 트랜지스터 해석과 같다.

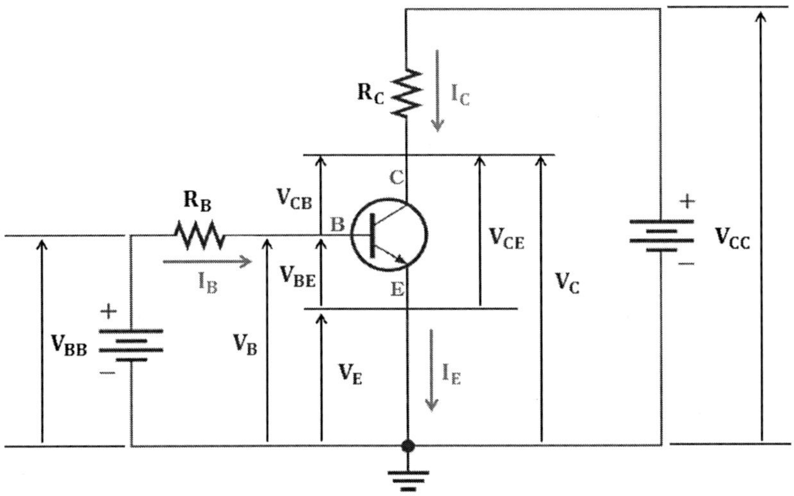

그림 7.3 베이스 바이어스 회로의 전압 전류 표현

순서	회로값	공식	비고
①	V_{BE}	$V_{BE} = 0.7[\mathrm{V}]$	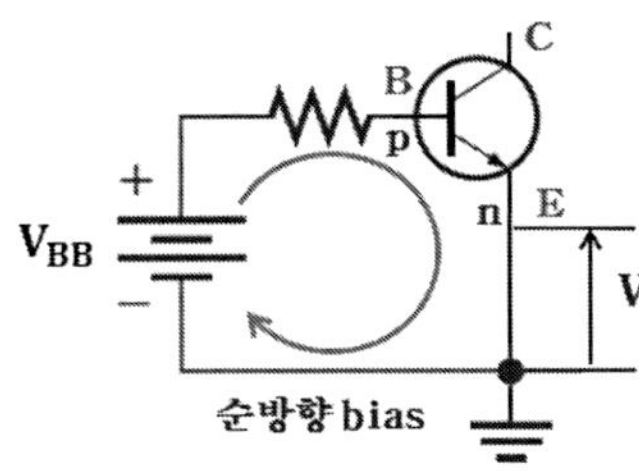
②	V_E	$V_E = 0$	
③	V_B	$V_B = V_{BE}$	

④	I_B	$I_B = \dfrac{V_{BB} - V_{BE}}{R_B}$	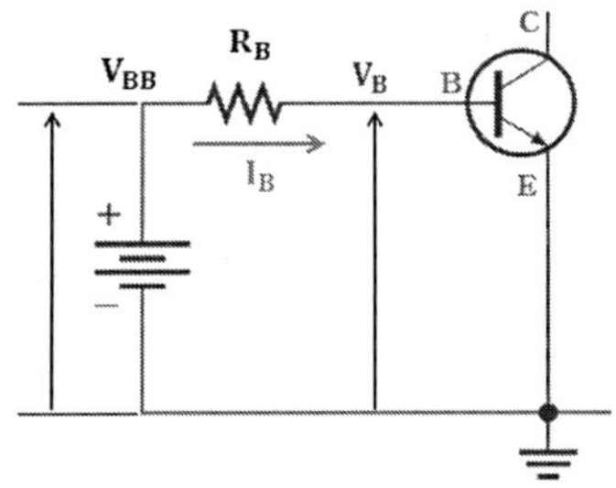
⑤	I_C	$I_C = \beta_{DC} \times I_B$	
⑥	I_E	$I_E = I_C + I_B$	
⑦	V_C	$V_C = V_{CC} - R_C \times I_C$	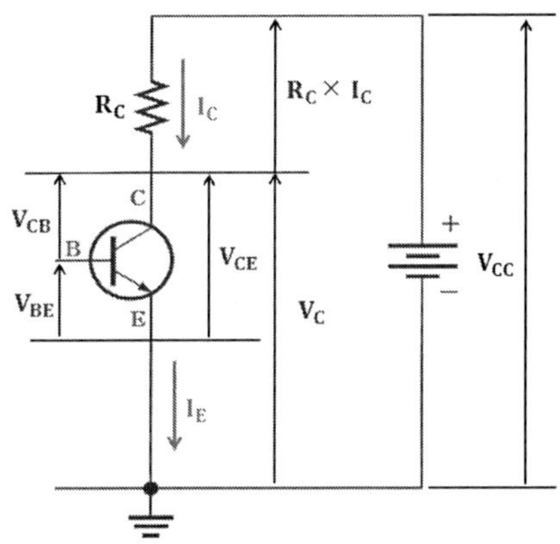
⑧	V_{CE}	$V_{CE} = V_C$	
⑨	V_{CB}	$V_{CB} = V_{CE} - V_{BE}$	
⑩	특성 방정식	$V_{CE} = V_{CC} - R_C I_C$	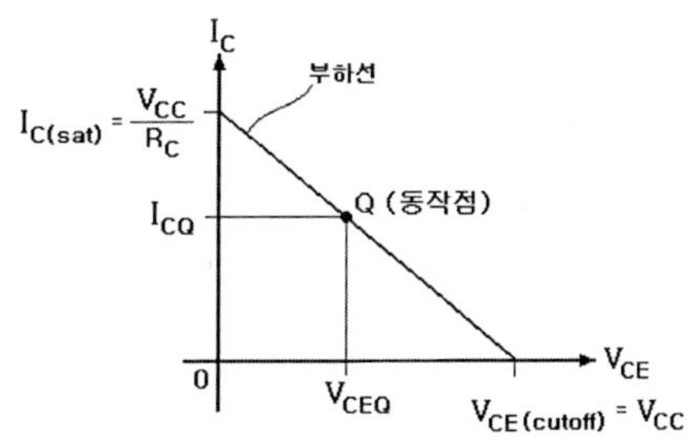
⑪	$V_{CE(cutoff)}$	$V_{CE(cutoff)} = V_{CC}$	
⑫	$I_{C(sat)}$	$I_{C(sat)} = \dfrac{V_{CC}}{R_C}$	

표 7.1 베이스 바이어스 직류해석

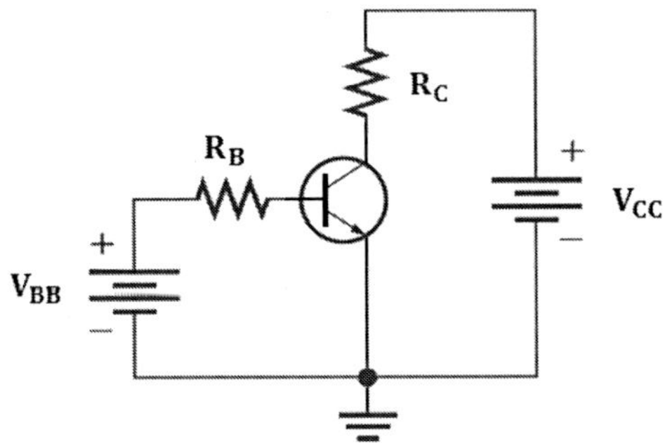

그림 7.4 예제 7.1

예제 7.1

그림 7.4 회로의 직류 해석을 하시오.
$V_{BB}=5[\mathrm{V}]$, $V_{CC}=10[\mathrm{V}]$, $R_B=10[\mathrm{k}\Omega]$, $R_C=100[\Omega]$이고, 트랜지스터는 상온 선형영역에서 동작하며 $\beta_{DC}=100$일 때, V_B, V_E, V_C, V_{BE}, V_{CE}, V_{CB}, I_B, I_C, I_E를 구하고, 특정방정식과 차단전압, 포화전류를 구하고 부하선과 동작점 Q를 구하시오.

[풀이]

① $V_{BE} = 0.7[\mathrm{V}]$

② $V_E = 0$

③ $V_B = V_{BE} = 0.7\mathrm{V}]$

④ $I_B = \dfrac{V_{BB}-V_B}{R_B} = \dfrac{V_{BB}-V_{BE}}{R_B}$

$= \dfrac{5[\mathrm{V}]-0.7[\mathrm{V}]}{10[\mathrm{k}\Omega]} = 0.43[\mathrm{mA}]$

⑤ $I_C = \beta_{DC} \times I_B$

$= 100 \times 0.43[\mathrm{mA}] = 43[\mathrm{mA}]$

⑥ $I_E = I_C + I_B$

$= 43[\mathrm{mA}] + 0.43[\mathrm{mA}] = 43.43[\mathrm{mA}]$

⑦ $V_C = V_{CC} - R_C \times I_C$

$= 10[\mathrm{V}] - 100[\Omega] \times 43[\mathrm{mA}] = 6.7[\mathrm{V}]$

⑧ $V_{CE} = V_C$

$= 5.7[\mathrm{V}]$

⑨ $V_{CB} = V_C - V_B$

$= 5.7[\mathrm{V}] - 0.7[\mathrm{V}] = 5[\mathrm{V}]$

⑪ 특성방정식

$V_{CE} = V_{CC} - R_C I_C$

$V_{CE} = 10 - 100 \times I_C$

⑫ 차단전압

$V_{CE(cutoff)} = V_{CC} = 10[\mathrm{V}]$

⑬ 포화전류

$$I_{C(set)} = \frac{V_{CC}}{R_C}$$

$$= \frac{10[\mathrm{V}]}{100[\Omega]} = 100[\mathrm{mA}]$$

⑭ 동작점 Q에서의 V_{CE}와 I_C

$V_{CEQ} = 5.7[\mathrm{V}]$

$I_{CQ} = 43[\mathrm{mA}]$

⑮ 부하선과 동작점 Q

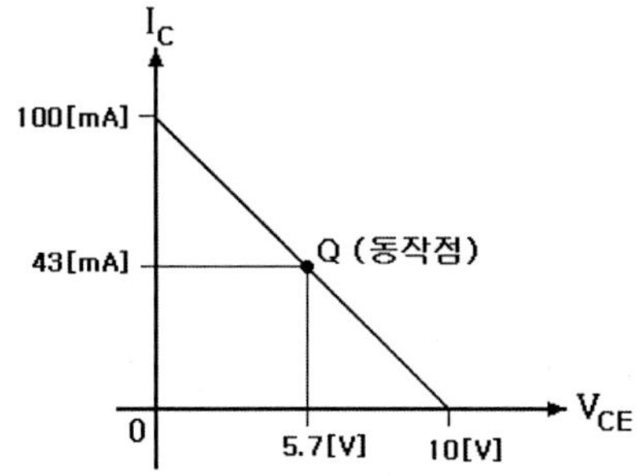

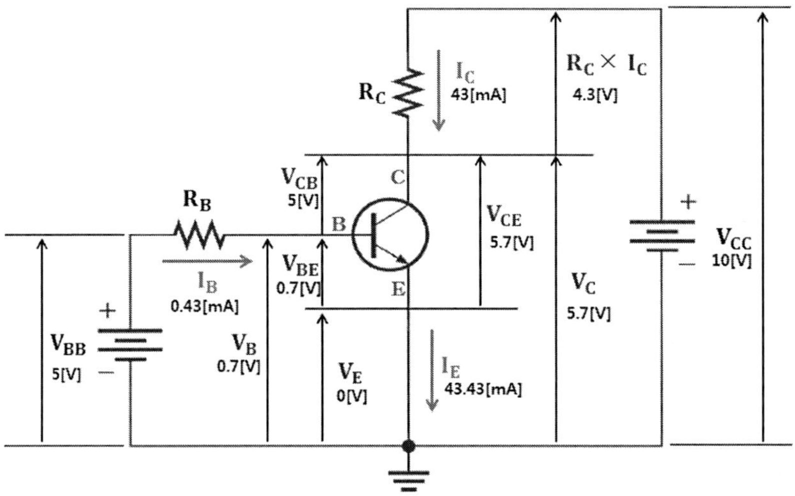

■

7.2 이미터 안정화 바이어스 회로

고정 바이어스 방법은 트랜지스터의 바이어스 방법 가운데 가장 간단한 바이어스 방법이다. 그러나 온도와 같은 트랜지스터 특성 매개변수의 변화에 따라 컬렉터 전류가 쉽게 변한다. 대표적으로 직류 전류이득인 β_{DC}의 값은 온도에 따라 80~120까지 변동한다. 이렇게 β_{DC}의 값이 변하게 되면, 베이스 전류 I_B가 일정함에도 불구하고 컬렉터 전류 I_C가 변하게 된다.

이러한 문제를 해결하기 위하여 그림 7.2의 회로와 같이 고정된 베이스 전류 I_B를 공급하는 대신에 이미터 전압원 V_{EE}을 사용하는 방법을 고려해 보자.

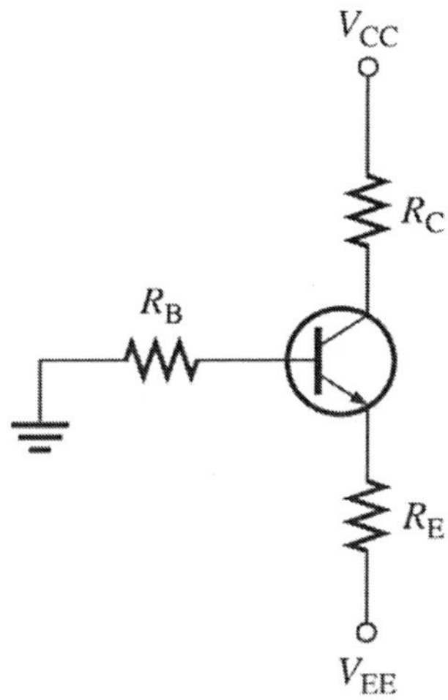

그림 7.5 이미터 바이어스 회로

그림 7.5의 회로에서 트랜지스터가 npn형이고 베이스 저항 R_B가 접지되어 있으므로 전류가 이미터에서 전압원 V_{EE}로 흘러야 하고, 전압원 V_{EE}는 음의 값을 갖는다. 예를 들면 -10[V]와 같은 값을 가져야하므로 그림 7.5를 다시 표현하면 그림 7.6과 같이 그릴 수 있다.

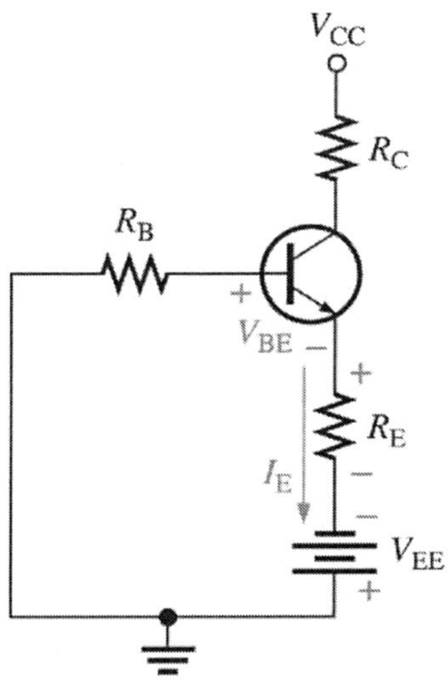

그림 7.6 이미터 바이어스 회로의 V_{EE} 표현

다시 그림 7.6에서 전압원 V_{EE}를 그림 7.7과 같이 이동하여 표현 할 수 있다. 그림 7.7의 회로와 베이스 바이어스 회로와 비교해 보면, 베이스 바이어스 회로의 이미터와 접지 사이에 이미터 저항 R_E가 추가된 것과 같게 됨을 알 수 있다.

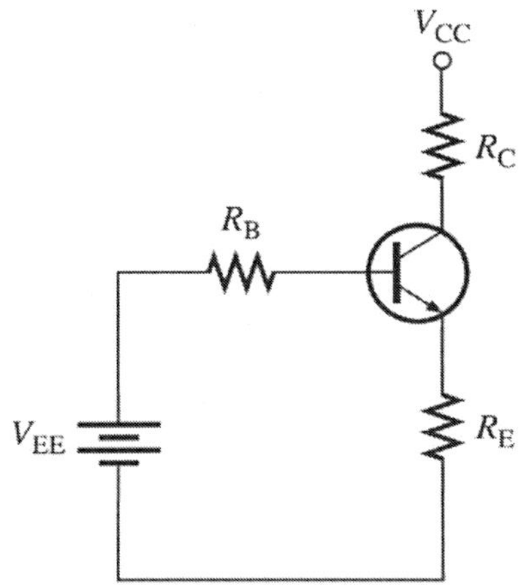

그림 7.7 이미터 바이어스 회로

▶ 이미터 바이어스 회로의 해석

베이스 바이어스 회로와 동일하게 먼저 트랜지스터를 중심으로 트랜지스터의 베이스, 이미터, 컬렉터 각각의 전압과 전류들, 즉, V_B, V_C, V_E와 I_B, I_C, I_E 그리고 V_{BE}, V_{CB}, V_{CE}를 표시해보자.

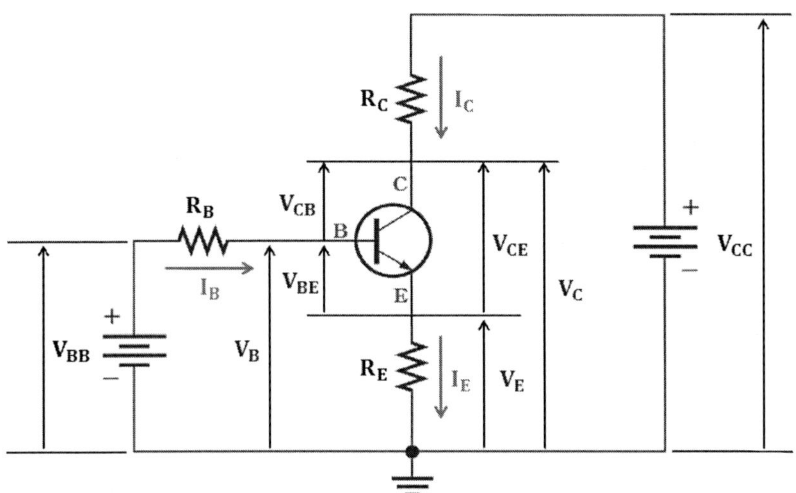

그림 7.8 이미터 바이어스 회로의 전압 전류 표현

베이스 바이어스 회로와 달리 베이스 전류 I_B를 직접 구할 수 없다.

베이스 전류 I_B는 베이스 저항 R_B를 통해 베이스 전압원 V_{BB}와 베이스 전압 V_B 사이에 흐르는 전류이므로,

$$I_B = \frac{V_{BB} - V_B}{R_B} \tag{7.4}$$

그림 7.8로부터 베이스 전압 V_B은 다음과 같이 된다.

$$V_B = V_E + V_{BE} \tag{7.5}$$

이미터 전압 V_E는

$$V_E = R_E \cdot I_E \tag{7.6}$$

이미터 전류 I_E는 컬렉터 전류 I_C와 거의 같으므로 다음과 같이 나타낼 수 있다.

$$I_E \cong I_C = \beta_{DC} \cdot I_B \tag{7.7}$$

식(7.7)을 식(7.6)에 대입하면,

$$V_E = R_E \cdot (\beta \cdot I_B) \tag{7.8}$$

식(7.8)을 다시 식(7.5)에 대입하면,

$$V_B = R_E \cdot (\beta \cdot I_B) + V_{BE} \tag{7.9}$$

또, 식(7.9)를 식(7.4)에 대입하며,

$$I_B = \frac{V_{BB} - \beta \cdot R_E \cdot I_B - V_{BE}}{R_B} \tag{7.10}$$

식(7.10)를 베이스 전류 I_B에 대하여 정리하면,

$$R_B \cdot I_B = V_{BB} - \beta \cdot R_E \cdot I_B - V_{BE}$$

$$(R_B + \beta \cdot R_E) \cdot I_B = V_{BB} - V_{BE}$$

$$I_B = \frac{V_{BB} - V_{BE}}{R_B + \beta \cdot R_E}$$

즉, 베이스 전류I_B는 다음과 같이 구해진다.

$$I_B = \frac{V_{BB} - V_{BE}}{R_B + \beta \cdot R_E} \tag{7.11}$$

컬렉터 전류I_C는 식(7.2)의 $I_C = \beta \cdot I_B$로부터 다음과 같이 된다.

$$I_C = \beta \cdot \frac{V_{BB} - V_{BE}}{R_B + \beta \cdot R_E} \tag{7.12}$$

다음으로 컬렉터 전압 V_C를 구하면,

$$V_C = V_{CC} - R_C \cdot I_C \tag{7.13}$$

이미터 전압 V_E는 식(7.8)에서 $V_E = R_E \cdot I_E$에 대입하여 구해지고, 컬렉터-이미터 전압 V_{CE}는 다음과 같이 된다.

$$V_{CE} = V_C - V_E \tag{7.14}$$

컬렉터-베이스 전압 V_{CB}는 다음과 같이 된다.

$$V_{CB} = V_C - V_B \tag{7.15}$$

또한 이미터 바이어스 회로의 특성방정식은 식(7.16)과 같다.

$$V_{CE} = V_{CC} - (R_C + R_E) \cdot I_C \tag{7.16}$$

이미터 바이어스 회로의 포화전류 $I_{C(sat)}$와 차단전압 $V_{CE(cutoff)}$는 식(7.16)으로부터 다음과 같이 된다.

$$I_{C(sat)} = \frac{V_{CC}}{R_C + R_E} \tag{7.17}$$

$$V_{CE(cutoff)} = V_{CC} \tag{7.18}$$

그러므로 직류 부하선은 다음과 같이 된다.

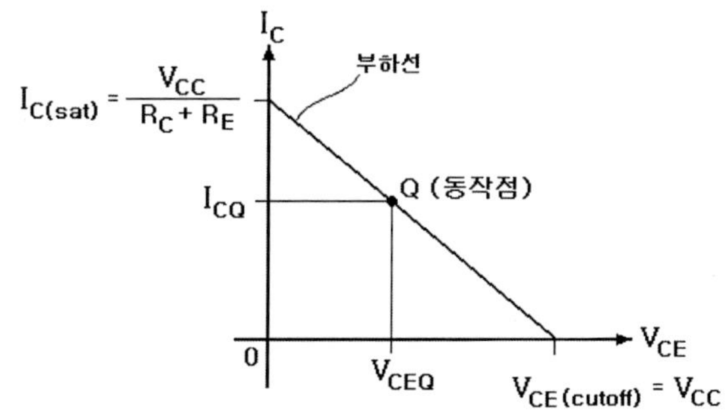

그림 7.9 이미터 바이어스 회로의 직류 부하선과 동작점

순서	회로값	공식
①	V_{BE}	$V_{BE} = 0.7[\mathrm{V}]$
②	I_B	$I_B = \dfrac{V_{BB} - V_{BE}}{R_B + \beta \cdot R_E}$
③	I_C	$I_C = \beta \cdot I_B$
④	I_E	$I_E = I_C + I_B$ 또는 $I_E \cong I_C$
⑤	V_E	$V_E = R_E \times I_E$
⑥	V_B	$V_B = V_E + V_{BE}$
⑦	V_C	$V_C = V_{CC} - R_C \times I_C$
⑧	V_{CE}	$V_{CE} = V_C - V_E$
⑨	V_{CB}	$V_{CB} = V_{CE} - V_{BE}$
⑩	특성방정식	$V_{CE} = V_{CC} - (R_C + R_E) \cdot I_C$
⑪	$V_{CE(cutoff)}$	$V_{CE(cutoff)} = V_{CC}$
⑫	$I_{C(sat)}$	$I_{C(sat)} = \dfrac{V_{CC}}{R_C + R_E}$

표 7.2 이미터 안정화 바이어스 직류해석

예제 7.2

그림 7.10 회로의 직류 해석을 하시오.
$V_{CC} = 10[\mathrm{V}]$, $R_B = 100[\mathrm{k}\Omega]$, $R_C = 560[\Omega]$, $R_E = 1[\mathrm{k}\Omega]$이고, 트랜지스터는 상온 선형영역에서 동작하며 $\beta_{DC} = 100$일때, V_B, V_E, V_C, V_{BE}, V_{CE}, V_{CB}, I_B, I_C, I_E를 구하고, 특성방정식과 차단전압, 포화전류를 구하고 부하선과 동작점 Q를 구하시오.

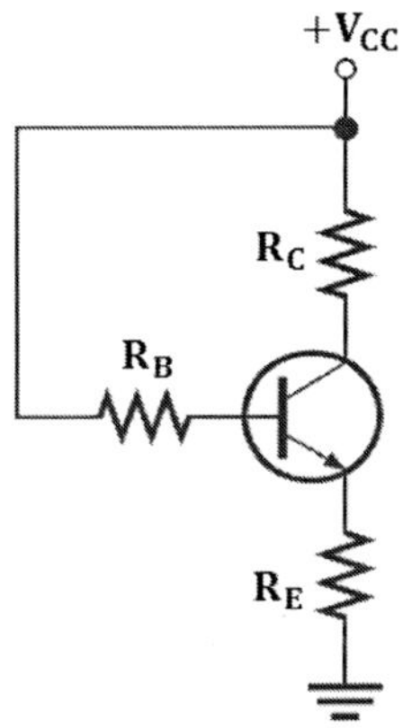

그림 7.10 예제 7.2

[풀이]

베이스-이미터 사이가 순방향으로 바이어스 되어 있고, $V_{BB} > 0.7[\mathrm{V}]$이므로,

① $V_{BE} = 0.7[\mathrm{V}]$

② $I_B = \dfrac{V_{CC} - V_{BE}}{R_B + \beta \cdot R_E}$

$$= \frac{10[\mathrm{V}] - 0.7[\mathrm{V}]}{100[\mathrm{k}\Omega] + 100 \times 1[\mathrm{k}\Omega]} = 0.0465[\mathrm{mA}]$$

③ $I_C = \beta_{DC} \times I_B$

$$= 100 \times 0.0465[\mathrm{mA}] = 4.65[\mathrm{mA}]$$

④ $I_E \cong I_C = 4.65[\mathrm{mA}]$

⑤ $V_E = R_E \cdot I_E$

$$= 1[\mathrm{k}\Omega] \times 4.65[\mathrm{mA}] = 4.7[\mathrm{V}]$$

⑥ $V_B = V_E + V_{BE}$

$$= 4.7[\mathrm{V}] + 0.7[\mathrm{V}] = 5.4[\mathrm{V}]$$

⑦ $V_C = V_{CC} - R_C \times I_C$

$= 10[\mathrm{V}] - 0.560[\mathrm{k\Omega}] \times 4.65[\mathrm{mA}] = 7.4[\mathrm{V}]$

⑧ $V_{CE} = V_C - V_E$

$= 7.4[\mathrm{V}] - 4.7[\mathrm{V}] = 2.7[\mathrm{V}]$

⑨ $V_{CB} = V_{CE} - V_{BE}$

$= 2.7[\mathrm{V}] - 0.7[\mathrm{V}] = 2[\mathrm{V}]$

⑩ 특성방정식 : $V_{CE} = 10 - 1560 \cdot I_C$

⑪ 차단전압 :

$V_{CE(cutoff)} = V_{CC}$

$= 10[\mathrm{V}]$

⑫ 포화전류 :

$$I_{C(sat)} = \frac{V_{CC}}{R_C + R_E}$$

$$= \frac{10[\mathrm{V}]}{560[\Omega] + 1[\mathrm{k\Omega}]} = 6.41[\mathrm{mA}]$$

⑬ 동작점Q에서의 V_{CE}와 I_C

$V_{CEQ} = 2.7[\mathrm{V}]$

$I_{CQ} = 4.65[\mathrm{mA}]$

⑭ 부하선과 동작점Q

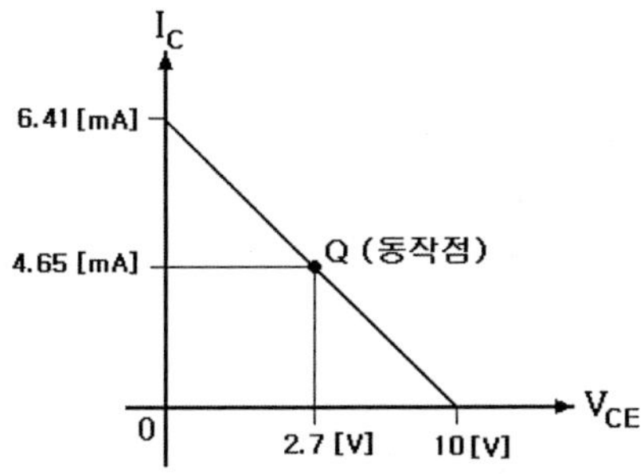

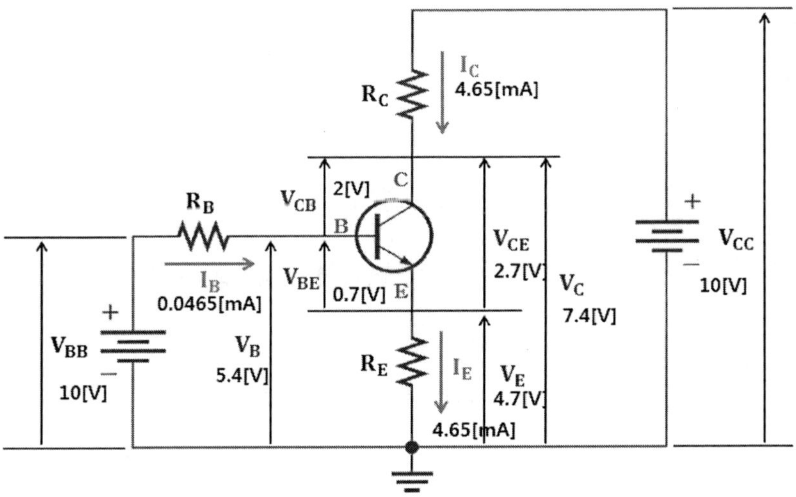

■

▶ 이미터 바이어스 회로의 안정화

이미터 바이어스 회로의 안정화에 대하여 살펴보자.

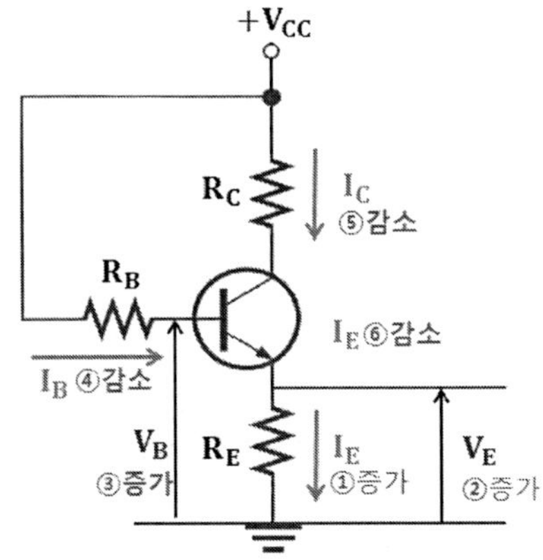

그림 7.11 이미터 바이어스 안정화

그림 7.11의 회로에서 어떠한 이유로 ① 이미터 전류 I_E가 증가하면, $V_E = R_E \cdot I_E$이므로 ② 이미터 전압 V_E가 증가하게 된다.

이미터 전압 V_E이 증가하면, $V_B = V_E + V_{BE}$이므로 ③ 베이스 전압 V_B도 증가하게 된다. 베이스 전류 $I_B = \dfrac{V_{CC} - V_B}{R_B}$에서 전압원 V_{BB}는 일정한 값이므로 베이스 전압 V_B가 증가하면 베이스 ④ 전류 I_B는 감소하게 된다.

베이스 전류 I_B가 감소하면, $I_C = \beta \cdot I_B$이므로 ⑤ 컬렉터 전류 I_C는 감소하게 되고, ⑥ 이미터 전류 I_E도 감소하게 된다.

반대로, 어떠한 이유로 이미터 전류 I_E가 감소하면, 이미터 전압 V_E와 베이스 전압 V_B는 감소하고 베이스 전류 I_B는 증가하게 되며, 컬렉터 전류 I_C와 이미터 전류 I_E는 증가하게 된다.

즉, 이미터에 추가된 저항 R_E로 인하여, 이미터 전류가 베이스 전류를 변화시키도록 하는 역할을 하게 되기 때문이다. 이러한 작용을 귀환(feedback)이라 한다.

한편 식(7.11)을 살펴보면, 트랜지스터의 특성 매개변수 가운데 온도에 따라 가장 많이 변동하는 β로 인하여, $I_C = \beta \cdot I_B$에 의해 컬렉터 전류가 변동하게 되는데, 이미터 바이어스의 식(7.11)의 컬렉터 전류식 $I_C = \beta \cdot \dfrac{V_{CC} - V_{BE}}{R_B + \beta \cdot R_E}$를 살펴보면, 켈렉터 전류의 변동에 영향을 주는 β가 분자와 분모에서 상당부분 상쇄되고 있음을 알 수 있다.

$$I_C = \beta \times \frac{V_{CC} - V_{BE}}{R_B + \beta R_E}$$

즉, 베이스 바이어스에서의 켈렉터 전류식 $I_C = \beta \cdot \dfrac{V_{CC} - V_{BE}}{R_B}$과 비교해 보면, 분모에 추가된 $\beta \cdot R_E$가 β값의 변동을 상쇄 시켜 주고 있음을 알 수 있다. 특히 $\beta \cdot R_E \gg R_B$일수록 컬렉터 전류가 β값 변동에 대한 안정화되는 것을 알 수 있다.

이미터 바이어스 회로는 이미터 전류가 귀환되어 안정화시키는 작용으로 인하여 이미터 전류귀환 바이어스 또는 이미터 안정화 바이어스라고 한다.

7.3 전압분배 바이어스 회로

그림 7.12의 회로는 전압분배 바이어스(voltage-divider bias) 회로로 신형증폭기 회로에 가장 보편적으로 사용되는 바이어스 방식이다. 베이스 전압이 저항 R_1과 R_2로 구성된 전압분배에 의하여 이루어지기 때문에 "전압분배"라고 한다.

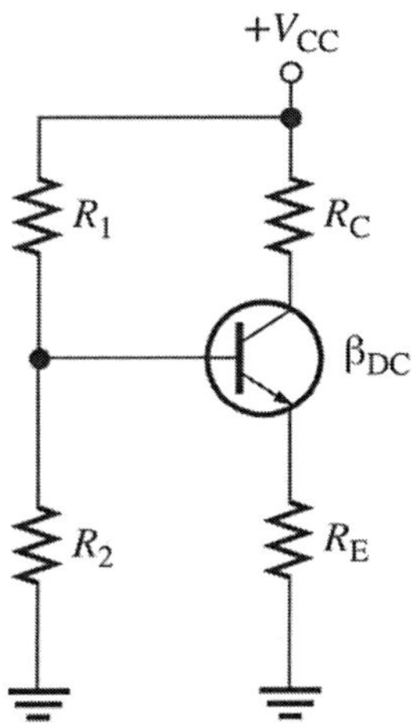

그림 7.12 전압분배 바이어스

(1) 베이스 전류

저항 R_2에 걸리는 전압이 베이스-에미터 다이오드를 순방향으로 바이어스 시킨다.

베이스 전류 I_B는 베이스 입력측의 R_1, R_2에 의해 분압되어 있는 전압과 분압에 의해 흘러가는 전류를 바로 구하기가 어려우므로, 그림 7.13(a)의 트랜지스터의 베이스에서 R_1, R_2 방향의 테브닌(Thevenin)의 등가회로 그림 7.13(b)를 구하면, 테브닌 저항 R_{TH}와 테브닌 전압 V_{TH}는 각각 식(7.19)과 식(7.20)처럼 된다.

$$R_{TH} = R_1 \parallel R_2 = \frac{R_1 \cdot R_2}{R_1 + R_2} \tag{7.19}$$

$$V_{TH} = \frac{R_2}{R_1 + R_2} V_{CC} \tag{7.20}$$

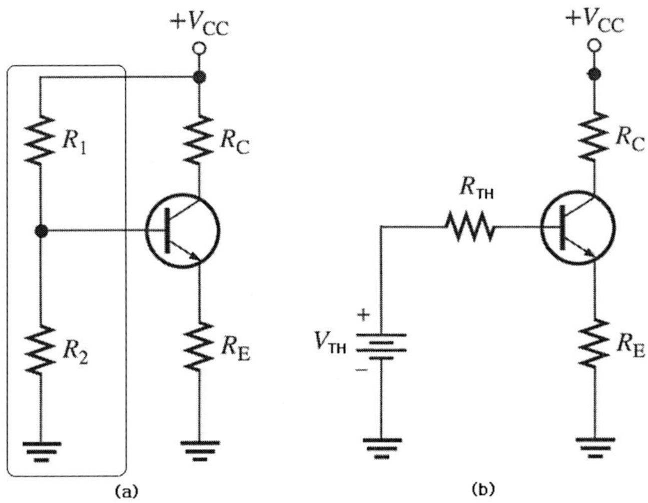

그림 7.13 베이스의 테브닌 등가 변환

테브닌 등가변환된 회로 그림 7.13(b)의 베이스 전류 I_B는 이미터 바이어스 회로에서와 같은 방법으로 구해진다.

$$I_B = \frac{V_{TH} - V_B}{R_{TH}} \tag{7.21}$$

$$V_B = V_E - V_{BE} \tag{7.22}$$

이미터 전압 V_E는

$$V_E = R_E \cdot I_E \tag{7.23}$$

이미터 전류I_E는 컬렉터 전류I_C와 거의 같으므로 다음과 같이 나타낼 수 있다.

$$I_E \cong I_C = \beta_{DC} \cdot I_B \tag{7.24}$$

식(7.24)을 식(7.23)에 대입하면,

$$V_E = R_E \cdot (\beta \cdot I_B) \tag{7.25}$$

식(7.25)을 다시 식(7.22)에 대입하면,

$$V_B = R_E \cdot (\beta \cdot I_B) - V_{BE} \tag{7.26}$$

또, 식(7.26)를 식(7.21)에 대입하며,

$$I_B = \frac{V_{TH} - \beta \cdot R_E \cdot I_B - V_{BE}}{R_{TH}} \tag{7.27}$$

식(7.27)를 베이스 전류I_B에 대하여 정리하면,

$$R_{TH} \cdot I_B = V_{TH} - \beta \cdot R_E \cdot I_B - V_{BE}$$

$$(R_{TH} + \beta \cdot R_E) \cdot I_B = V_{TH} - V_{BE}$$

$$I_B = \frac{V_{TH} - V_{BE}}{R_{TH} + \beta \cdot R_E}$$

즉, 베이스 전류I_B는 다음과 같이 구해진다.

$$I_B = \frac{V_{TH} - V_{BE}}{R_{TH} + \beta \cdot R_E} \tag{7.28}$$

$$= \frac{\frac{R_2}{R_1 + R_2} V_{CC} - V_{BE}}{\frac{R_1 R_2}{R_1 + R_2} + \beta \cdot R_E}$$

(2) 컬렉터-이미터 사이의 전압

컬렉터 전류I_C는 식(7.2)의 $I_C = \beta \cdot I_B$로부터 다음과 같이 된다.

$$I_C = \beta \cdot \frac{V_{TH} - V_{BE}}{R_{TH} + \beta \cdot R_E} \tag{7.29}$$

다음으로 컬렉터 전압 V_C를 구하면,

$$V_C = V_{CC} - R_C \cdot I_C \tag{7.30}$$

이미터 전압 V_E는 식(7.23)에서 $V_E = R_E \cdot I_E$에 대입하여 구해지고, 컬렉터-이미터 전압 V_{CE}는 다음과 같이 된다.

$$V_{CE} = V_C - V_E \tag{7.31}$$

컬렉터-베이스 전압 V_{CB}는 다음과 같이 된다.

$$V_{CB} = V_C - V_B \tag{7.32}$$

또한 이미터 바이어스 회로의 특성방정식은 식(7.33)과 같다.

$$V_{CE} = V_{CC} - (R_C + R_E) \cdot I_C \tag{7.33}$$

예제 7.3

그림 7.14의 전압분배 바이어스 회로에서 $R_1 = 40[k\Omega]$, $R_2 = 4[k\Omega]$, $R_C = 4[k\Omega]$, $R_E = 1[k\Omega]$이고, $V_{CC} = 20[V]$, β=100일 때, I_C와 V_{CE}를 구하라.

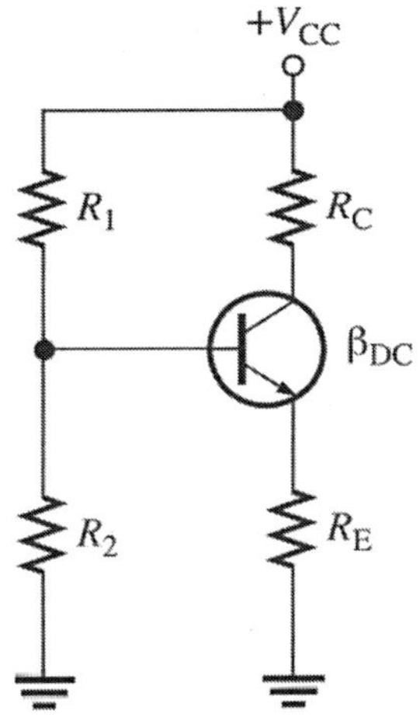

그림 7.14 예제 7.3

[풀이]

먼저, 테브닌 등가 저항 R_{TH}와 전압 V_{TH}을 구하면,

$$R_{TH} = R_1 \parallel R_2$$

$$= \frac{R_1 \cdot R_2}{R_1 + R_2}$$

$$= \frac{40[k\Omega] \cdot 4[k\Omega]}{40[k\Omega] + 4[k\Omega]} = 3.64[k\Omega]$$

$$V_{TH} = \frac{R_2}{R_1 + R_2} V_{CC}$$

$$= \frac{4[k\Omega]}{40[k\Omega] + 4[k\Omega]} 20[V] = 1.82[V]$$

베이스 전류 I_B는 식(7.28)로부터 다음과 같이 구해진다.

$$I_B = \frac{V_{TH} - V_{BE}}{R_{TH} + \beta \cdot R_E}$$

$$= \frac{1.82[\mathrm{V}] - 0.7[\mathrm{V}]}{3.64[\mathrm{k}\Omega] + 100 \times 1[\mathrm{k}\Omega]} = 0.011[\mathrm{mA}]$$

컬렉터 전류 I_C는 다음과 같이 구해진다.

$$I_C = \beta \cdot I_B$$

$$= 100 \times 0.011[\mathrm{mA}] = 1.1[\mathrm{mA}]$$

컬렉터-이미터 전압은 식(7.33)으로부터

$$V_{CE} = V_{CC} - (R_C + R_E) \cdot I_C$$

$$= 20[\mathrm{V}] - (4[\mathrm{k}\Omega] + 1[\mathrm{k}\Omega]) \cdot 1.1[\mathrm{mA}] = 14.5[\mathrm{V}]$$

■

(3) 전압분배 바이어스의 근사 해석

그림 7.15(a)의 베이스 저항 R_1, R_2에 대하여, 그림 7.15(b)와 같이 트랜지스터의 베이스 쪽을 등가저항$R_{in(Base)}$으로 고려하자.

만일, $R_{in(Base)}$이 R_2보다 매우 크다면($R_{in(Base)} \rangle\rangle R_2$), $R_{in(Base)}$에 흐르는 전류는 R_2에 흐르는 전류보다 매우 작아 무시할 수 있게 된다. 즉, $R_{in(Base)}$에 해당하는 트랜지스터 베이스 부분이 R_1, R_2과 분리되어 있다고 생각할 수 있고, 베이스의 전압 V_B는 V_{CC}에 대한 R_1, R_2의 전압분배법칙에 의하여 다음과 같이 표현할 수 있다.

$$V_B = \frac{R_2}{R_1 + R_2} V_{CC} \tag{7.34}$$

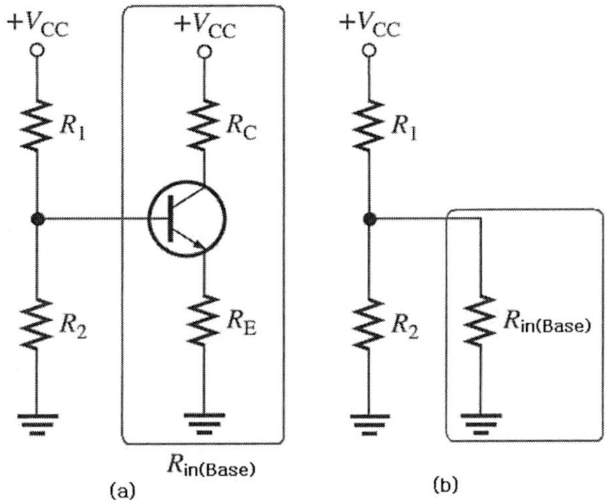

그림 7.15 트랜지스터 베이스 입력 저항

그러면, 전압분배 바이어스(VDB) 회로에 대하여 그림 7.16과 같이 트랜지스터를 중심으로 트랜지스터의 베이스, 이미터, 컬렉터 각각의 전압과 전류들, 즉, V_B, V_C, V_E와 I_B, I_C, I_E 그리고 V_{BE}, V_{CB}, V_{CE}를 표시해보자.

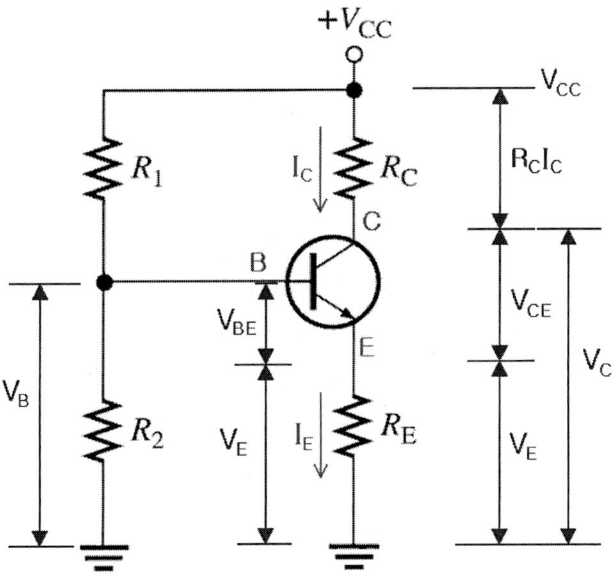

그림 7.16 VDB의 전압 전류 표현

근사 해석을 위한 조건 $R_{in(Base)} \rangle\rangle R_2$이 만족한다면, 베이스 전압 V_B는 식(7.35)와 같이 된다.

$$V_B = \frac{R_2}{R_1 + R_2} V_{CC} \tag{7.35}$$

베이스 전압 V_B로부터 그림 7.16에서 이미터 전압 V_E와 이미터 전류 I_E를 구할 수 있다.

$$V_E = V_B - V_{BE} \tag{7.36}$$

$$I_E = \frac{V_E}{R_E} \tag{7.37}$$

또한, 켈렉터 전류 I_C가 $I_C \cong I_E$이므로 컬렉터 전압 V_C과 컬렉터-이미터 전압 V_{CE}를 구할 수 있다.

$$V_C = V_{CC} - R_C \cdot I_C \tag{7.38}$$

$$V_{CE} = V_C - V_E \tag{7.39}$$

전압분배 바이어스 회로의 특성방정식은 다음과 같이 된다.

$$V_{CE} = V_{CC} - (R_C + R_E) \cdot I_C \tag{7.40}$$

전압분배 바이어스 회로의 특성방정식과 이미터 바이어스 회로 특성방정식이 같다는 것을 알 수 있다. 그러므로 포화전류 $I_{C(sat)}$와 차단전압 $V_{CE(cutoff)}$도 이미터 바이어스와 같다.

$$I_{C(sat)} = \frac{V_{CC}}{R_C + R_E} \tag{7.41}$$

$$V_{CE(cutoff)} = V_{CC} \tag{7.42}$$

또한 전압분배 바이어스의 직류 부하선은 다음과 같이 된다.

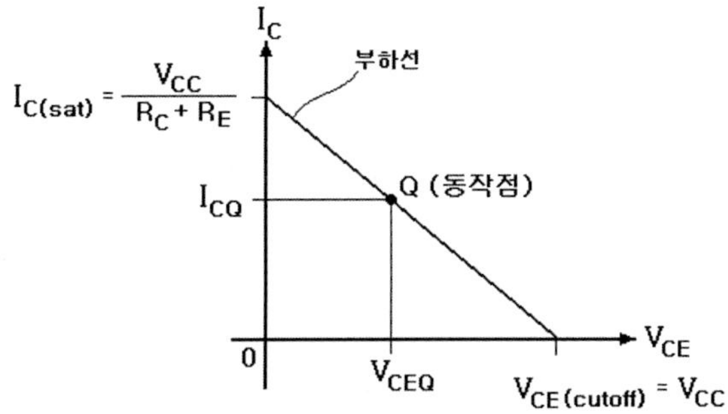

그림 7.17 이미터 바이어스 회로의 직류 부하선과 동작점

전압분배 바이어스 회로에 대해 근사해석 방법을 사용하면, 베이스 전류 I_B를 구하지 않고, 베이스 전압 V_B를 이용하여, 이미터 전압 V_E와 이미터 전류 I_E를 직접 구하게 된다.

이것은 트랜지스터에 컬렉터 전류가 베이스 전류의 영향을 받지 않고, 즉 전류증폭율β의 영향을 받지 않고 베이스 저항의 R_1과 R_2에 의하여 일정하게 공급된다는 것을 의미한다.

순서	회로값	공식
①	V_{BE}	$V_{BE} = 0.7[\mathrm{V}]$
②	V_B	$V_B = \dfrac{R_2}{R_1 + R_2} V_{CC}$
③	V_E	$V_E = V_B - V_{BE}$
④	I_E	$I_E = \dfrac{V_E}{R_E}$
⑤	I_C	$I_E \cong I_C$
⑥	V_C	$V_C = V_{CC} - R_C \times I_C$
⑦	V_{CE}	$V_{CE} = V_C - V_E$
⑧	V_{CB}	$V_{CB} = V_{CE} - V_{BE}$
⑨	특성방정식	$V_{CE} = V_{CC} - (R_C + R_E) \cdot I_C$
⑩	$V_{CE(cutoff)}$	$V_{CE(cutoff)} = V_{CC}$
⑪	$I_{C(sat)}$	$I_{C(sat)} = \dfrac{V_{CC}}{R_C + R_E}$

표 7.3 전압분배 바이어스(VDB) 직류해석

예제 7.4

예제 7.3의 전압분배 바이어스 회로에서 $R_1=40[k\Omega]$, $R_2=4[k\Omega]$, $R_C=4[k\Omega]$, $R_E=1[k\Omega]$이고, $V_{CC}=20[V]$, β=100일 때, 근사해석 방법을 사용하여 해석하시오.

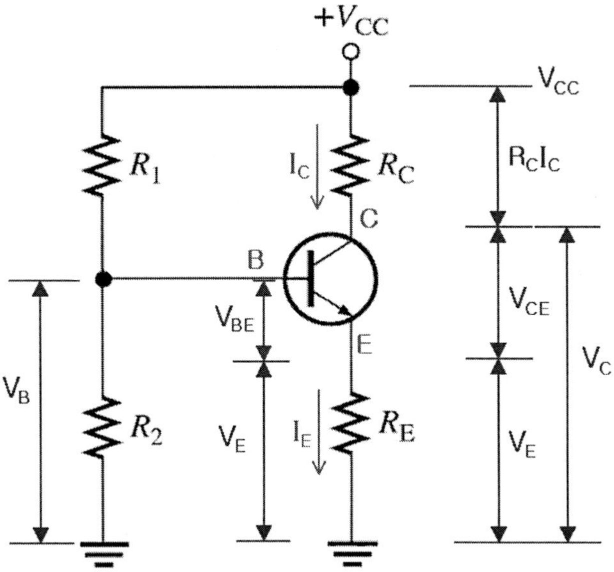

그림 7.18 예제 7.4

[풀이]

① $V_{BE}=0.7[V]$

② $V_B=\dfrac{R_2}{R_1+R_2}V_{CC}$

$=\dfrac{4[k\Omega]}{40[k\Omega]+4[k\Omega]}\times 20[V]$

$=1.82[V]$

③ $V_E=V_B-V_{BE}$

$=1.82[V]-0.7[V]$

$=1.12[V]$

④ $I_E = \dfrac{V_E}{R_E}$

$= \dfrac{1.12[\mathrm{V}]}{1[\mathrm{k}\Omega]}$

$= 1.12[\mathrm{mA}]$

⑤ $I_C \cong I_E$

$= 1.12[\mathrm{mA}]$

⑥ $V_C = V_{CC} - R_C \cdot I_C$

$= 20[\mathrm{V}] - 4[\mathrm{k}\Omega] \times 1.12[\mathrm{mA}]$

$= 15.52[\mathrm{V}]$

⑦ $V_{CE} = V_C - V_E$

$= 15.52[\mathrm{V}] - 1.12[\mathrm{V}]$

$= 14.4[\mathrm{V}]$

⑧ $V_{CB} = V_{CE} - V_{BE}$

$= 14.4[\mathrm{V}] - 0.7[\mathrm{V}]$

$= 13.7[\mathrm{V}]$

⑨ 특성방정식 : $V_{CE} = 20 - 5000 \cdot I_C$

⑩ 차단전압 : $V_{CE(cutoff)} = V_{CC}$

$= 20[\mathrm{V}]$

⑪ 포화전류 : $I_{C(sat)} = \dfrac{V_{CC}}{R_C + R_E}$

$$= \frac{20[\mathrm{V}]}{4[\mathrm{k\Omega}] + 1[\mathrm{k\Omega}]}$$

$$= 4[\mathrm{mA}]$$

⑫ 동작점Q에서의 V_{CE}와 I_C

$$I_{CQ} \cong I_E$$

$$= 1.12[\mathrm{mA}]$$

$$V_{CEQ} = 10[\mathrm{V}] - (4[\mathrm{k\Omega}] + 1[\mathrm{k\Omega}]) \times 1.12[\mathrm{mA}]$$

$$= 14.4[\mathrm{V}]$$

⑬ 부하선

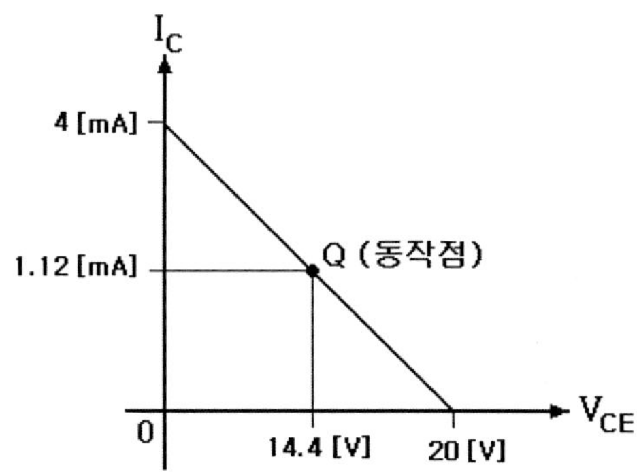

[검토]

[예제 7.3]에서 $I_C = 1.1[\mathrm{mA}]$와 $V_{CE} = 14.5[\mathrm{V}]$가 계산되었는데, 근사 해석에서는 $I_C = 1.12[\mathrm{mA}]$와 $V_{CE} = 14.4[\mathrm{V}]$로 계산되어 허용오차 범위 안에 있음을 알 수 있다.

■

(4) 전압분배 바이어스(VDB) 회로의 안정화

전압분배 바이어스 회로의 안정화에 대하여 살펴보자.

전압분배 바이어스 회로의 베이스 저항 $R_1,$ R_2에 대하여, 그림 7.15(b)와 같이 트랜지스터의 베이스 쪽을 등가저항 $R_{in(Base)}$으로 고려하면, 일반적으로 $R_{in(Base)}$이 R_2보다 매우 크다면 $(R_{in(Base)} \rangle\rangle R_2)$, $R_{in(Base)}$에 흐르는 전류는 R_2에 흐르는 전류보다 매우 작아 무시할 수 있게 된다. 즉, $R_{in(Base)}$에 해당하는 트랜지스터 베이스 부분이 $R_1,$ R_2과 분리되어 있다고 생각할 수 있고, 베이스의 전압 V_B는 V_{CC}에 대한 $R_1,$ R_2의 전압분배법칙에 의하여 결정된다.

즉, 전압분배 바이어스 회로는 베이스 전류I_B를 구하지 않고, 베이스 전압 V_B를 이용하여, 이미터 전압 V_E와 이미터 전류I_E를 직접 구하게 된다.

이것은 트랜지스터에 컬렉터 전류가 베이스 전류의 영향을 받지 않고, 즉 전류증폭율 β의 영향을 받지 않고 베이스 저항의 R_1과 R_2에 의하여 일정하게 공급된다는 것을 의미한다.

7.4 컬렉터 안정화 바이어스 회로

고정 바이어스 방법은 트랜지스터의 바이어스 방법 가운데 가장 간단한 바이어스 방법이다. 그러나 온도와 같은 트랜지스터 특성 매개변수의 변화에 따라 컬렉터 전류가 쉽게 변한다. 대표적으로 직류 전류이득인 β_{DC}의 값은 온도에 따라 80~120까지 변동한다. 이렇게 β_{DC}의 값이 변하게 되면, 베이스 전류 I_B가 일정함에도 불구하고 컬렉터 전류 I_C가 변하게 된다.

이러한 문제를 해결하기 위하여 그림 7.19의 회로와 같이 고정된 베이스 전류 I_B를 공급하는 대신에 컬렉터 전압 V_C을 사용하는 방법을 고려해 보자.

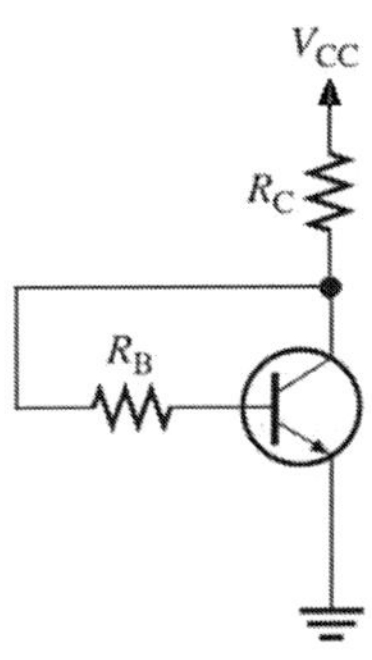

그림 7.19 컬렉 귀환 바이어스 회로

(1) 컬렉터 귀환 바이어스 회로의 해석

컬렉터 귀환 바이어스 회로를 해석하기 위하여 트랜지스터를 중심으로 트랜지스터의 베이스, 이미터, 컬렉터 각각의 전압과 전류들, 즉, V_B, V_C, V_E와 I_B, I_C, I_E 그리고 V_{BE}, V_{CB}, V_{CE}를 표시해 보자.

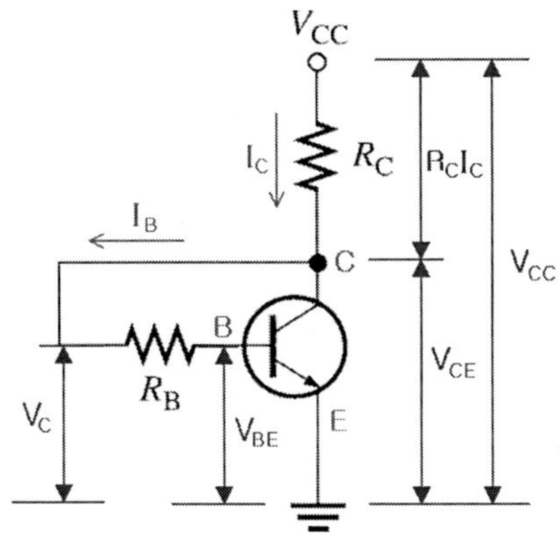

그림 7.20 컬렉터 귀환 바이어스 회로의 전압 전류 표현

베이스 바이어스 회로와 같이 트랜지스터의 이미터가 접지되어 $V_E = 0[V]$이므로, $V_B = V_{BE}$이고, $V_{CE} = V_C$이다. 베이스-이미터 사이가 순방향으로 바이어스 되어 있고, $V_{BB} > 0.7[V]$이라면, 식(7.1)으로부터 $V_{BE} = 0.7[V]$가 되고, $V_B = 0.7[V]$가 된다.

이미터 바이어스 회로와 같이 베이스 전류 I_B를 직접 구할 수 없다.

베이스 전류 I_B는 베이스 저항 R_B를 통해 컬렉터 전압 V_C와 베이스 전압 V_B 사이에 흐르는 전류이므로,

$$I_B = \frac{V_C - V_B}{R_B} \tag{7.43}$$

그림 7.20로부터 컬렉터 전압 V_C은 다음과 같이 된다.

$$V_C = V_{CC} - R_C \cdot I_C \tag{7.45}$$

컬렉터 전류 I_C는

$$I_C = \beta \cdot I_B \tag{7.46}$$

식(7.46)을 식(7.45)에 대입하면,

$$V_C = V_{CC} - R_C \cdot \beta \cdot I_B \tag{7.46}$$

식(7.46)을 다시 식(7.43)에 대입하면,

$$I_B = \frac{V_{CC} - R_C \cdot \beta \cdot I_B - V_B}{R_B} \tag{7.47}$$

식(7.47)를 베이스 전류 I_B에 대하여 정리하면,

$$R_B \cdot I_B = V_{CC} - R_C \cdot \beta \cdot I_B - V_B$$

$$(R_B + \beta \cdot R_C) \cdot I_B = V_{CC} - V_B$$

$$I_B = \frac{V_{CC} - V_B}{R_B + \beta \cdot R_C}$$

즉, 베이스 전류 I_B는 다음과 같이 구해진다.

$$I_B = \frac{V_{CC} - V_{BE}}{R_B + \beta \cdot R_C} \tag{7.48}$$

컬렉터 전류 I_C는 식(7.2)의 $I_C = \beta \cdot I_B$로부터 다음과 같이 된다.

$$I_C = \beta \cdot \frac{V_{CC} - V_{BE}}{R_B + \beta \cdot R_C} \tag{7.49}$$

다음으로 컬렉터 전압 V_C를 구하면,

$$V_C = V_{CC} - R_C \cdot I_C \tag{7.50}$$

이미터 전압 V_{CE}는 $V_E = 0[\mathrm{V}]$이므로 다음과 같이 된다.

$$V_{CE} = V_C \tag{7.51}$$

컬렉터-베이스 전압 V_{CB}는 다음과 같이 된다.

$$V_{CB} = V_C - V_B \tag{7.52}$$

또한 컬렉터 귀환 바이어스 회로의 특성방정식은 고정 바이어스 회로의 특성방정식과 같이 (7.53)이 된다.

$$V_{CE} = V_{CC} - R_C \cdot I_C \tag{7.53}$$

컬렉터 귀환 바이어스 회로의 포화전류 $I_{C(sat)}$와 차단전압 $V_{CE(cutoff)}$는 식(7.53)으로부터 다음과 같이 된다.

$$I_{C(sat)} = \frac{V_{CC}}{R_C} \tag{7.54}$$

$$V_{CE(cutoff)} = V_{CC} \tag{7.55}$$

그러므로 직류 부하선은 다음과 같이 된다.

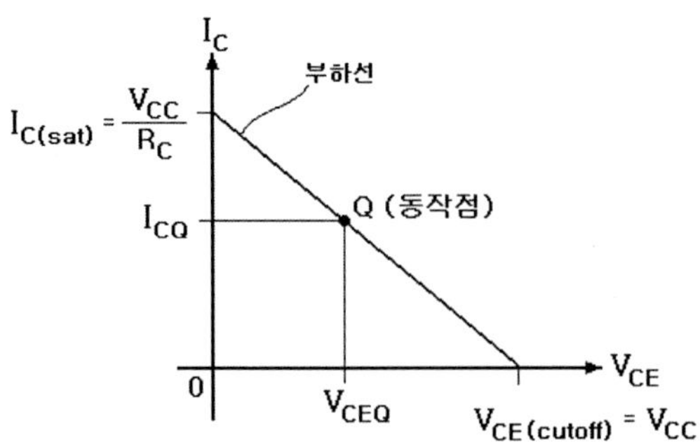

그림 7.22 컬렉터 귀환 바이어스 회로의 직류 부하선과 동작점

순서	회로값	공식
①	V_{BE}	$V_{BE}=0.7[\mathrm{V}]$
②	I_B	$I_B=\dfrac{V_{CC}-V_{BE}}{R_B+\beta\cdot R_C}$
③	I_C	$I_C=\beta\cdot I_B$
④	I_E	$I_E=I_C+I_B$ 또는 $I_E\cong I_C$
⑤	V_E	$V_E=0$
⑥	V_B	$V_B=V_E+V_{BE}$
⑦	V_C	$V_C=V_{CC}-R_C\times I_C$
⑧	V_{CE}	$V_{CE}=V_C$
⑨	V_{CB}	$V_{CB}=V_{CE}-V_{BE}$
⑩	특성방정식	$V_{CE}=V_{CC}-R_C\cdot I_C$
⑪	$V_{CE(cutoff)}$	$V_{CE(cutoff)}=V_{CC}$
⑫	$I_{C(sat)}$	$I_{C(sat)}=\dfrac{V_{CC}}{R_C}$

표 7.4 컬렉터 귀환 바이어스 직류해석

예제 7.5

그림 7.23 회로의 직류 해석을 하시오

$V_{CC}=12[\mathrm{V}]$, $R_B=47[\mathrm{k}\Omega]$, $R_C=100[\Omega]$이고, 트랜지스터는 상온 선형영역에서 동작하며 $\beta_{DC}=100$일 때, V_B, V_E, V_C, V_{BE}, V_{CE}, V_{CB}, I_B, I_C, I_E를 구하고, 특성방정식과 차단전압, 포화전류를 구하고 부하선과 동작점 Q를 구하시오.

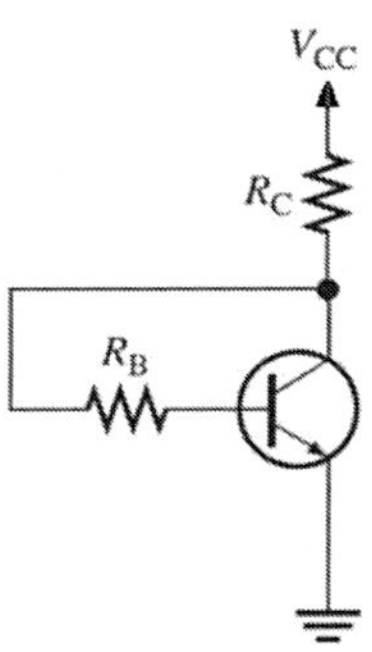

그림 7.23 예제 7.5

[풀이]

① $V_{BE} = 0.7[\mathrm{V}]$

② $I_B = \dfrac{V_{CC} - V_{BE}}{R_B + \beta \cdot R_C}$

$= \dfrac{12[\mathrm{V}] - 0.7[\mathrm{V}]}{47[k\Omega] + 100 \times 100[\Omega]} = 0.2[\mathrm{mA}]$

③ $I_C = \beta \cdot I_B$

$= 100 \times 0.2[\mathrm{mA}] = 20[\mathrm{mA}]$

④ $I_E = I_C + I_B$

$= 20[\mathrm{mA}] + 0.2[\mathrm{mA}] = 20.2[\mathrm{mA}]$

또는

$I_E \cong I_C = 20[\mathrm{mA}]$

⑤ $V_E = 0[\mathrm{V}]$

⑥ $V_B = V_{BE}$

$= 0.7[\mathrm{V}]$

⑦ $V_C = V_{CC} - R_C \cdot I_C$

$= 12[\mathrm{V}] - 100[\Omega] \times 20[\mathrm{mA}] = 10[\mathrm{V}]$

⑧ $V_{CE} = V_C$

$= 10[\mathrm{V}]$

⑨ $V_{CB} = V_C - V_B$

$= 10[\mathrm{V}] - 0.7[\mathrm{V}] = 9.3[\mathrm{V}]$

⑩ 특성방정식 : $V_{CE} = 12 - 100 \cdot I_C$

⑪ 차단전압 : $V_{CE(cutoff)} = V_{CC}$

$$= 12[\text{V}]$$

⑫ 포화전류 : $I_{C(sat)} = \dfrac{V_{CC}}{R_C + R_E}$

$$= \frac{12[\text{V}]}{100[\Omega]} = 120[\text{mA}]$$

⑬ 동작점Q에서의 V_{CE}와 I_C

$$I_{BQ} = \frac{12[\text{V}] - 0.7[\text{V}]}{47[k\Omega] + 100 \times 100[\Omega]}$$

$$= 0.2[\text{mA}]$$

$$I_{CQ} = \beta \cdot I_B$$

$$= 100 \times 0.2[\text{mA}] = 20[\text{mA}]$$

$$V_{CEQ} = 12[\text{V}] - 100[\Omega] \times 20[\text{mA}]$$

$$= 10[\text{V}]$$

⑭ 부하선

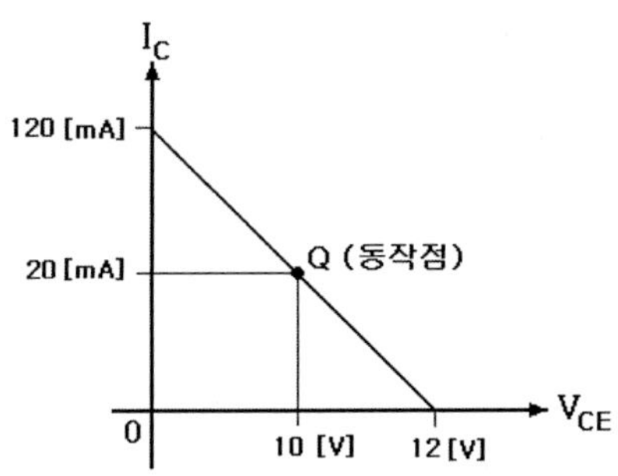

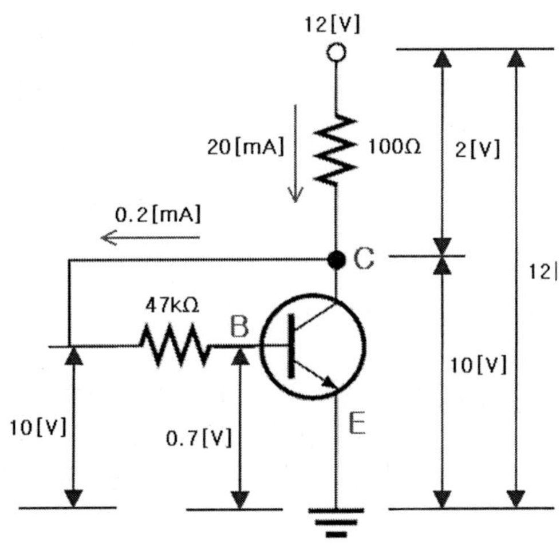

■

(2) 켈렉터 귀환 바이어스 회로의 안정화

컬렉터 귀환 바이어스 회로의 안정화에 대하여 살펴보자.

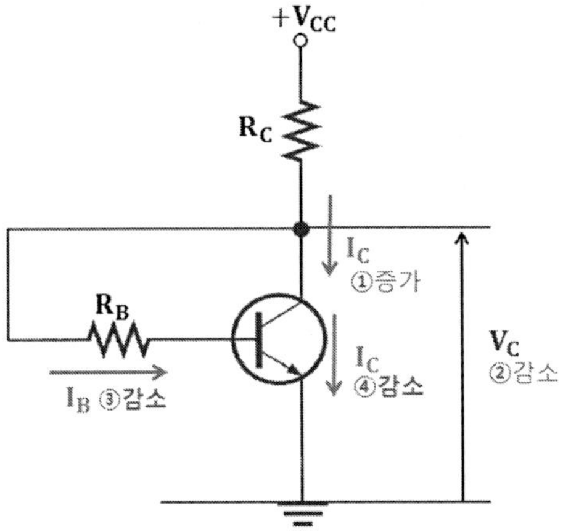

그림 7.24 컬렉터 귀환 바이어스 회로의 전압 전류 표현

그림 7.24의 회로에서 어떠한 이유로 ① 컬렉터 전류 I_C가 증가하면, $V_C = V_{CC} - R_C \cdot I_C$이므로 이미터 ② 전압 V_C가 감소하게 된다.

컬렉터 전압 V_C가 감소하면, 베이스 전압 V_B는 V_{BE}와 같으므로 베이스 전류 $I_B = \dfrac{V_C - V_B}{R_B}$에서 ③ 베이스 전류 I_B는 감소하게 된다.

베이스 전류 I_B가 감소하면, $I_C = \beta \cdot I_B$이므로 ④ 컬렉터 전류 I_C는 감소하게 된다.

반대로, 어떠한 이유로 컬렉터 전류 I_C가 감소하면, 컬렉터 전압 V_C와 베이스 전류 I_B는 증가하게 되며, 컬렉터 전류 I_C와 이미터 전류 I_E는 증가하게 된다.

즉, 컬렉터의 저항 R_C로 인하여, 컬렉터 전압이 베이스 전류를 변화시키도록 하는 역할을 하는 귀환(feedback) 작용이 일어난다.

한편 식(7.49)을 살펴보면, 트랜지스터의 특성 매개변수 가운데 온도에 따라 가장 많이 변동하는 β로 인하여, $I_C = \beta \cdot I_B$에 의해 컬렉터 전류가 변동하게 된다.

컬렉터 귀환 바이어스의 식(7.49)의 컬렉터 전류식 $I_C = \beta \cdot \dfrac{V_{CC} - V_{BE}}{R_B + \beta \cdot R_C}$를 살펴보면, 컬렉터 전류의 변동에 영향을 주는 β가 분자와 분모에서 상당부분 상쇄되고 있음을 알 수 있다.

$$I_C = \cancel{\beta} \times \frac{V_{CC} - V_{BE}}{R_B + \cancel{\beta} R_C}$$

즉, 베이스 바이어스에서의 컬렉터 전류식 $I_C = \beta \cdot \dfrac{V_{BB} - V_{BE}}{R_B}$과 비교해 보면, 분모에 추가된 $\beta \cdot R_C$가 β값의 변동을 상쇄시켜 주고 있음을 알 수 있다. 컬렉터 귀환 바이어스 회로는 컬렉터 전압이 귀환되어 안정화시키는 작용으로 인하여 컬렉터 전압 귀환 바이어스 또는 컬렉터 안정화 바이어스라고 한다.

7.5 접합 트랜지스터 바이어스 회로 시뮬레이션

멀티심(MultiSim)을 이용하여 트랜지스터의 I바이어스 회로를 해석한다.

실습 7-1 베이스 바이어스 해석 시뮬레이션

(1) 회로구성

접합 트랜지스터에 $V_{CC} = 12[V]$, $R_B = 100[k\Omega]$, $R_C = 470[\Omega]$로 베이스 바이어스 회로를 구성한다.

Select a Component에서 Transistors의 npn 트랜지스터인 2N3904를 선택한다. 멀티심 창의 오른쪽에 있는 계측기 모음(Instrument Tool Bar)에서 'Measurement probe'를 선택하여 트랜지스터의 B, C, E에 설치하고 다음 그림과 같이 회로를 구성한다.

$V_{CC} = 12[V]$, $R_B = 100[k\Omega]$, $R_C = 470[\Omega]$

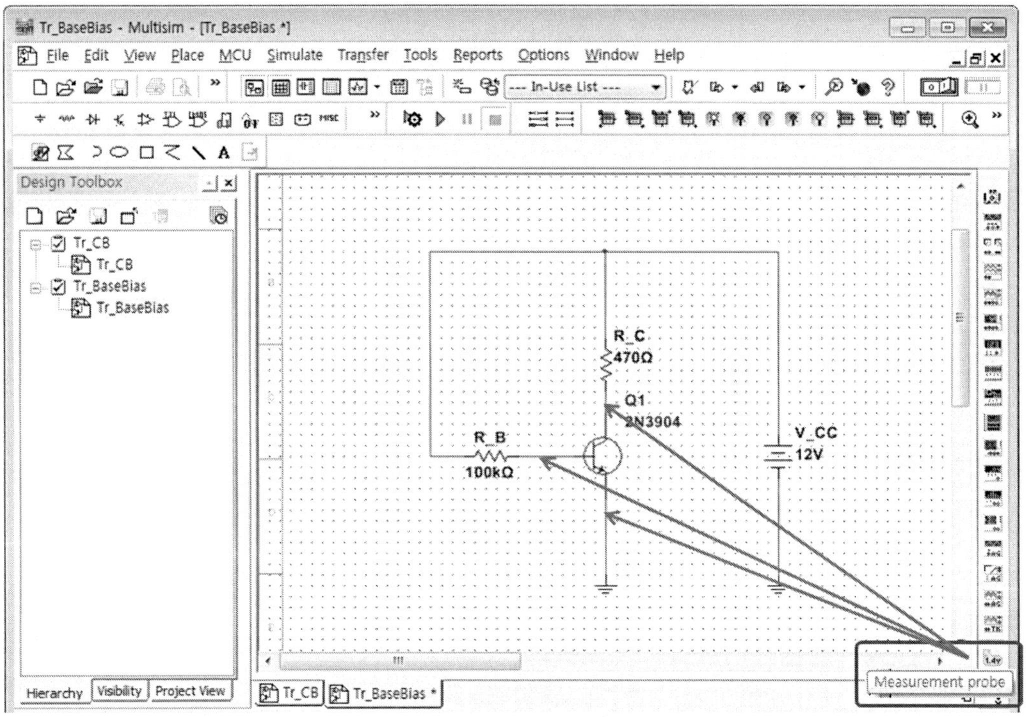

그림 7.25

(2) 시뮬레이션

① 툴바에서 Run(F5) 실행

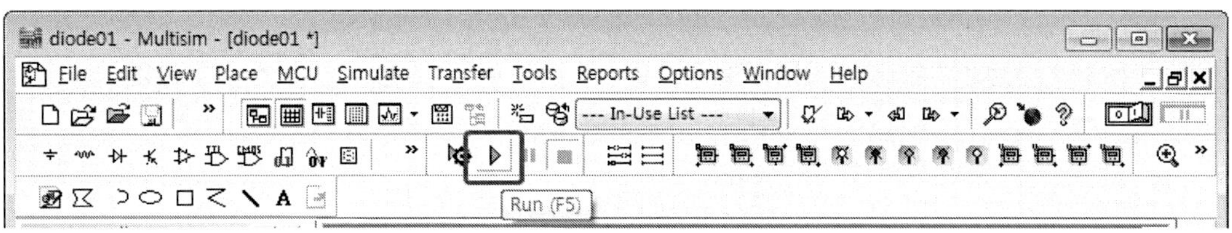

그림 7.26

② 결과 확인

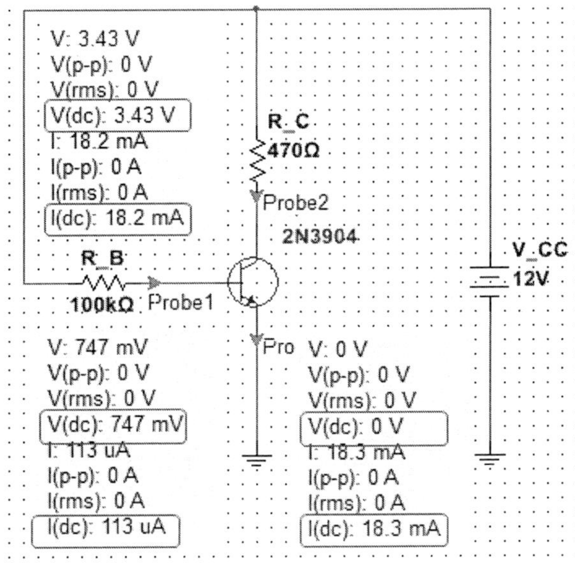

그림 7.27

(3) 검토

1) 시뮬레이션 측정값

순서	회로값	측정값	단위	계산
①	V_B			
②	V_E			
③	V_{BE}			$V_{BE} = V_B - V_E$
④	I_B			
⑤	I_C			
⑥	I_E			
⑦	V_C			
⑧	V_{CE}			$V_{CE} = V_C - V_E$
⑨	V_{CB}			$V_{CB} = V_C - V_B$
⑩	β			$\beta = \frac{I_C}{I_B}$

2) 이론적 계산값(표 7.1 참고)

β값은 앞의 시뮬레이션 측정에서 계산으로 구한 값을 사용하여 계산한다.
이론적 계산 값과 시뮬레이션과 결과의 오차는 다음 공식으로 계산한다.

$$오차[\%] = \frac{이론적\ 계산값 - 시뮬레이션\ 결과}{이론적\ 계산값} \times 100$$

순서	회로값	공식	회로값	오차[%]
①	V_{BE}	$V_{BE} = 0.7[\mathrm{V}]$		
②	V_E	$V_E = 0$		
③	V_B	$V_B = V_{BE}$		
④	I_B	$I_B = \dfrac{V_{CC} - V_{BE}}{R_B}$		
⑤	I_C	$I_C = \beta_{DC} \times I_B$		
⑥	I_E	$I_E = I_C + I_B$		
⑦	V_C	$V_C = V_{CC} - R_C \times I_C$		
⑧	V_{CE}	$V_{CE} = V_C$		
⑨	V_{CB}	$V_{CB} = V_{CE} - V_{BE}$		

실습 7-2 이미터 안정화 바이어스 해석 시뮬레이션

(1) 회로구성

접합 트랜지스터에 $V_{CC} = B_{BB} = 12[V]$, $R_B = 100[k\Omega]$, $R_C = 560[\Omega]$, $R_E = 1[k\Omega]$로 이미터 안정화 바이어스 회로를 구성한다. Select a Component에서 npn 트랜지스터 2N3904를 선택하여 다음 그림과 같이 회로를 구성하고, 'Measurement probe'로 트랜지스터의 B, C, E를 측정한다.

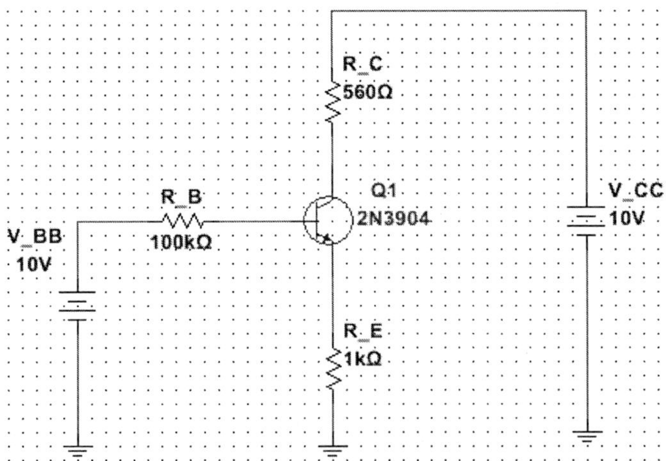

그림 7.28

(2) 시뮬레이션

① 툴바에서 Run(F5) 실행

② 결과 확인

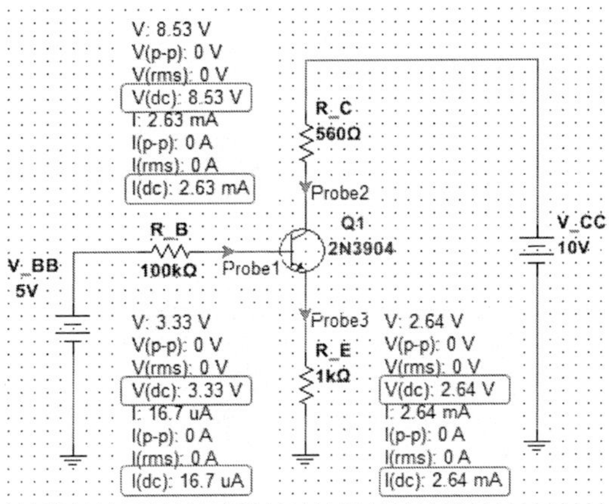

그림 7.29

(3) 검토

1) 시뮬레이션 측정값

순서	회로값	측정값	단위	계산
①	V_B			
②	V_E			
③	V_{BE}			$V_{BE} = V_B - V_E$
④	I_B			
⑤	I_C			
⑥	I_E			
⑦	V_C			
⑧	V_{CE}			$V_{CE} = V_C - V_E$
⑨	V_{CB}			$V_{CB} = V_C - V_B$
⑩	β			$\beta = \frac{I_C}{I_B}$

2) 이론적 계산값(표 7.2 참고)

β값은 앞의 시뮬레이션 측정에서 계산으로 구한 값을 사용하여 계산한다.
이론적 계산 값과 시뮬레이션과 결과의 오차는 다음 공식으로 계산한다.

$$오차[\%] = \frac{이론적\ 계산값 - 시뮬레이션\ 결과}{이론적\ 계산값} \times 100$$

순서	회로값	공식	회로값	오차[%]
①	V_{BE}	$V_{BE} = 0.7[\mathrm{V}]$		
②	I_B	$I_B = \dfrac{V_{BB} - V_{BE}}{R_B + \beta \cdot R_E}$		
③	I_C	$I_C = \beta \cdot I_B$		
④	I_E	$I_E = I_C + I_B$		
⑤	V_E	$V_E = R_E \times I_E$		
⑥	V_B	$V_B = V_E + V_{BE}$		
⑦	V_C	$V_C = V_{CC} - R_C \times I_C$		
⑧	V_{CE}	$V_{CE} = V_C - V_E$		
⑨	V_{CB}	$V_{CB} = V_{CE} - V_{BE}$		

실습 7-3 전압분배 바이어스(VDB) 해석 시뮬레이션

(1) 회로구성

접합 트랜지스터에 $V_{CC} = 20[V]$, $R_1 = 40[k\Omega]$, $R_2 = 4[k\Omega]$, $R_C = 4[k\Omega]$, $R_E = 1[k\Omega]$로 VDB 회로를 구성한다. Select a Component에서 npn 트랜지스터 2N3904를 선택하여 회로를 구성하고, 'Measurement probe'로 트랜지스터의 B, C, E를 측정한다.

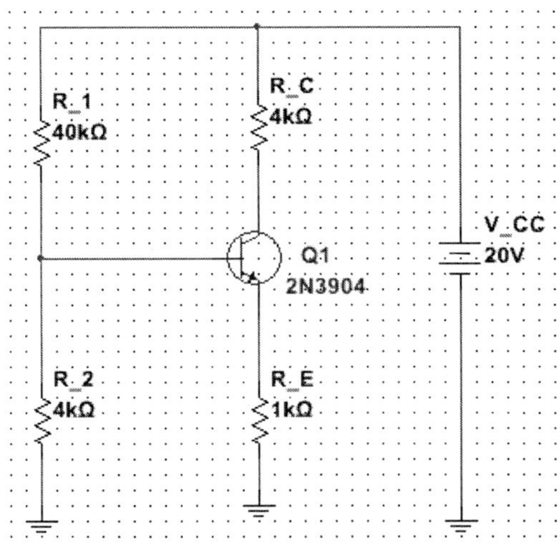

그림 7.30

(2) 시뮬레이션

① 툴바에서 Run(F5) 실행

② 결과 확인

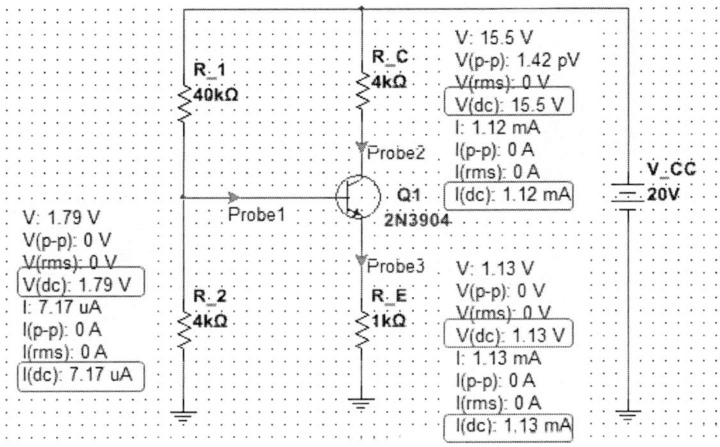

그림 7.31

(3) 검토

1) 시뮬레이션 측정값

순서	회로값	측정값	단위	계산
①	V_B			
②	V_E			
③	V_{BE}			$V_{BE} = V_B - V_E$
④	I_B			
⑤	I_C			
⑥	I_E			
⑦	V_C			
⑧	V_{CE}			$V_{CE} = V_C - V_E$
⑨	V_{CB}			$V_{CB} = V_C - V_B$
⑩	β			$\beta = \frac{I_C}{I_B}$

2) 이론적 계산값(표 7.3 참고)

이론적 계산 값과 시뮬레이션과 결과의 오차는 다음 공식으로 계산한다.

$$오차[\%] = \frac{이론적\ 계산값 - 시뮬레이션\ 결과}{이론적\ 계산값} \times 100$$

순서	회로값	공식	회로값	오차[%]
①	V_{BE}	$V_{BE} = 0.7[\mathrm{V}]$		
②	V_B	$V_B = \frac{R_2}{R_1 + R_2} V_{CC}$		
③	V_E	$V_E = V_B - V_{BE}$		
④	I_E	$I_E = \frac{V_E}{R_E}$		
⑤	I_C	$I_E \cong I_C$		
⑥	V_C	$V_C = V_{CC} - R_C \times I_C$		
⑦	V_{CE}	$V_{CE} = V_C - V_E$		
⑧	V_{CB}	$V_{CB} = V_{CE} - V_{BE}$		

실습 7-4 컬렉터 귀환 바이어스 해석 시뮬레이션

(1) 회로구성

접합 트랜지스터에 $V_{CC} = 12[V]$, $R_B = 47[k\Omega]$, $R_C = 100[\Omega]$로 컬렉터 귀환 바이어스 회로를 구성한다. Select a Component에서 npn 트랜지스터 2N3904를 선택하여 회로를 구성하고, 'Measurement probe'로 트랜지스터의 B, C, E를 측정한다.

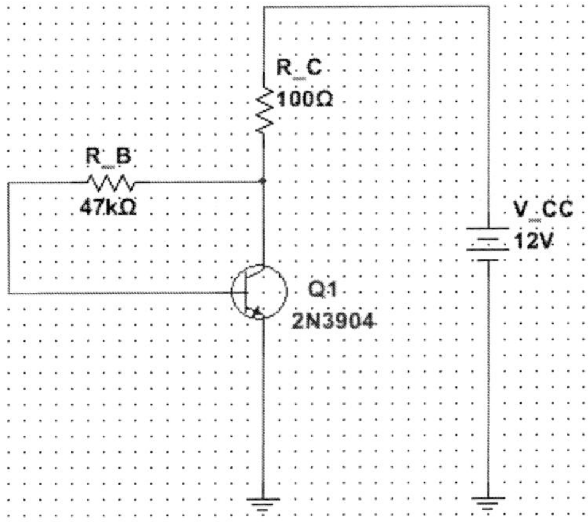

그림 7.32

(2) 시뮬레이션

① 툴바에서 Run(F5) 실행

② 결과 확인

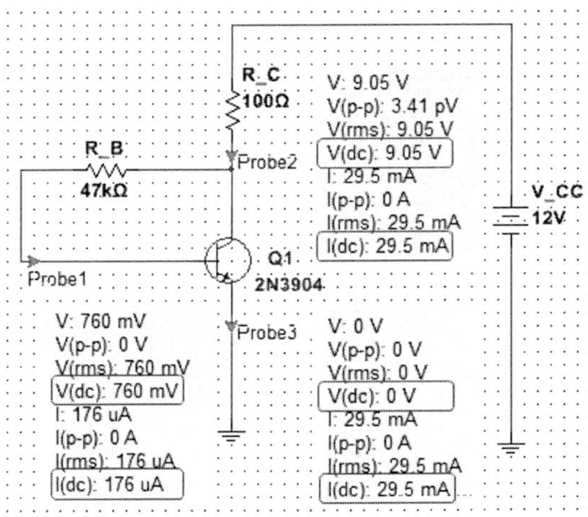

그림 7.33

(3) 검토

1) 시뮬레이션 측정값

순서	회로값	측정값	단위	계산
①	V_B			
②	V_E			
③	V_{BE}			$V_{BE} = V_B - V_E$
④	I_B			
⑤	I_C			
⑥	I_E			
⑦	V_C			
⑧	V_{CE}			$V_{CE} = V_C - V_E$
⑨	V_{CB}			$V_{CB} = V_C - V_B$
⑩	β			$\beta = \frac{I_C}{I_B}$

2) 이론적 계산값(표 7.4 참고)

β값은 앞의 시뮬레이션 측정에서 계산으로 구한 값을 사용하여 계산한다.
이론적 계산 값과 시뮬레이션과 결과의 오차는 다음 공식으로 계산한다.

$$\text{오차}[\%] = \frac{\text{이론적 계산값} - \text{시뮬레이션 결과}}{\text{이론적 계산값}} \times 100$$

순서	회로값	공식	회로값	오차[%]
①	V_{BE}	$V_{BE} = 0.7[\mathrm{V}]$		
②	I_B	$I_B = \frac{V_{CC} - V_{BE}}{R_B + \beta \cdot R_C}$		
③	I_C	$I_C = \beta \cdot I_B$		
④	I_E	$I_E = I_C + I_B$		
⑤	V_E	$V_E = 0$		
⑥	V_B	$V_B = V_E + V_{BE}$		
⑦	V_C	$V_C = V_{CC} - R_C \times I_C$		
⑧	V_{CE}	$V_{CE} = V_C$		
⑨	V_{CB}	$V_{CB} = V_{CE} - V_{BE}$		

실습 7-5 베이스 바이어스 회로 실습

접합 트랜지스터에 $V_{CC} = 12[V], R_B = 100[k\Omega], R_C = 470[\Omega]$로 브레드 보드에 베이스 바이어스 회로를 구성한다.

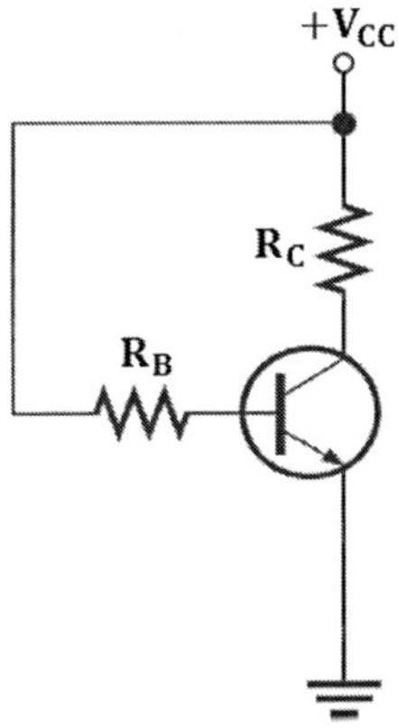

그림 7.34

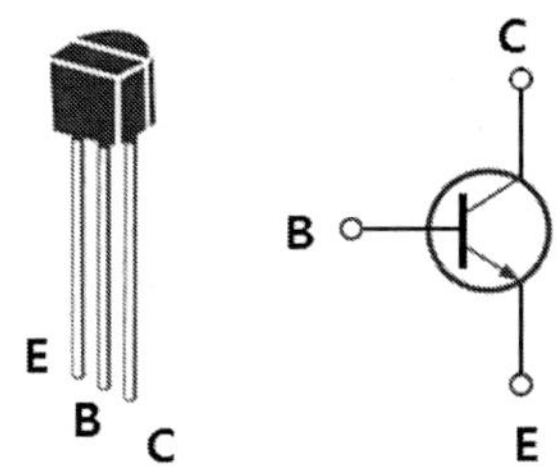

그림 7.35 2N3904의 핀배열

(1) 브레드 보드 구성 그리기

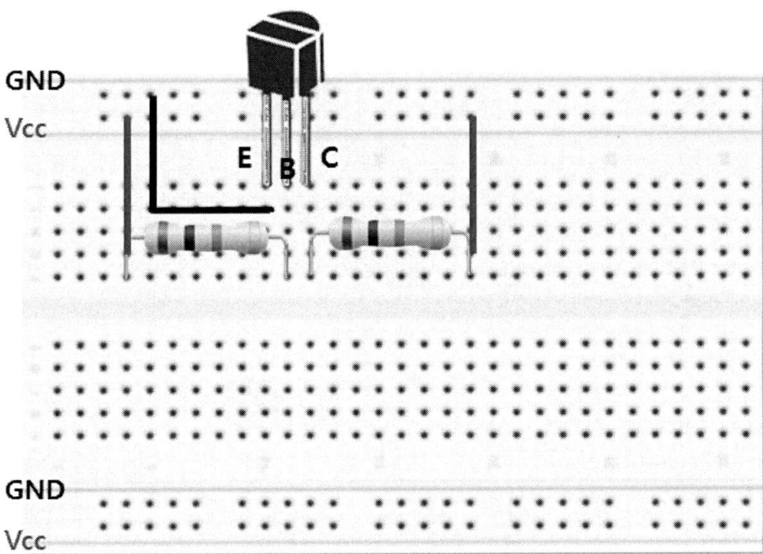

그림 7.36

(2) 회로 측정

순서	회로값	공식	계산값	측정값
①	V_{BE}	$V_{BE}=0.7[\mathrm{V}]$		
②	V_E	$V_E=0$		
③	V_B	$V_B=V_{BE}$		
④	I_B	$I_B=\dfrac{V_{BB}-V_{BE}}{R_B}$		
⑤	I_C	$I_C=\beta_{DC}\times I_B$		
⑥	I_E	$I_E=I_C+I_B$		
⑦	V_C	$V_C=V_{CC}-R_C\times I_C$		
⑧	V_{CE}	$V_{CE}=V_C$		
⑨	V_{CB}	$V_{CB}=V_{CE}-V_{BE}$		

실습 7-6 전압분배 바이어스(VDB) 회로 실습

접합 트랜지스터에 $V_{CC}=20[V]$, $R_1=40[k\Omega]$, $R_2=4[k\Omega]$, $R_C=4[k\Omega]$, $R_E=1[k\Omega]$로 브레드 보드에 베이스 바이어스 회로를 구성한다.

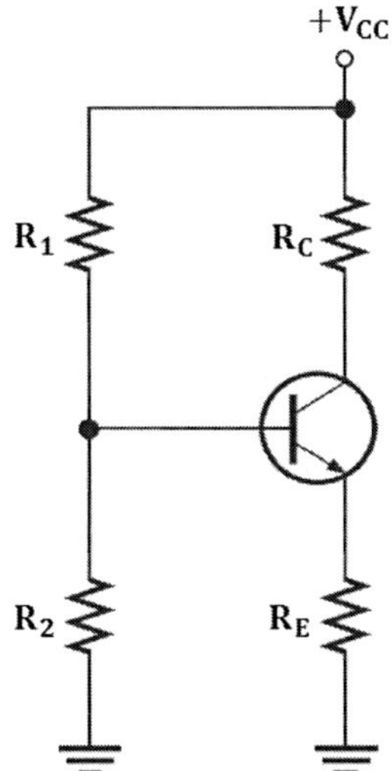

그림 7.37

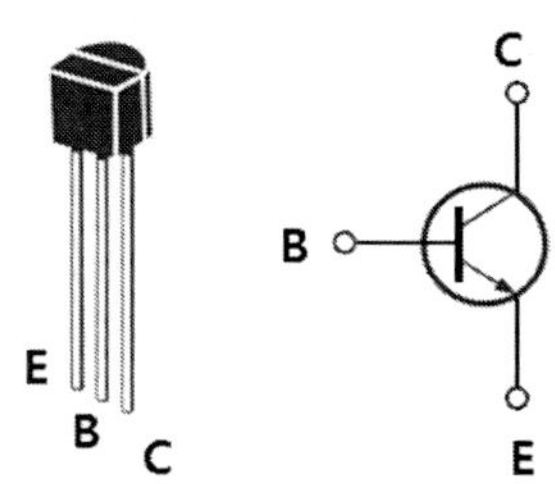

그림 7.38 2N3904의 핀배열

(1) 브레드 보드 구성 그리기

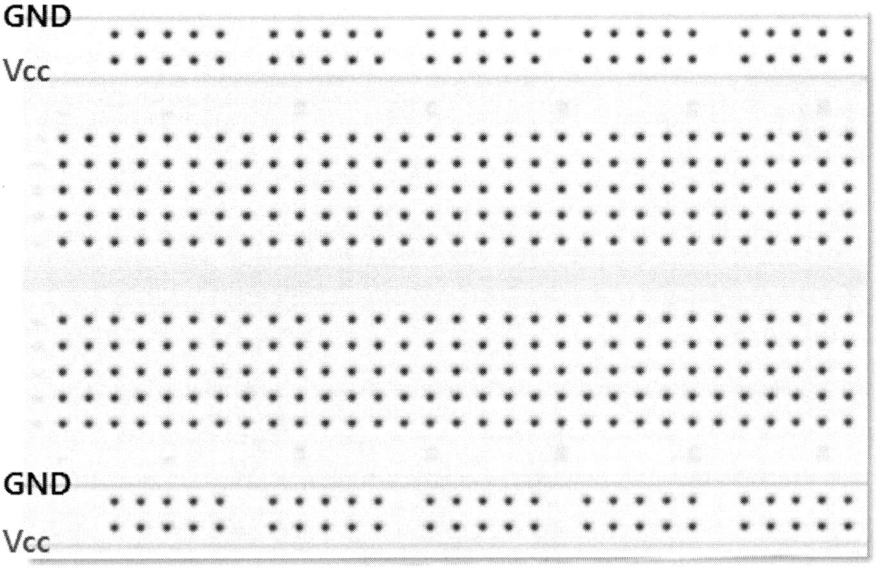

그림 7.39

(2) 회로 측정

순서	회로값	공식	계산값	측정값
①	V_{BE}	$V_{BE} = 0.7[\mathrm{V}]$		
②	V_B	$V_B = \frac{R_2}{R_1 + R_2} V_{CC}$		
③	V_E	$V_E = V_B - V_{BE}$		
④	I_E	$I_E = \frac{V_E}{R_E}$		
⑤	I_C	$I_E \cong I_C$		
⑥	V_C	$V_C = V_{CC} - R_C \times I_C$		
⑦	V_{CE}	$V_{CE} = V_C - V_E$		
⑧	V_{CB}	$V_{CB} = V_{CE} - V_{BE}$		

2 과제 BJT 바이어스 해석

1. 베이스 바이어스

각 과제 그림에 대하여 바이어스 이름, 각 점에서의 전압 전류 위치 표시, 각 전압과 전류의 값, 특성방정식, 포화전류, 차단 전압. 부하선, 동작점을 각 과제 1페이지에 작성하여 제출하시오. 반드시, 관련 공식이나 수식을 표시하시오.
($V_B, V_C, V_E, V_{BE}, V_{CE}, V_{CB}, I_B, I_C, I_E$, 특성방정식, 포화전류, 차단전압, 부하선, 동작점)

과제 1 (β =100)

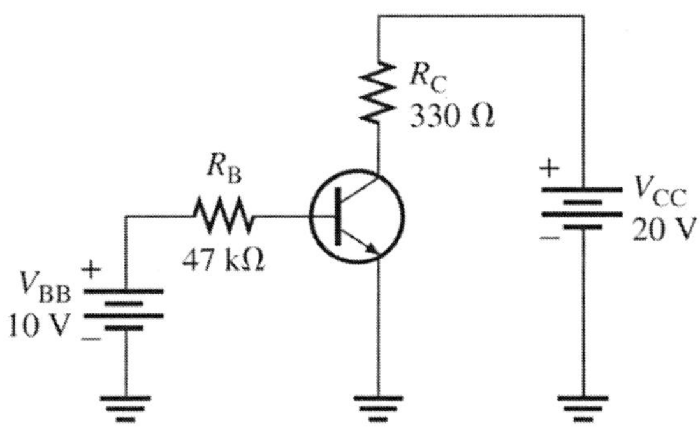

과제 2

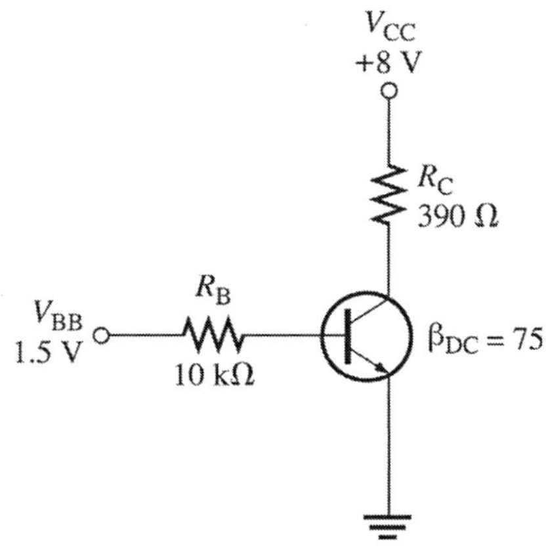

과제 3 (β =100)

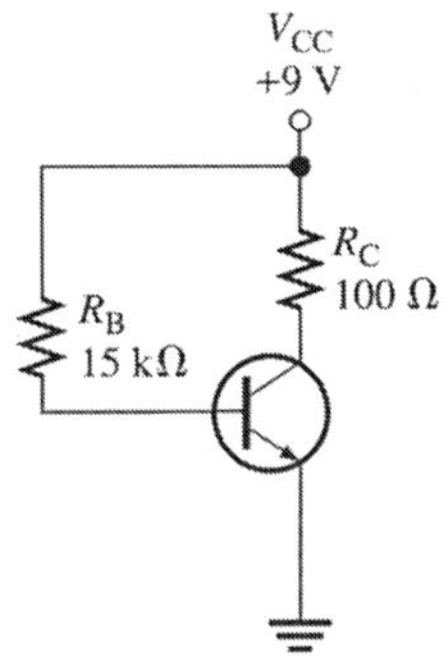

2. 전압분배 바이어스(VDB)

각 과제 그림에 대하여 바이어스 이름, 각 점에서의 전압 전류 위치 표시, 각 전압과 전류의 값, 특성방정식, 포화전류, 차단 전압. 부하선, 동작점을 각 과제 당 1페이지에 작성하여 제출하시오. 반드시, 관련 공식이나 수식을 표시하시오.
(V_B, V_C, V_E, V_{BE}, V_{CE}, V_{CB}, I_B, I_C, I_E, 특성방정식, 포화전류, 차단전압, 부하선, 동작점)

과제 4

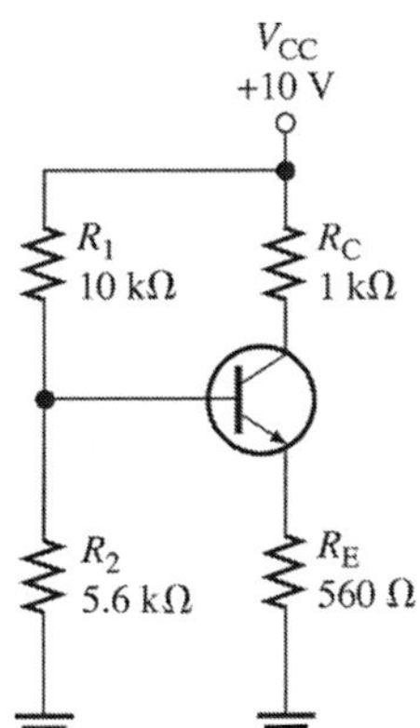

과제 5

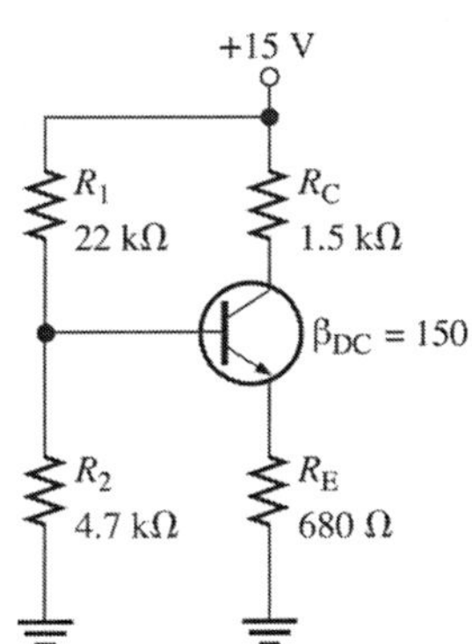

과제 6

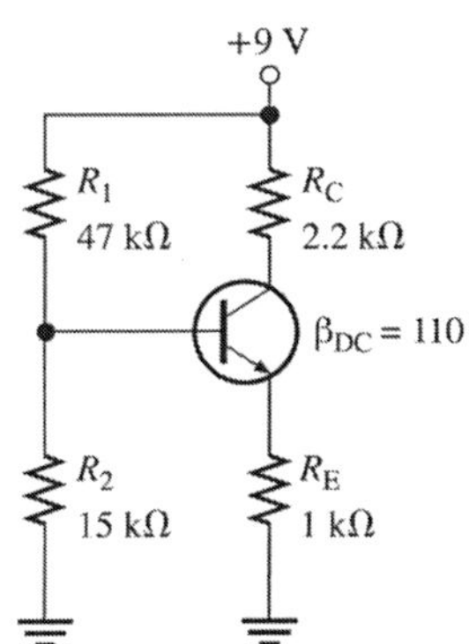

Chapter 8

트랜지스터의 바이어스 회로 설계

7장에서 학습한 4가지 바이어스를 정리 비교하고, 트랜지스터 바이어스 회로 설계하여 본다. 또한 각 바이어스 방법의 안정화를 확인한다.

8.1 바이어스 회로 정리

1. 베이스 바이어스(Base Bias), 고정 바이어스

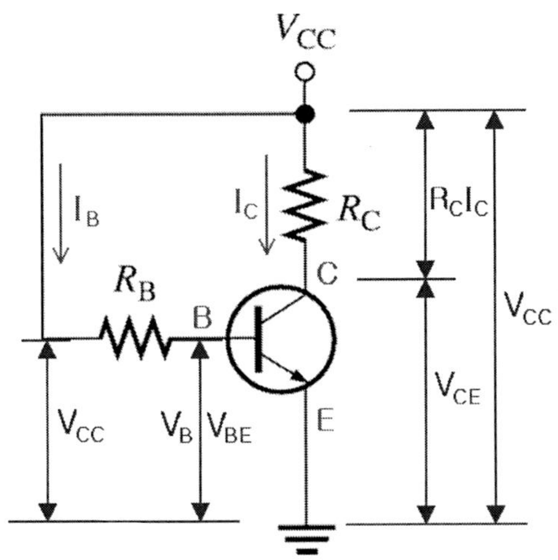

① $V_{BE} = 0.7$ [v]

② $I_B = \dfrac{V_{CC} - V_{BE}}{R_B}$

③ $I_C = \beta_{DC} \cdot I_B \cong I_E$

④ $V_{CE} = V_{CC} - R_C I_C$

⑤ $V_{CB} = V_{CE} - V_{BE}$

특성방정식 : $V_{CE} = V_{CC} - R_C I_C$

2. 이미터 바이어스(Emitter Bias) ; 이미터 안정화 바이어스

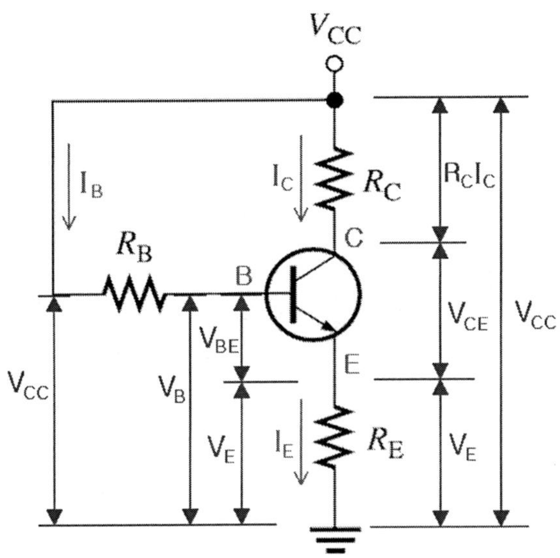

① $V_{BE} = 0.7$ [v]

② $I_B = \dfrac{V_{CC} - V_{BE}}{R_B + \beta_{DC} R_E}$

③ $I_C = \beta_{DC} \cdot I_B \cong I_E$

④ $V_E = R_E \cdot I_E$

⑤ $V_{CE} = V_{CC} - R_C I_C - V_E$

⑥ $V_{CB} = V_{CE} - V_{BE}$

특성방정식 : $V_{CE} = V_{CC} - (R_C + R_E) I_C$

3. 컬렉터 귀환 바이어스(Collector Feedback Bias)

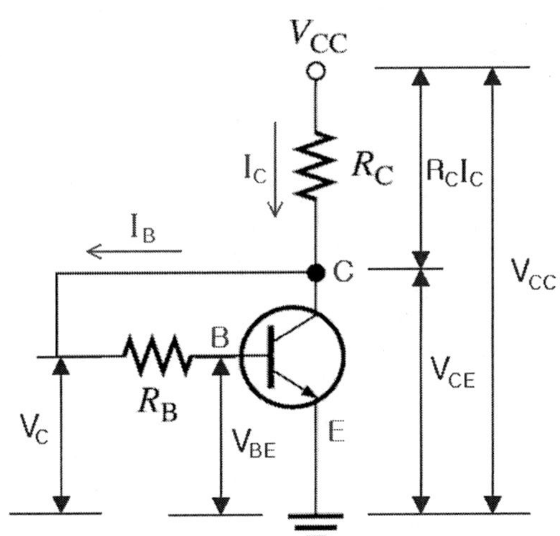

① $V_{BE} = 0.7$ [v]

② $I_B = \dfrac{V_{CC} - B_{BE}}{R_B + \beta_{DC} R_C}$

③ $I_C = \beta_{DC} \cdot I_B \cong I_E$

④ $V_{CE} = V_C = V_{CC} - R_C \cdot I_C$

⑤ $V_{CB} = V_{CE} - V_{BE}$

특성방정식 : $V_{CE} = V_{CC} - R_C I_C$

4. 전압분배 바이어스(VDB, Voltage Divide Bias)

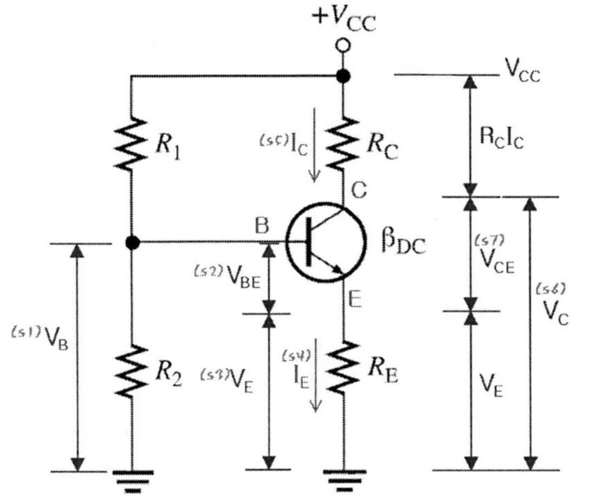

① $V_{BE} = 0.7$ [v]

② $V_B = \dfrac{R_2}{R_1 + R_2} V_{CC}$

③ $V_E = V_B - V_{BE}$

④ $I_E = \dfrac{V_E}{R_E} \cong I_C$

⑤ $V_C = V_{CC} - R_C \cdot I_C$

⑥ $V_{CE} = V_C - V_E$
$= V_{CC} - R_C I_C - V_E$

⑦ $V_{CB} = V_C - V_B$

특성방정식 : $V_{CE} = V_{CC} - (R_C + R_E) I_C$

8.2 Bias 방법의 안정화

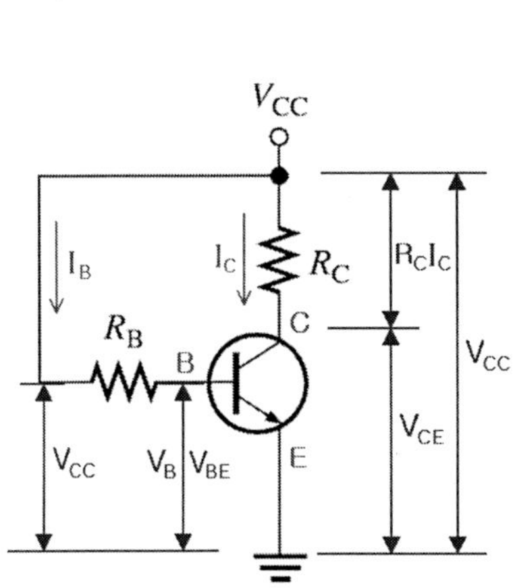

① 베이스 bias

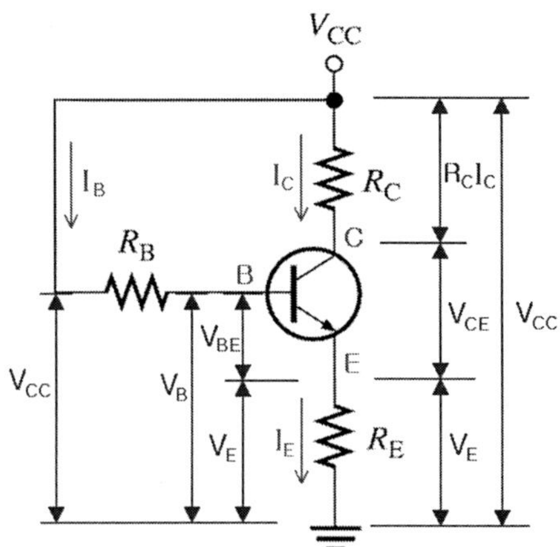

② 이미터 안정화 bias

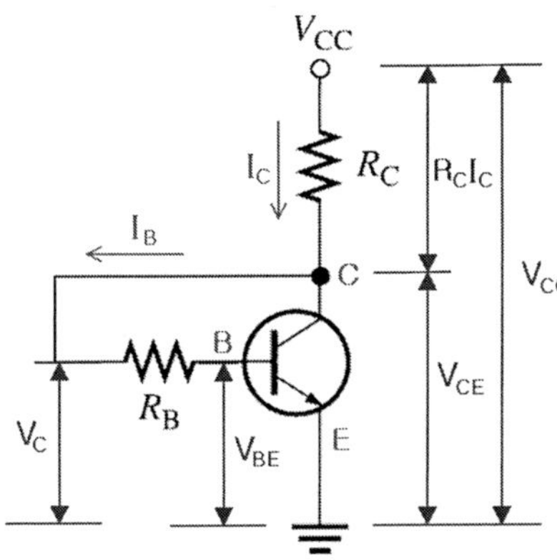

③ 컬렉터 귀환 bias

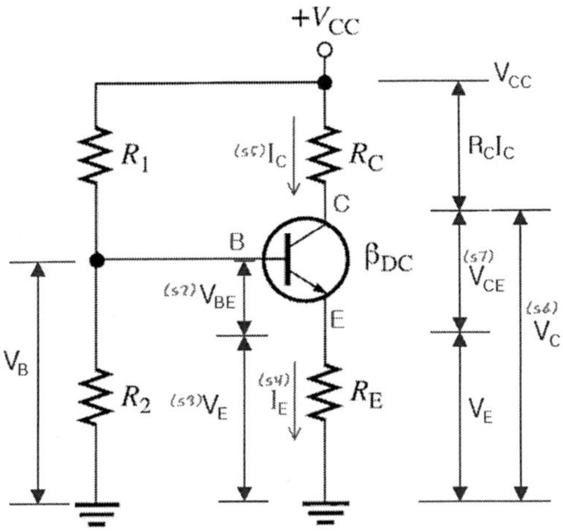

④ 전압분배 bias(VDB)

바이어스 방법		특 징
①	베이스 바이어스	가장 단순한 bias 방법
②	이미터 바이어스	저항 R_E을 통하여 이미터 전류가 귀환되어 베이스 전압을 안정화
③	컬렉터 바이어스	저항 R_C을 통하여 켈렉터 전압이 귀환되어 베이스 전압을 안정화
④	전압분배 바이어스	가장 안정한 bias 방법

8.3 트랜지스터 바이어스 회로 설계

회로에서 전류나 전압이 정해져있을 때, 필요한 소자들이 조건에 맞도록 결정하는 것을 설계라 한다. 이러한 과정에서는 각 소자의 특징, 각 회로의 기본적인 방정식, Ohm의 법칙 및 Kirchhoff의 법칙 등 기본적인 회로해석의 법칙에 대한 정확한 이해가 있어야 한다.

일반적으로 회를 해석하는 것보다 설계하기가 어렵다. 그것은 회로 설계에서 고려되어야 할 사항이 많으며, 여러 가지 가정을 많이 사용하기 때문이다.

다음과 같은 예제들을 통하여 회로를 설계하여 보자.

예제 8.1

그림 8.1과 같은 부하선을 가지며 $I_{BQ} = 40[\mu A]$일 때, 고정 바이어스 회로의 V_{CC}, R_B, R_C의 값을 설계하라.

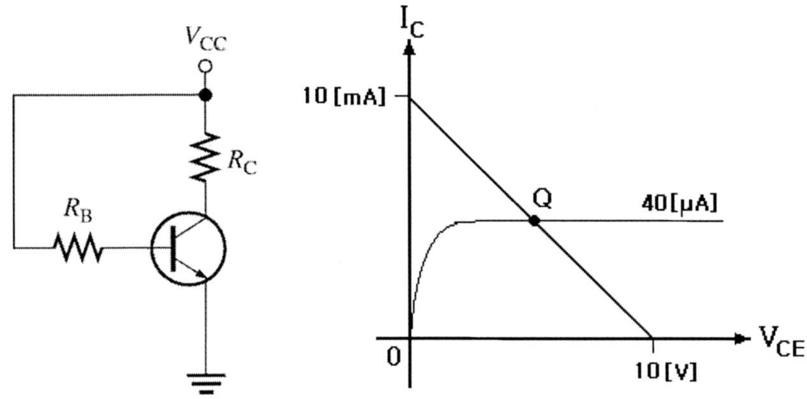

그림 8.1 고정 바이어스 회로 설계

[풀이]

그림 7.33의 회로는 고정 바이어스 회로이므로 특성방정식이 다음과 같다.

$$V_{CE} = V_{CC} - R_C \cdot I_C$$

또한, 부하선으로 부터 포화전류와 차단전압을 알 수 있다.
차단전압은 10[V]이므로,

$$V_{cutoff} = V_{CC}$$
$$V_{CC} = 10[V]$$

포화전류는 10[mA]이므로,

$$I_{C(sat)} = \frac{V_{CC}}{R_C}$$

$$10[mA] = \frac{10[V]}{R_C}$$

$$R_C = 1[k\Omega]$$

동작점 Q에서의 베이스 전류 $I_{BQ} = 40[\mu A]$이므로, 다음과 같은 고정 바이어스의 베이스 전류 식에 의하여 베이스 저항 R_B를 구할 수 있다.

$$I_{BQ} = \frac{V_{CC} - V_{BE}}{R_B}$$

$$40[\mu A] = \frac{10[V] - 0.7[V]}{R_B}$$

$$R_B = \frac{10[V] - 0.7[V]}{40[\mu A]}$$

$$= 232.5[k\Omega]$$

그러나 232.5[kΩ]는 실제 상용저항으로 존재하지 않으므로, 가장 가까운 상용 저항인 220[kΩ]을 사용하여 설계하여야 한다.

그러면 베이스 전류는 $I_{BQ} = 42[\mu A]$가 되며, 오차는 2% 범위가 된다. 이 오차는 실제 구현에서 발생하는 저항공차보다 작으므로 설계조건을 만족한다고 할 수 있다.

$$\text{베이스 전류 :} \quad I_B = \frac{10[V] - 0.7[V]}{220[k\Omega]}$$

$$= 42[\mu A]$$

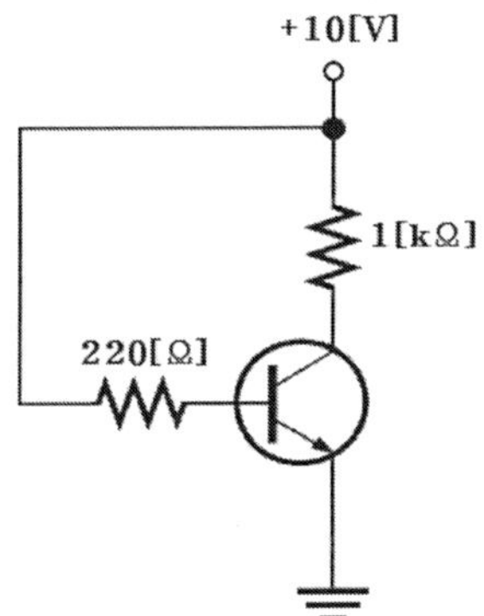

■

예제 8.2

다음 회로에서 $V_{CC} = 20[\text{V}]$, $\beta = 100$이고, 동작점에서 컬렉터 전류와 컬렉터-이미터 전압이 각각 $I_{CQ} = 4[\text{mA}]$과 $V_{CEQ} = 10[\text{V}]$일 때, 회로의 저항을 설계하시오.

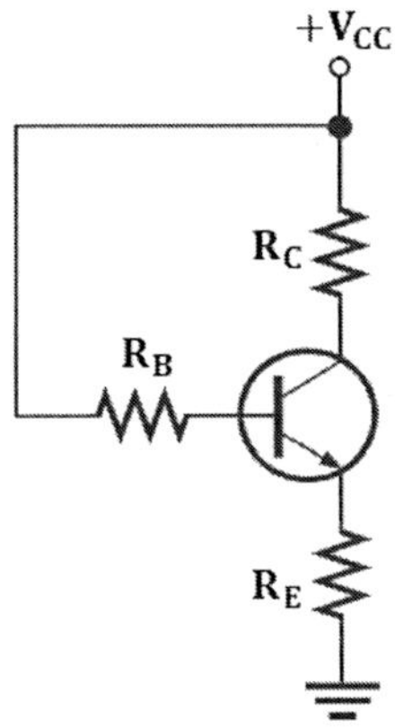

그림 8.2 이미터 바이어스 회로 설계

[풀이]

주어진 회로는 이미터 안정화 바이어스 회로이다.

먼저 이미터 저항 R_E를 $1[\text{k}\Omega]$로 선택하면, $I_{CQ} = 4[\text{mA}]$이고 $V_{CEQ} = 10[\text{V}]$이므로 다음 식에 의하여 컬렉터 저항 R_C를 결정할 수 있다.

$$V_{CEQ} = V_{CC} - (R_C + R_E) \cdot I_{CQ}$$

$$10[\text{V}] = 20[\text{V}] - (R_C + R_E) \cdot 4[\text{mA}]$$

$$R_C + R_E = 2.5[\text{k}\Omega]$$

$$R_C = 2.5[\text{k}\Omega] - 1[\text{k}\Omega] \quad = \quad 1.5[\text{k}\Omega]$$

한편, $I_{CQ} = \beta \cdot I_{BQ}$이므로, 동작점에서의 베이스 전류 I_{BQ}는 다음과 같이 된다.

$$4[\text{mA}] = 100 \times I_{BQ}$$

$$I_{BQ} = 40[\mu\text{A}]$$

이미터 안정화 바이어스에서의 베이스 전류는 다음과 같은 식으로 표현되므로, 베이스 저항 R_B를 구할 수 있다.

$$I_B = \frac{V_{CC} - V_{BE}}{R_B + \beta \cdot R_E}$$

$$0.04[\text{mA}] = \frac{10[[\text{V}] - 0.7[\text{V}]}{R_B + 100 \times 1[\text{k}\Omega]}$$

$$R_B = 132.5[\text{k}\Omega]$$

그러나 132.5[kΩ]는 상용 저항이 아니므로, 가장 가까운 상용저항 값인 120[kΩ]으로 설계한다.

설계된 저항 $R_E = 1[\text{k}\Omega]$, $R_C = 1.5[\text{k}\Omega]$, $R_B = 120[\text{k}\Omega]$로 검증하면, 다음과 같다.

$$I_{BQ} = \frac{V_{CC} - V_{BE}}{R_B + \beta \cdot R_E}$$

$$= \frac{10[[\text{V}] - 0.7[\text{V}]}{120[\text{k}\Omega] + 100 \times 1[\text{k}\Omega]} = 42[\mu\text{A}]$$

$$I_{CQ} = \beta \cdot I_{BQ}$$

$$= 100 \times 42[\mu\text{A}] = 4.2[\text{mA}]$$

$$V_{CEQ} = V_{CC} - (R_C + R_E) \cdot I_{CQ}$$

$$= 20[\text{V}] - (1.5[\text{k}\Omega] + 1[\text{k}\Omega]) \times 4.2[\text{mA}] = 9.5[\text{V}]$$

이 설계는 동작점에서의 커렉터 전류와 컬렉터-이미터 전압은 각각 5%의 오차를 가지게 된다.

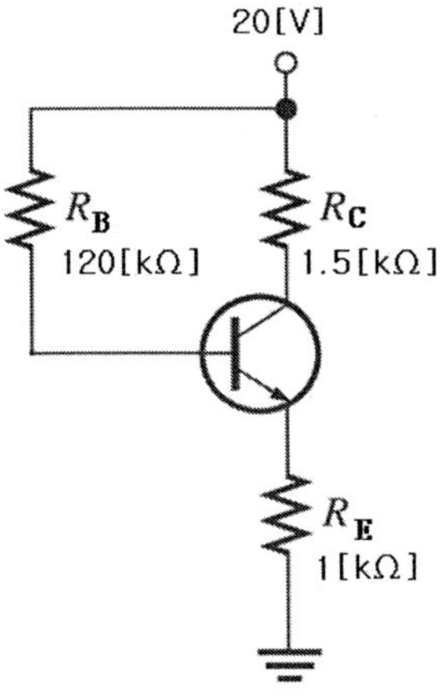

■

예제 8.3

다음 그림 7.34의 회로에서 $I_{CQ}=4[\mathrm{mA}]$, $V_{CEQ}=1[\mathrm{V}]$일 때, 다음 전압분배 바이어스 회로의 저항 값을 결정하라. 단, $V_{CC}=10[\mathrm{V}]$, $R_E=1[\mathrm{k}\Omega]$이다.

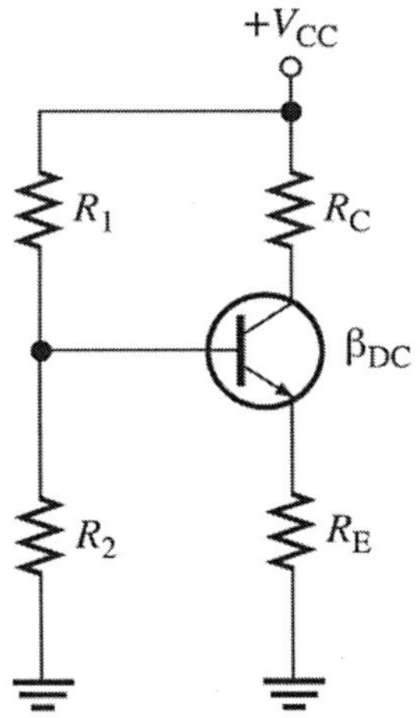

그림 8.3 전압분배 바이어스 회로 설계

[풀이]

이미터 전류와 컬렉터 전류는 근사적으로 거의 같으므로, 즉, $I_{EQ} \cong I_{CQ}$이다.

이미터 저항 R_E가 주어졌으므로, 이미터 전압 V_E를 다음과 같이 구할 수 있다.

$$V_E = R_E \cdot I_E$$
$$= 1[k\Omega] \times 4[mA] = 4[V]$$

베이스 전압은 이미터 전압보다 0.7[V] 높으므로 다음과 같이 결정된다.

$$V_B = V_{BE} + V_E$$
$$= 0.7[V] + 4[V] = 4.7[V]$$

저항 R_1과 R_2의 전압분배 다음과 같은 바이어스에 의하여 베이스 전압이 결정된다.

$$V_B = \frac{R_2}{R_1 + R_2} \cdot V_{CC}$$

주어진 전압원 V_{CC}가 $V_{CC} = 10[V]$이므로, R_1과 R_2를 적절히 결정하면 된다.
우선 $R_2 = 4.7[k\Omega]$라 가정하면, 다음과 같이 계산하여 $R_1 = 5.3[k\Omega]$가 얻어진다.

$$4.7[V] = \frac{4.7[k\Omega]}{4.7[k\Omega] + R_1} \times 10[V]$$

그러나 R_1의 계산 값 $5.3[k\Omega]$는 상용 저항이 아니므로, 가장 가까운 상용저항 값인 $5.2[k\Omega]$으로 설계한다.
설계확인을 위하여, $R_1 = 5.2[k\Omega]$, $R_2 = 4.7[k\Omega]$일 때, 설계오차를 확인하자.

$$V_B = \frac{4.7[k\Omega]}{5.2[k\Omega] + 4.7[k\Omega]} \times 10[V]$$
$$= 4.75[V]$$

$$V_E = V_B - V_{BE}$$
$$= 4.75[V] - 0.7[V] = 4.05[V]$$

$$I_E = \frac{V_E}{R_E}$$

$$= \frac{4.05[\mathrm{V}]}{1[\mathrm{k}\Omega]} = 4.05[\mathrm{mA}]$$

제시된 $I_{CQ}=4[\mathrm{mA}]$에 대하여, 오차는 1.3%의 오차가 발생한다.

이 오차는 실제 구현에서 발생하는 저항공차 보다 작으므로 설계조건을 만족한다고 할 수 있다.

한편, 다음의 V_{CE}의 관계식과 $V_{CEQ}=1[\mathrm{V}]$인 것을 이용하여, 컬렉터 저항 R_C를 결정하여 보자.

$$V_{CE} = V_{CC} - (R_C + R_E) \cdot I_C$$

앞에서 $V_{CC}=10[\mathrm{V}]$, $R_E=1[\mathrm{k}\Omega]$이고, $R_1=5.2[\mathrm{k}\Omega]$, $R_2=4.7[\mathrm{k}\Omega]$이면 $V_E=4.05[\mathrm{V}]$이므로 V_{CE}의 관계식은 다음과 같이 된다.

$$V_{CE} = V_{CC} - (R_C + R_E) \cdot I_C$$

$$= V_{CC} - V_E - R_C \cdot I_C$$

$$1[\mathrm{V}] = 10[\mathrm{V}] - 4.05[\mathrm{V}] - R_C \times 4[\mathrm{mA}]$$

이 식으로부터 컬렉터 저항을 구하면 다음과 같이 된다.

$$R_C = 1.24[\mathrm{k}\Omega]$$

그러나 1.24[kΩ]는 상용 저항이 아니므로, 가장 가까운 상용저항 값인 1.2[kΩ]으로 설계한다.

또한, $R_1=5.2[\mathrm{k}\Omega]$, $R_2=4.7[\mathrm{k}\Omega]$일 때의 컬렉터 전류 $I_C=4.05[\mathrm{mA}]$를 대입하여 검증하면, 다음과 같다.

$$V_{CE} = V_{CC} - (R_C + R_E) \cdot I_C$$
$$= 10[\mathrm{V}] - (1.2[\mathrm{k}\Omega] + 1[\mathrm{k}\Omega]) \times 4.05[\mathrm{mA}] \;=\; 1.09[\mathrm{V}]$$

제시된 $V_{ECQ} = 1[\mathrm{V}]$에 대하여, 오차는 9%의 오차가 발생한다.

이 오차는 실제 구현에서 발생하는 저항공차 보다 작으므로 설계조건을 만족한다고 할 수 있다.

그러므로 주어진 조건을 만족하는 최종 설계된 전압분배 바이어스 회로는 다음과 같이 된다.

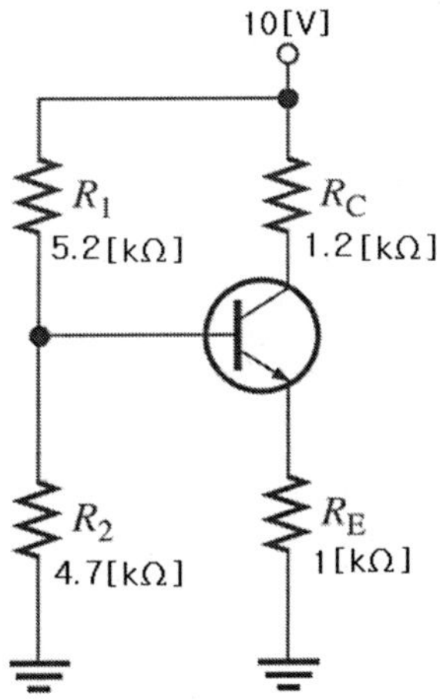

■

8.4 바이어스 안정화

회로의 안정도(Stability Factors)는 트랜지스터의 파라미터의 변화에 대해 회로가 얼마나 안정적인가를 나타낸다. 트랜지스터 증폭기에서 컬렉터 전류 I_C의 온도 변화나 역포화 전류 I_{CO} 변화는 동작점 Q를 변화시키는 원인이 된다.

온도가 증가할 경우 트랜지스터의 역포화 전류 I_{CO}와 V_{BE}가 얼마나 변하되는지를 표 4.6에 나타냈으며, 안정도 계수는 적을수록 좋다.

1) 역포화 전류 I_{CO} : 온도 10℃ 증가마다 두 배로 증가

2) 전류 증폭률 β : 온도증가에 따라 증가

3) 베이스-이미터 전압 V_{BE} : 온도 1℃ 증가마다 7.5[mV]/℃ 감소

T(℃)	I_{CO}(nA)	β	V_{BB}(V)
-65	0.2×10^{-3}	20	0.85
25	0.1	50	0.65
100	20	80	0.48
175	3.3×10^{3}	120	0.3

표 8.1 온도 변화에 따른 트랜지스터의 파라미터 변화

(1) 안정도 계수 $S(I_{CO})$, $S(V_{BE})$, $S(\beta)$

증폭기가 온도 변화 등에 대하여 안정하려면 동작점 Q에서의 I_{CQ}가 트랜지스터의 특성변화에 관계없이 일정하게 유지되는 바이어스 회로를 설계하는 것이 좋다. 즉, 트랜지스터의 I_{CO}, β, V_{BE}에 대한 안정도 계수 $S(I_{CO})$, $S(\beta)$, $S(V_{BE})$가 낮을수록 좋다.

안정도 계수 S는 바이어스 안정도에 영향을 미치며, I_{CO}, β, V_{BE}의 변화에 대한 컬렉터 전류 I_C의 변화는 다음과 같은 관계식으로 표현할 수 있다.

$$I_C = f(I_{CO}, \beta, V_{BE}) \tag{8.1}$$

$$\Delta I_C = \frac{\partial I_C}{\partial I_{CO}}\Delta I_{CO} + \frac{\partial I_C}{\partial V_{BE}}\Delta V_{BE} + \frac{\partial I_C}{\partial \beta}\Delta\beta \tag{8.2}$$

그리고 다음의 변수들에 의해서 안정도 계수를 정의할 수 있다.

1) I_{CO}에 대한 안정도계수

$$S(I_{CO}) = \frac{\Delta I_C}{\Delta I_{CO}} = \frac{\partial I_C}{\partial I_{CO}} = \left.\frac{dI_C}{dI_{CO}}\right|_{V_{BE},\ \beta} = constant \tag{8.3}$$

2) V_{BE}에 대한 안정도계수

$$S(V_{BE}) = \frac{\Delta I_C}{\Delta V_{BE}} = \frac{\partial I_C}{\partial V_{BE}} = \left.\frac{dI_C}{dV_{BE}}\right|_{I_{CO},\ \beta} = constant \tag{8.4}$$

3) β에 대한 안정도계수

$$S(\beta) = \frac{\Delta I_C}{\Delta \beta} = \frac{\partial I_C}{\partial \beta} = \left.\frac{dI_C}{d\beta}\right|_{I_{CO},\ V_{BE}} = constant \tag{8.5}$$

트랜지스터의 선형 활성영역에서 컬렉터 전류 I_C의 값을 역포화 전류 I_{CO}와 전류 증폭률 β로 나타낸 방정식은 다음과 같다.

$$I_C = \beta I_B + (\beta+1)I_{CO} \tag{8.6}$$

(2) 베이스 바이어스(고정 바이어스) 회로의 안정도

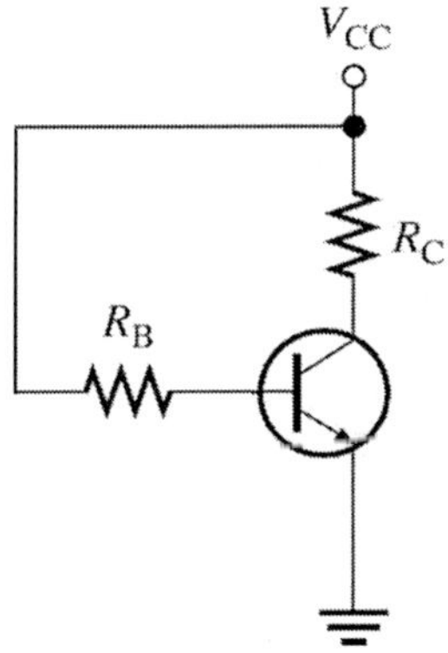

그림 8.4 베이스 바이어스 회로

베이스 바이어스 회로의 베이스 전류 I_B는 다음과 같다.

$$I_B = \frac{V_{CC} - V_{BE}}{R_B} \tag{8.7}$$

앞에서 설명한 트랜지스터의 선형 활성영역에서 컬렉터 전류 I_C 식(8.6)에 식(8.7)을 대입하여 정리하면 다음과 같다.

$$\begin{aligned} I_C &= \beta I_B + (\beta+1)I_{CO} \\ &= \beta\frac{V_{CC}}{R_B} - \frac{\beta}{R_B}V_{BE} + (\beta+1)I_{CO} \end{aligned} \tag{8.8}$$

I_{CO}에 대한 안정도계수를 구하기 위하여 식(8.3)에 식(8.8)를 대입하면, 다음과 같다.

$$S(I_{CO}) = \frac{\Delta I_C}{\Delta I_{CO}} = \beta + 1 \tag{8.9}$$

V_{BE}에 대한 안정도계수를 구하기 위하여 식(8.4)에 식(8.8)를 대입하면, 다음과 같다.

$$S(V_{BE}) = \frac{\Delta I_C}{\Delta V_{BE}} = -\frac{\beta}{R_B} \tag{8.10}$$

β에 대한 안정도계수를 구하기 위하여 식(8.5)에 식(8.8)를 대입하면, 다음과 같다.

$$S(\beta) = \frac{\Delta I_C}{\Delta \beta} = \frac{V_{CC}}{R_B} \tag{8.11}$$

(3) 이미터 안정화 바이어스 회로의 안정도

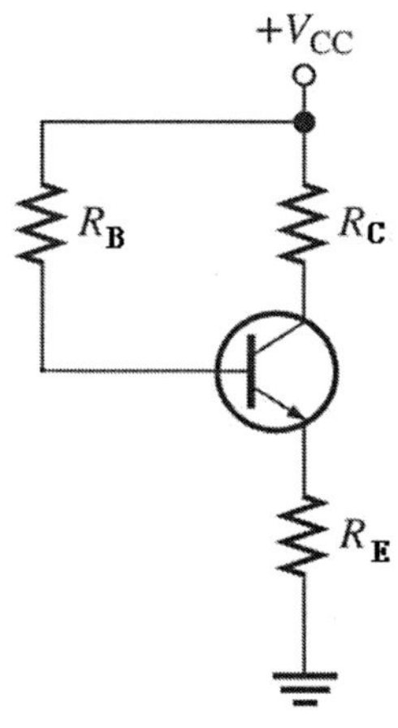

그림 8.5 이미터 안정화 바이어스 회로

이미터 안정화 바이어스 회로의 베이스 전류 I_B는 다음과 같다.

$$I_B = \frac{V_{CC} - V_{BE} - I_C R_E}{R_B + R_E} \tag{8.12}$$

앞에서 설명한 트랜지스터의 선형 활성영역에서 컬렉터 전류 I_C식(8.6)에 식(8.7)을 대입하여 정리하면 다음과 같다.

$$I_C = \beta\frac{V_{CC} - V_{BE} - I_C R_E}{R_B + R_E} + (\beta+1)I_{CO} \tag{8.13}$$

식(8.15)를 I_C에 대해 정리하면 다음과 같다.

$$I_C = \frac{\beta V_{CC}}{R_B + (\beta+1)R_E} - \frac{\beta V_{BE}}{R_B + (\beta+1)R_E} + \frac{(\beta+1)(R_B + R_E)}{R_B + (\beta+1)R_E} I_{CO} \tag{8.14}$$

I_{CO}에 대한 안정도계수를 구하기 위하여 식(8.3)에 식(8.14)를 대입하면, 다음과 같다.

$$S(I_{CO}) = \frac{\Delta I_C}{\Delta I_{CO}} = \frac{I_C}{I_{CO}} = \frac{(\beta+1)(R_B + R_E)}{R_B + (\beta+1)R_E} \tag{8.15}$$

만일, $R_B \gg (\beta+1) \cdot R_E$이면, 다음과 같이 근사된다.

$$S(I_{CO}) = (\beta+1) \tag{8.16}$$

반대로, $R_E \gg R_B$이면, 다음과 같이 근사된다.

$$S(I_{CO}) = 1 \tag{8.17}$$

그러므로 R_E가 R_B보다 충분히 클 경우 안정도계수가 그 최소값에 접근하므로 거의 1에 가까운 값을 나타낸다.

V_{BE}에 대한 안정도계수를 구하기 위하여 식(8.4)에 식(8.14)를 대입하면, 다음과 같다.

$$S(V_{BE}) = \frac{\Delta I_C}{\Delta V_{BE}} = \frac{I_C}{V_{BE}} = \frac{-\beta}{R_B + (\beta+1)R_E} \tag{8.18}$$

β에 대한 안정도계수를 구하기 위하여 식(8.5)에 식(8.14)를 대입하면, 다음과 같다.

$$S(\beta)=\frac{\Delta I_C}{\Delta\beta}=\frac{I_C}{\beta}=\frac{V_{CC}}{R_B+(\beta+1)R_E} \tag{8.19}$$

(4) 전압배분기 바이어스 회로

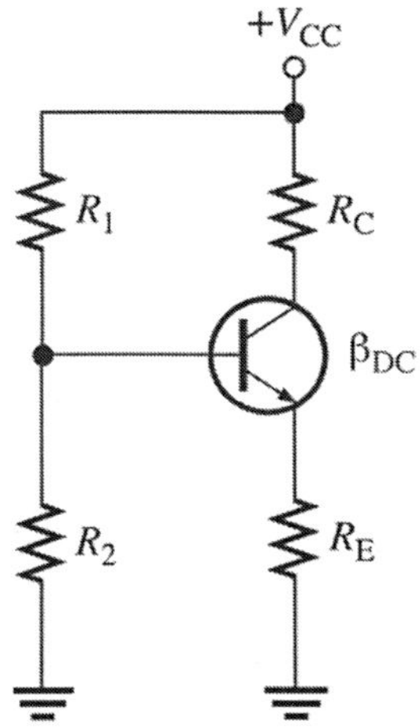

그림 8.6 전압분배 바이어스 회로

전압분배 바이어스 회로의 베이스 전류 I_B를 구하기 위하여 그림 8.6에서 테브닌의 정리를 이용하여 테브닌 등가회로로 대체하여 베이스-이미터 루프에 대해 KVL을 시계방향으로 적용하면 다음과 같다.

$$I_BR_{Th}+V_{BE}+I_ER_E-E_{Th}=0 \tag{8.20}$$

$$I_E=I_B+I_C \tag{8.21}$$

$$I_B=\frac{E_{Th}-V_{BE}-I_CR_E}{R_{Th}+R_E} \tag{8.22}$$

앞에서 설명한 트랜지스터의 선형 활성영역에서 컬렉터 전류 I_C 식(8.6)에 식(8.22)을 대입하여 정리하면 다음과 같다.

$$I_C = \beta I_B + (\beta+1) I_{CO} \tag{8.23}$$

$$= \beta \frac{E_{Th} - V_{BE} - I_C R_E}{R_{Th} + R_E} + (\beta+1) I_{CO}$$

$$I_C = \frac{E_{Th}}{R_{Th} + (\beta+1) R_E} \beta - \frac{\beta}{R_{Th} + (\beta+1) R_E} V_{BE} + \frac{(\beta+1)(R_{Th} + R_E)}{R_{Th} + (\beta+1) R_E} I_{CO} \tag{8.24}$$

I_{CO}에 대한 안정도계수를 구하기 위하여 식(8.3)에 식(8.24)을 대입하면, 다음과 같다.

$$S(I_{CO}) = \frac{\Delta I_C}{\Delta I_{CO}} = \frac{(\beta+1)(R_{Th} + R_E)}{R_{Th} + (\beta+1) R_E} \tag{8.25}$$

식(8.25)의 분자와 분모를 R_E로 나누면 다음과 같이 표현된다.

$$S(I_{CO}) = (\beta+1) \times \frac{\left(1 + \dfrac{R_{Th}}{R_E}\right)}{\left((\beta+1) + \dfrac{R_{Th}}{R_E}\right)} \tag{8.26}$$

이 식은 앞의 이미터 안정화 바이어스 회로의 역포화 전류 I_{CO}에 대한 안정도 계수와 비슷하게 표현되는데, $R_E > R_{Th}$이면 안정도가 좋아진다.

V_{BE}에 대한 안정도계수를 구하기 위하여 식(8.4)에 식(8.24)을 대입하면, 다음과 같다.

$$S(V_{BE}) = \frac{\Delta I_C}{\Delta V_{BE}} = \frac{I_C}{V_{BE}} = \frac{-\beta}{R_{Th} + (\beta+1) R_E} \tag{8.27}$$

β에 대한 안정도계수를 구하기 위하여 식(8.5)에 식(8.24)을 대입하면, 다음과 같다.

$$S(\beta) = \frac{\Delta I_C}{\Delta \beta} = \frac{I_C}{\beta} = \frac{E_{Th}}{R_{Th} + (\beta+1) R_E} \tag{8.28}$$

Chapter 9

트랜지스터 소신호 증폭기 모델링

트랜지스터를 이용한 소신호 증폭기를 해석하거나 설계하기 위해서는 트랜지스터에 대한 소신호 등가 모델을 통한 해석 방법이 필요하다. 이 장에서는 트랜지스터 증폭기의 소신호 교류 응답에 대해 알아보고, 트랜지스터 모델을 이용하여 여러 가지 기본적인 트랜지스터 회로의 소신호 교류 해석에 대해 알아보도록 한다.

트랜지스터의 소신호 교류 해석에 사용되는 모델에는 하이브리드(hybrid) 등가모델과 r'_e 모델의 두 가지가 주로 사용되며, 이 모델을 이용하여 트랜지스터 증폭기의 전압이득 및 전류이득과 입력 및 출력 임피던스를 구한다.

9.1 소신호 증폭기의 종류

트랜지스터를 이용하여 구성할 수 있는 소신호 증폭기는 트랜지스터의 입력과 출력을 기준으로 공통 이미터 증폭기(CE, common emitter), 공통 베이스 (CB, common base) 증폭기, 공통 컬렉터(CC, common collector) 증폭기의 3가지로 분류할 수 있다.

교류 소신호에 대하여 트랜지스터의 베이스가 입력인 경우, 출력을 컬렉터로 하고, 이미터를 접지할 수 있으며, 이러한 증폭기를 공통 이미터(CE, common emitter) 증폭기라고 한다. 또는 베이스를 입력, 출력을 이미터, 컬렉터를 접지로 공통 컬렉터(CC, common collector) 증폭기로 구성할 수도 있다. 한편 트랜지스터의 특성상 베이스를 출력으로 하거나 컬렉터를 입력으로 회로를 구성할 수 없으므로 이미터를 입력, 컬렉터를 출력, 베이스를 접지로 하는 공통 베이스 (CB, common base) 증폭기를 구성할 수 있다.

분류	기호	베이스	컬렉터	이미터
공통 이미터	CE	입력	출력	교류접지
공통 컬렉터	CC(EF)	입력	교류접지	출력
공통 베이스	CB	교류접지	출력	입력

표 9.1 트랜지스터 소신호 증폭기의 분류

트랜지스터의 베이스, 이미터, 컬렉터를 입력, 출력 또는 접지하는 것에 따라 구성되는 소신호 증폭기를 표 9.1에 나타내었다. 또한 전압분배 바이어스를 갖는 트랜지스터로 3가지 소신호 증폭기로 구현한 일반적인 회로는 그림 9.1~9.3과 같다.

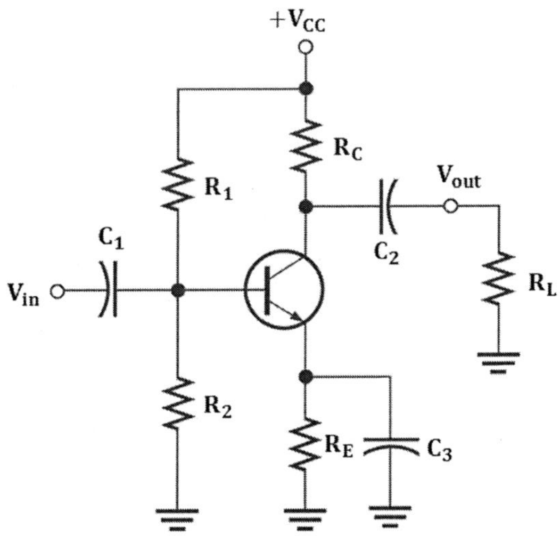

그림 9.1 VDB 공통 이미터 증폭기

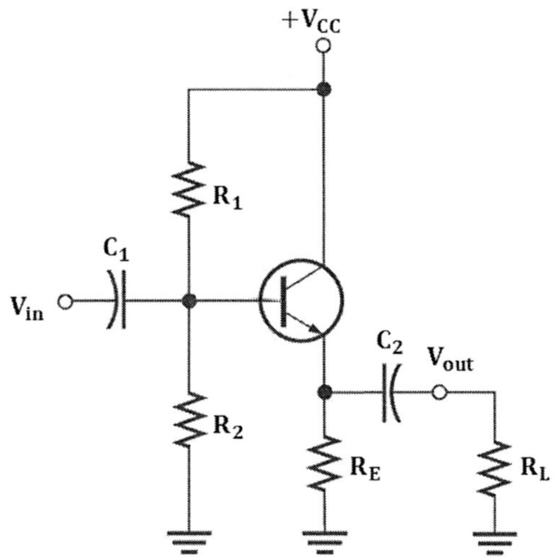

그림 9.2 VDB 공통 컬렉터 증폭기

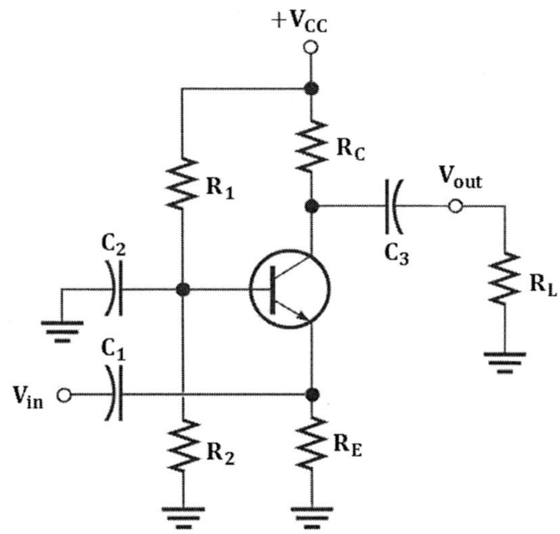

그림 9.3 VDB 공통 베이스 증폭기

9.2 입출력 2-포트 시스템

전자회로의 모든 시스템은 회로의 내부적 기능이나 회로에 관계없이 그림 9.4와 같이 입력에 대한 출력을 갖는 2-포트 시스템으로 나타낼 수 있다.

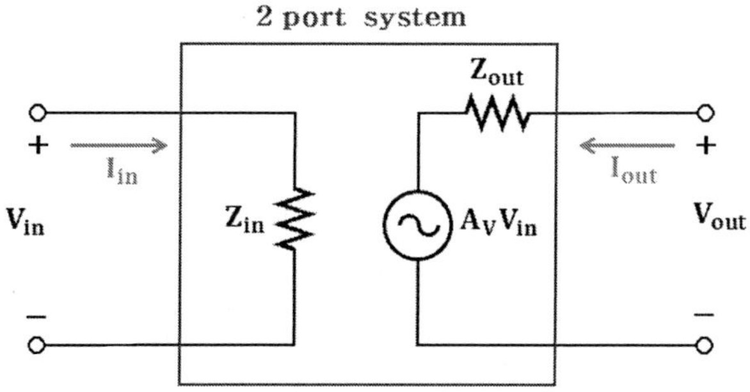

그림 9.4 입출력 2포트 시스템

이것은 2-포트 시스템에 대하여 입력전압 V_{in}과 입력전류 I_{in}에 대하여 출력전압 V_{out}과 출력전류 I_{out}의 관계를 나타낸 것이다.

입출력의 전압이득 A_v, 전류이득 A_i, 입력 임피던스 Z_{in}과 출력 임피던스 Z_{out}에 관한 정보로 시스템 내부의 회로나 기능에 관계없이 시스템을 해석하는 것이다. 이러한 4가지 정보는 시스템 매개변수라 하며, 전자회로에서 궁극적으로 알고자 하는 값들이다.

즉, 이 4가지 정보를 알고 있으면, 입력에 다른 장치를 연결하여 신호를 받아들여, 그 결과가 출력에 어떻게 전달되는지를 알 수 있다.

트랜지스터 소신호 증폭기의 해석에도 이와 같은 2-포트 시스템의 개념을 도입하여 트랜지스터의 등가회로로 표현하고 해석한다. 트랜지스터의 소신호 교류 해석에 사용되는 트랜지스터 내부의 등가회로로 하이브리드(hybrid) 등가모델이나 r_e 모델을 일반적으로 사용한다.

(1) 입력임피던스 Z_{in}

그림 9.4에서 입력임피던스 Z_{in}는 입력전압 V_{in}과 입력전류 I_{in}의 관계를 나타낸 것으로 Ohm의 법칙에 의해 다음과 같이 정의된다.

$$Z_{in} = \frac{V_{in}}{I_{in}} \tag{9.1}$$

내부저항 R_s를 갖는 외부 신호원 v_s가 그림 9.5와 같이 전자회로 시스템에 입력된다면, 전자회로 시스템에 실제로 입력되는 전압 V_{in}은 전압분배 법칙에 따라 다음과 같이 된다.

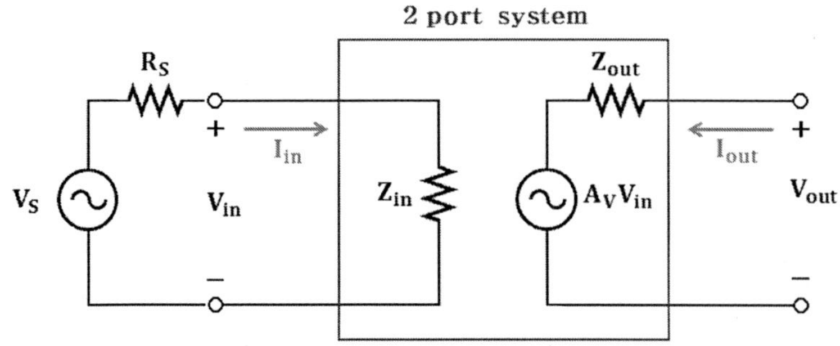

그림 9.5 외부 신호원이 연결된 2-포트 시스템

$$V_{in} = \frac{Z_{in}}{R_S + Z_{in}} \times V_s \tag{9.2}$$

일반적으로 100kHz 이하의 저주파 영역에서 트랜지스터에 따라 트랜지스터의 입력임피던스는 수 Ω에서 수 MΩ의 값을 갖는다.

(2) 출력임피던스 Z_{out}

그림 9.4 출력임피던스 Z_{out}는 출력전압 V_{out}과 출력전류 I_{out}의 관계를 나타내며, Ohm의 법칙에 의해 다음과 같이 정의된다.

$$Z_{out} = \frac{V_{out}}{I_{out}} \tag{9.3}$$

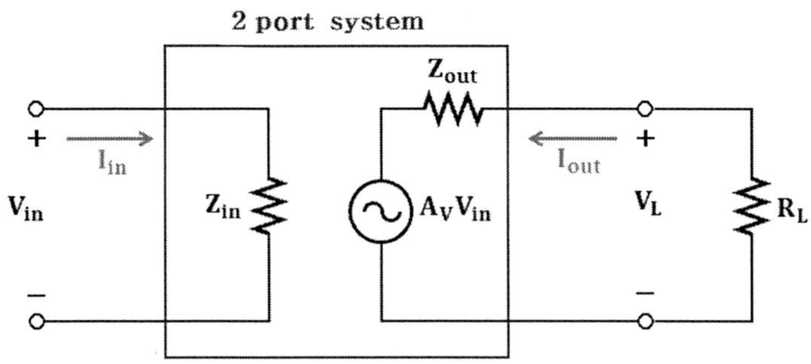

그림 9.6 부하가 연결된 2-포트 시스템

전자회로 시스템의 출력에 그림 9.6과 같이 부하저항 R_L을 갖는 외부 회로 시스템이 연결된다면, 전자회로 시스템에 실제로 출력되어 부하저항에 전달되는 전압 V_L은 전압분배 법칙에 따라 다음과 같이 된다.

$$V_L = \frac{R_L}{Z_{out} + R_L} \times (A_V V_{in}) \tag{9.4}$$

일반적으로 트랜지스터에 따라 트랜지스터의 출력임피던스는 수 Ω에서 수 2MΩ의 값 이상을 갖는다.

(3) 전압이득 A_v

그림 9.4에서 교류 전압이득 A_v는 입력전압 V_{in}와 출력전압 V_{out}의 관계로 다음과 같이 정의된다.

$$A_v = \frac{V_{out}}{V_{in}} \tag{9.5}$$

이것은 그림 9.5의 시스템에서 부하저항 R_L이 없는 무부하 상태($R_L = \infty$)의 이득이며, 만일 부하저항 R_L을 고려하게 되면, 식(9.5)의 관계를 이용하여 다음과 같이 된다.

$$A_{v(tot)} = \frac{V_L}{V_s} \tag{9.6}$$

식(9.6)에 식(9.5)와

식(9.2)에서 $V_{in} = \frac{Z_{in}}{R_S + Z_{in}} \times V_s$, 식(9.4)에서 $V_L = \frac{R_L}{Z_{out} + R_L} \times (A_V V_{in})$를 각각 대입하면

$$A_{v(tot)} = \frac{Z_{in}}{R_S + Z_{in}} \times \frac{R_L}{Z_{out} + R_L} \times A_v \tag{9.7}$$

(4) 전류이득 A_i

그림 9.4에서 전류이득 A_i은 입력전류 I_{in}과 출력전류 I_{out}의 관계로 다음과 같이 정의된다.

$$A_i = \frac{I_{out}}{I_{in}} \tag{9.8}$$

	기호	공식
전압이득	A_v	$A_v = \frac{V_{out}}{V_{in}}$
전류이득	A_i	$A_i = \frac{I_{out}}{I_{in}}$
입력 임피던스	Z_{in}	$Z_{in} = \frac{V_{in}}{I_{in}}$
출력 임피던스	Z_{out}	$Z_{out} = \frac{V_{out}}{I_{out}}$

표 9.2 2-포트 시스템의 주요 파라미터

(5) 소신호 증폭기에 대한 2-포트 시스템의 파라미터

앞에서 설명한 것처럼 트랜지스터의 소신호 증폭기를 설계하거나 해석할 경우 트랜지스터 회로의 입출력을 기준으로 한 전압이득, 전류이득, 입력임피던스, 출력임피던스를 아는 것이 중요하다.

표 9.1과 표 9.2에서 공통 이미터(CE) 증폭기는 입력이 베이스이고, 출력이 컬렉터인 회로이다. 그러므로 2-포트 시스템의 파라미터는 다음과 같이 된다.

공통 이미터(CE) 증폭기의 전압이득 A_v와 전류이득 A_i는 다음과 같다.

$$A_v = \frac{V_{out}}{V_{in}} = \frac{V_c}{V_b}, \qquad A_i = \frac{I_{out}}{I_{in}} = \frac{I_c}{I_b}$$

또한, 임력 임피던스 Z_{in}와 출력 임피던스 Z_{out}는 다음과 같다.

$$Z_{in} = \frac{V_{in}}{I_{in}} = \frac{V_b}{I_b}, \qquad Z_{out} = \frac{V_{out}}{I_{out}} = \frac{V_c}{I_c}$$

공통 컬렉터(CC) 증폭기는 입력이 베이스이고, 출력이 이미터인 회로이다. 그러므로 2-포트 시스템의 파라미터는 다음과 같이 된다.

공통 컬렉터(CC) 증폭기의 전압이득 A_v와 전류이득 A_i는 다음과 같다.

$$A_v = \frac{V_{out}}{V_{in}} = \frac{V_e}{V_b}, \qquad A_i = \frac{I_{out}}{I_{in}} = \frac{I_e}{I_b}$$

또한, 임력 임피던스 Z_{in}와 출력 임피던스 Z_{out}는 다음과 같다.

$$Z_{in} = \frac{V_{in}}{I_{in}} = \frac{V_b}{I_b}, \qquad Z_{out} = \frac{V_{out}}{I_{out}} = \frac{V_e}{I_e}$$

공통 베이스(CB) 증폭기는 입력이 이미터이고, 출력이 컬렉터인 회로이다.

그러므로 2-포트 시스템의 파라미터는 다음과 같이 된다.

공통 베이스(CB) 증폭기의 전압이득 A_v와 전류이득 A_i는 다음과 같다.

$$A_v = \frac{V_{out}}{V_{in}} = \frac{V_c}{V_e}, \qquad A_i = \frac{I_{out}}{I_{in}} = \frac{I_c}{I_e}$$

또한, 임력 임피던스 Z_{in}와 출력 임피던스 Z_{out}는 다음과 같다.

$$Z_{in} = \frac{V_{in}}{I_{in}} = \frac{V_e}{I_e}, \qquad Z_{out} = \frac{V_{out}}{I_{out}} = \frac{V_c}{I_c}$$

표 9.3은 소신호 증폭기의 트랜지스터 입출력과 2-포트 시스템의 파라미터를 정리한 것이다.

	트랜지스터			2-포트 시스템 파라미터			
	베이스	컬렉터	이미터	A_v	A_i	Z_{in}	Z_{out}
CE	입력	출력	교류 접지	$\frac{V_c}{V_b}$	$\frac{I_c}{I_b}$	$\frac{V_b}{I_b}$	$\frac{V_c}{I_c}$
CC	입력	교류 접지	출력	$\frac{V_e}{V_b}$	$\frac{I_e}{I_b}$	$\frac{V_b}{I_b}$	$\frac{V_e}{I_e}$
CB	교류 접지	출력	입력	$\frac{V_c}{V_e}$	$\frac{I_c}{I_e}$	$\frac{V_e}{I_e}$	$\frac{V_c}{I_c}$

표 9.3 소신호 증폭기에 대한 2-포트 시스템의 파라미터

9.3 트랜지스터 등가회로 모델링

교류 소신호에 대한 트랜지스터의 동작을 해석하기 위해서는 트랜지스터를 저항, 코일 콘덴서 등의 일반적인 회로소자로 등가 변환하는 모델링이 필요하다. 트랜지스터를 교류 소신호 등가회로로 변환하면 키르히호프의 전류 및 전압법칙, Thevenin 정리 및 Ohm의 법칙과 같은 기본적인 회로해석 방법들을 이용하여 회로를 해석할 수 있게 된다.

이러한 모델링에는 해석하고자하는 목적에 따라 다양한 방법이 사용되는데, r_e 모델은 트랜지스터 베이스, 컬렉터와 이미터를 각각의 내부 저항으로 나타내고, 컬렉터 전류를 베이스 전류에 의하여 발생되는 전류원으로 나타는 방법으로 트랜지스터의 적용회로와 무관하게 설명할 수 있는 장점을 가지고 있다.

그림 9.13은 트랜지스터에 대한 r_e 모델을 나타낸 것이다. 베이스, 컬렉터, 이미터 내부의 교류저항을 각각 r'_b, r'_e, r'_c으로 고려하고, 컬렉터전류 I_c는 베이스전류 I_b에 전류이득 β를 곱하여 의하여 발생하는 것으로 나타낸 것이다.

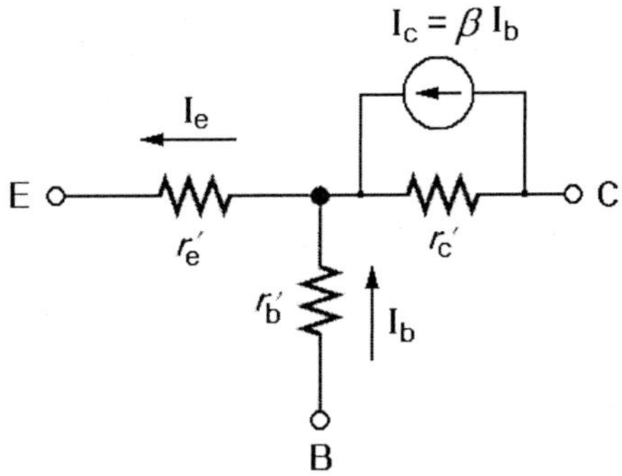

그림 9.13 트랜지스터의 r_e 등가모델

트랜지스터의 베이스, 컬렉터, 이미터 내부 교류저항 r'_b, r'_e, r'_c를 실제적으로 측정하여 보면, 베이스 내부저항 r'_b는 그 값이 매우 작아 0에 가까워서 무시할 수 있을 정도이고, 컬렉터 내부저항 r'_c는 보통 수백 kΩ의 값을 가지고 있어 개방된 것으로 고려할 수 있다. 즉, $r'_b \approx 0$와 $r'_c \approx \infty$으로 고려하면, 그림 9.8는 그림 9.10으로 간략화하여 나다낼 수 있다.

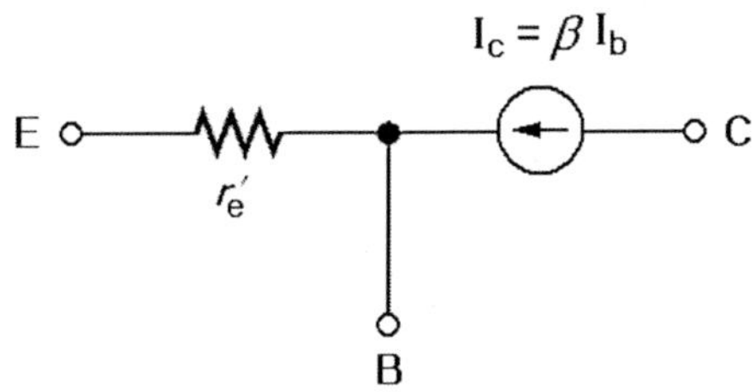

그림 9.14 간략화 r_e 등가모델

또한, 이미터 내부 교류저항은 상온에서 실험적으로 측정하면 다음과 같은 관계식을 얻을 수 있다.

$$r_e = \frac{25[\mathrm{mV}]}{I_E} \tag{9.10}$$

9.4 트랜지스터 소신호 증폭기의 모델링

교류 소신호 등가회로가 회로해석에 어떻게 적용하는지 알아보기 위해 그림 9.15의 전압분배 바이어스를 갖는 공통 이미터 증폭기 회로에 대해 살펴보자.

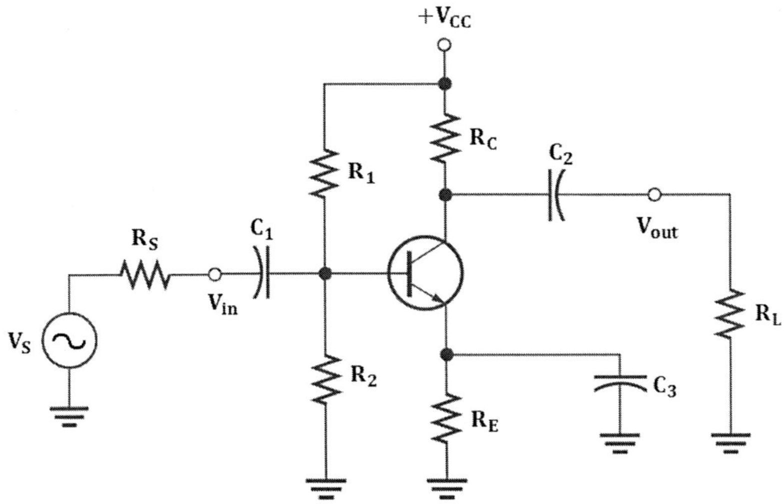

그림 9.15 트랜지스터 CE증폭기

먼저 직류전압원 V_{CC}는 트랜지스터의 바이어스로 작용하여 출력전압의 직류성분만 결정하고, 교류성분의 진폭에는 영향을 미치지 않으므로 그림 9.16과 같이 접지에 단락(short)된 것으로 고려할 수 있다.

또한, 교류 신호의 주파수가 충분히 크다고 가정하면 커패시터 C_1, C_2, C_3들은 교류신호에 대하여 그림 9.16과 같이 단락(short)된 것으로 고려할 수 있다.

이러한 2가지 교류 신호의 효과를 적용하면, 교류 신호원에 대한 회로는 그림 9.16과 같이 된다.

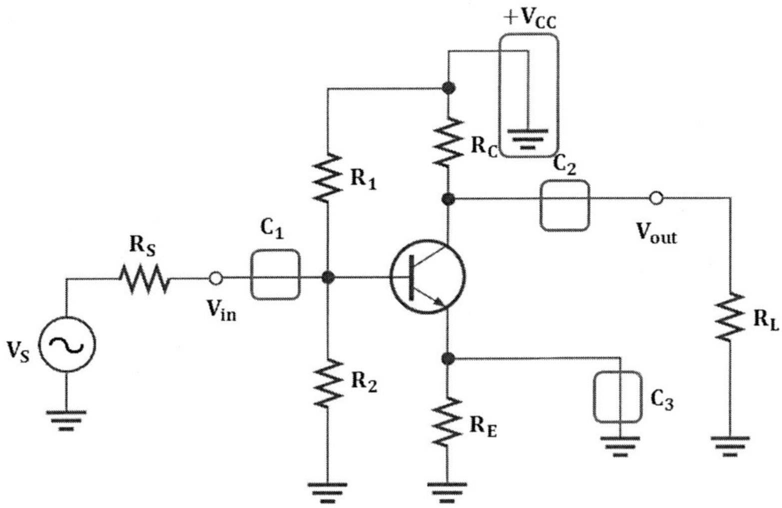

그림 9.16 직류전원 및 커패시터는 단락회로로 대체된 회로

트랜지스터에 대한 소신호 등가모델을 결정하여, 그림 9.16의 회로를 정리하여 그리면 그림 9.17과 같이 된다.

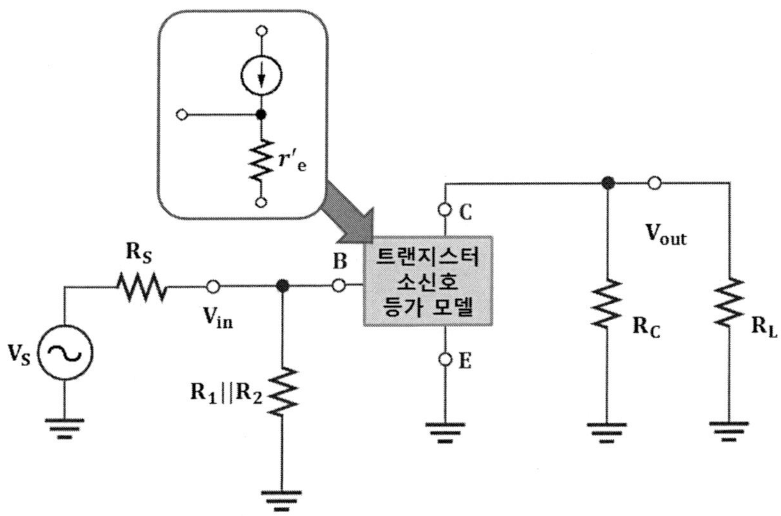

그림 9.17 소신호 등가 모델을 사용한 회로

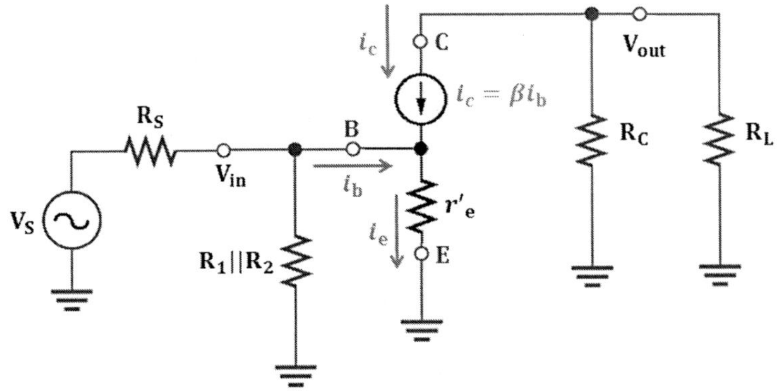

그림 9.18 r_e 등가 모델을 사용한 회로

그림 9.18의 회로는 저항들과 전압원으로만 이루어진 회로가 되어 앞에서 설명한 트랜지스터 회로의 중요한 파라미터인 전압이득, 전류이득, 입력 임피던스, 출력임피던스 등을 구할 수 있다.

즉, 입력전압 V_{in}과 출력전압 V_{out}의 관계를 나타내는 전압이득 A_v, 입력전류 I_{in}과 출력전류 I_{out}의 관계를 나타내는 전류이득 A_i, 입력측 전압과 전류와의 관계를 나타내는 입력임피던스 Z_{in} 및 출력측 전압과 전류와의 관계를 나타내는 출력임피던스 Z_{out}은 증폭기 해석에 있어서 실제적으로 중요한 값들이다.

이러한 해석 방법은 다음 장들에서 설명할 트랜지스터를 이용한 교류신호 증폭기 해석을 위한 중요한 방법이다.

전자회로

4판 2쇄 2026년 2월 5일

저 자 조도현
발행인 송광헌
발행처 **복두(더)**
주 소 서울특별시 영등포구 경인로82길 3-4
센터플러스 807호
(우) 07371
전 화 02-2164-2580
FAX 02-2164-2584
등 록 1993. 11. 22. 제 10-902 호

정가 : 18,000원

ISBN : 979-11-6675-580-4 93560

한국과학기술출판협회 회원사